Charlie Warzel und Anne Helen Petersen
Lost im Homeoffice

Charlie Warzel
Anne Helen Petersen

Lost im Homeoffice

Die großen Probleme und noch größeren
Versprechen des mobilen Arbeitens

Übersetzung aus dem Englischen von Petra Pyka

REDLINE | VERLAG

Bibliografische Information der Deutschen Nationalbibliothek
Die Deutsche Nationalbibliothek verzeichnet diese Publikation in der Deutschen Natio-
nalbibliografie.
Detaillierte bibliografische Daten sind im Internet über http://dnb.d-nb.de abrufbar.

Für Fragen und Anregungen:
info@redline-verlag.de

1. Auflage 2022

© 2022 by Redline Verlag, ein Imprint der Münchner Verlagsgruppe GmbH,
Türkenstraße 89
D-80799 München
Tel.: 089 651285-0
Fax: 089 652096

© der Originalausgabe by Charlie Warzel and Anne Helen Petersen
Die englische Originalausgabe erschien 2021 bei Knopf unter dem Titel *Out of Office: The
Big Problem and Bigger Promise of Working from Home.*

Die gewählte männliche Form bezieht sich immer zugleich auf weibliche, männliche und
diverse Personen. Auf konsequente Doppelbezeichnung wurde aufgrund besserer Lesbar-
keit verzichtet.

Übersetzung: Petra Pyka
Redaktion: Monika Spinner-Schuch
Umschlaggestaltung: Karina Braun
Umschlagabbildung: Shutterstock.com/SpicyTruffel, Abimuth
Satz: Satzwerk Huber, Germering
Druck: GGP Media GmbH, Pößneck
Printed in Germany

ISBN Print 978-3-86881-907-6
ISBN E-Book (PDF) 978-3-96267-459-5
ISBN E-Book (EPUB, Mobi) 978-3-96267-460-1

Weitere Informationen zum Verlag finden Sie unter

www.redline-verlag.de

Beachten Sie auch unsere weiteren Verlage unter www.m-vg.de

Inhalt

Einleitung

Was immer Sie während der Pandemie und in der noch nicht wieder ganz normalen Zeit danach getan haben – im Homeoffice gearbeitet haben Sie sicherlich nicht.

»So ein Quatsch«, werden Sie vielleicht einwenden und dabei an die vielen Stunden denken, die Sie in Ihrem Behelfsbüro im Schlafzimmer zugebracht haben – nach Ihren Möglichkeiten so umgestaltet, dass es bei Zoom-Calls halbwegs professionell wirkte. Die rund 42 Prozent der Amerikaner, die während der Pandemie nicht in der Firma arbeiten mussten, verbrachten ihre Zeit vermutlich größtenteils zu Hause vor dem Bildschirm, wo sie sich jeden Morgen pünktlich einloggten.[1] Sie erledigten ihren Job von zu Hause aus.

Das mag auch auf Sie zutreffen, heißt aber noch lange nicht, dass Sie im Homeoffice gearbeitet haben. Sie haben isoliert und unter besonderer Belastung gearbeitet. Man könnte auch sagen, Sie haben am Arbeitsplatz gewohnt. Sie haben hektisch E-Mails getippt und gleichzeitig versucht, das Mittagessen auf den Tisch zu bringen und den Distanzunterricht Ihrer Kinder zu überwachen.

Sie haben wochenlang in einer beengten Wohnung festgesessen, konnten weder Freunde noch Angehörige sehen, waren erschöpft und standen so unter Druck, wie Sie es nie für möglich gehalten hätten. Die Arbeit wurde zum Leben, das Leben zur Arbeit. Man lebte nicht wirklich, man überlebte irgendwie.

Und hier das Albtraumszenario: So könnte die Zukunft der Arbeit aussehen. Noch vor Kurzem glich die Vorstellung, dass generell von zu Hause aus gearbeitet wird, mehr einem Gedankenexperiment aus der *Harvard Business Review* als einer realistischen Möglichkeit. Doch die Pandemie zwang Millionen ins Homeoffice und die Unternehmen fanden das interessant. Eine teure Immobilie in der Innenstadt aus der Bilanz zu streichen, ist für einen Finanzchef eine verlockende Aussicht – umso mehr, wenn man die niedrigeren Lebenshaltungskosten für Beschäftigte einkalkuliert, die dann aus teuren Städten wegziehen können. Hinzu kommen die Effizienzvorteile: Wer nicht mehr pendeln muss, kann mehr E-Mails beantworten! Ein paar der größten Unternehmen der Welt haben mobiles Arbeiten bereits auf absehbare Zeit als Option vorgesehen. Wie fast jede unternehmerische Entscheidung bedeutet auch diese, dass sich dadurch aus betriebswirtschaftlicher Sicht das Ergebnis verbessern lässt. Doch was der Arbeitgeber spart, müssen Sie drauflegen.

Das ist die düstere Wahrheit des mobilen Arbeitens, wie wir es heute kennen: Es verspricht, Beschäftigte von der Bürokette zu lassen, schlägt in Wirklichkeit aber Kapital daraus, dass deren Work-Life-Balance total zusammenbricht.

Wir sprechen aus Erfahrung. 2017 hatten wir uns überlegt, dass wir als Reporter außerhalb der Stadt vermutlich besser arbeiten könnten. Wir luden in Brooklyn das Auto voll und zogen nach über zehn Jahren Bürodasein nach Montana ins Homeoffice. Anne, die besser organisiert und vom Wesen her introvertierter ist als ich, hatte sich schnell eingefunden. Bevor sie in den Journalismus wechselte, war sie an der Uni tätig und bekleidete einen Lehrstuhl. Ins Büro zu gehen, war für sie stets fremder und zwanghafter, als am Küchentisch zu arbeiten. Doch die »Flexibilität« in Forschung und Lehre – und nun als Journalistin – bedeutete für sie im Grunde, dass sie so flexibel war, *ständig zu arbeiten.* Träume von täglichen Wanderungen durch die Berge zerplatzten schnell. Sie arbeitete mindestens so viel wie in New York, wenn nicht mehr. Nur vor einer schöneren Kulisse.

Charlie albert gern mit Kollegen herum. Pünktlichkeit ist nicht sein Ding. Er lebt von der Interaktion. Er bekam in der Pandemie prompt Probleme. Die ersten Monate verunsicherten und zermürbten ihn. Er schrieb und mailte viel und hielt vom Sofa aus über Slack-Nachrichten (Slack ist ein Messaging-Dienst aus den USA, Anm. d. Übers.) laufend mit allen Kontakt, sodass ihm der kalte Schweiß ausbrach, wenn er sich abends dort hinsetzte, um zu entspannen. Auf Dauer zu Hause zu arbeiten, verursachte Kurzschlüsse in seinem Gehirn. Er konnte weder körperlich noch geistig verarbeiten, wie es möglich war, gleichzeitig im Büro und vor Netflix zu sitzen.

Charlie war sicher: Dieser Schritt würde seiner Karriere schaden. Er wäre isoliert, für Vorgesetzte unsichtbar und würde bei der Vergabe von Projekten übergangen. Er befürchtete, von der Arbeitswelt abgehängt zu werden, wenn er keine Gelegenheit zu Begegnungen und Gesprächen mehr hatte, die ihn auf neue Ideen brachten. Deshalb stürzte er sich wie besessen in die Arbeit und seine Vorgesetzten ernteten die Früchte – oftmals unbemerkt. Wochenendarbeit? Warum nicht? Er war schließlich schon im Büro. Dass er nicht mehr pendeln musste, verschaffte ihm morgens und abends nicht etwa mehr Freizeit – nein, es bedeutete, gleich nach dem Aufstehen zum Handy zu greifen und sich einzuloggen. Er schrieb mehr denn je, geriet aber nach wenigen Wochen an den Rand eines Burn-outs – und suchte verzweifelt nach Beschäftigungen, die ihm helfen würden, Arbeit und Freizeit voneinander abzugrenzen.

So konnte es nicht weitergehen. In unsere Jahre vor Ausbruch der Pandemie angestellten Überlegungen dazu, wie wir auf Dauer von zu Hause aus arbeiten könnten, mussten wir die Frage einbeziehen, wie wir ein abwechslungsreiches Privatleben führen und unseren Job darin unterbringen konnten, nicht umgekehrt. Das bedeutete nicht nur, dass wir öfter offline gehen mussten, sondern auch, dass wir unseren Tagesablauf verändern und die starren Strukturen abschaffen mussten, die uns die moderne Arbeitswelt eingebläut hatte.

Als wir die nötigen Änderungen vorgenommen hatten, wurde uns eines sofort klar: Ein Büro kann einen Menschen ganz schön tyrannisieren. Es zwingt uns, unseren Alltag auf Verkehrsverbindungen auszurichten. Es beansprucht unsere Aufmerksamkeit durch (manchmal durchaus erfreuliche!) ungeplante spontane Besprechungen. Es erhebt das *Gefühl*, produktiv zu arbeiten, über die Produktivität. Es ist eine Brutstätte für Mikroaggressionen und toxische hierarchische Verhaltensschleifen. Kein Wunder, dass die Menschen, die im Büro aufblühen, fast immer dieselben sind, die auch im Privatleben eine Menge identitätsbezogener Privilegien erworben oder in die Wiege gelegt bekommen haben.

Das Homeoffice kann zum maßgeblichen Akt der Kontrolle und des Widerstands werden. Ein Allheilmittel ist es aber nicht. Ebenso wenig stellt es eine Lösung für die Fäulnis im Mark des modernen Kapitalismus in Aussicht. Sämtliche der angesprochenen toxischen Entwicklungen sind nämlich ins Homeoffice übertragbar. Das gilt umso mehr, wenn Sie oder Ihr Arbeitgeber darunter verstehen, dass Sie künftig zuhause abarbeiten, was zuvor im

Büro erledigt wurde – mit dem kleinen Unterschied, dass *Sie* fortan die Miete und die Nebenkosten übernehmen. Ziel dieses Buches ist es daher, herauszufinden, wie wir uns von den schädlichsten, abschreckendsten und frustrierendsten Aspekten des Büroalltags befreien können. Und zwar nicht, indem wir einfach nur den Arbeitsplatz verlagern, sondern vielmehr, indem wir unsere Arbeit und die Zeit, die wir dafür vorsehen, ganz neu denken.

Dieses Buch ist kein Leitfaden für die Praxis. Auch kein Ratgeber – jedenfalls nicht im herkömmlichen Sinne. Wir behaupten nicht, schon alles zu wissen. Auch für uns ist die Work-Life-Balance nach wie vor ein Kampf, den wir immer wieder verlieren – unter anderem, weil wir in unserer Arbeit Erfüllung finden. Dieses Buch richtet sich insbesondere an den beachtlichen Anteil der Erwerbstätigen (in den USA: 42 Prozent), deren Aufgaben sich von zu Hause aus erledigen lassen: also längst nicht an alle. Doch für diese 42 Prozent (in den USA) (die ständig mehr werden) wollen wir herausfinden, was mit dieser Beschäftigung nicht stimmt, die so viele unserer wachen Stunden beansprucht, und versuchen, das in Ordnung zu bringen.

Deshalb sehen wir dieses Buch eher als Orientierungshilfe. Es zeigt Ihnen, wie wir an den Punkt gekommen sind, an dem unser Verhältnis zur Arbeit gestört wurde, und welche Wege wir nun einschlagen können. Wir können kehrtmachen und wieder dieselben ausbeuterischen Kräfte walten lassen, die im Büro herrschen und uns die Seele aussaugen – nur eben zu Hause. Jeder Einzelne kann sich, wie schon seit Jahren, selbst seinen Weg abseits der Hauptstraße bahnen und darum kämpfen, angesichts der Unternehmensnormen im Gleichgewicht zu bleiben. Wer so selbstbewusst und privilegiert ist, dass er zu *seinen* Bedingungen ins Homeoffice wechseln kann, wird davon Vorteile haben. Andere werden zu Bürobürgern zweiter Klasse. Wir können aber auch einen dritten

Weg wählen und den Arbeitstag an sich – und die Erwartungen der Arbeitnehmenden – neu konzipieren. Das ist aber nicht mit einer Happy Hour auf Zoom getan oder mit dem unternehmensweiten Hinweis, es sei nicht so schlimm, wenn mal ein Kind in die Telko platzt, weil es einen Keks möchte. Solche Trippelschrittchen lösen nichts und bringen alle an ihre Grenzen.

Ein neues Konzept setzt eine ehrliche Bestandsaufnahme voraus: Wie arbeiten wir und wie könnten wir unserer Ansicht nach *besser* arbeiten, nicht länger? Und zwar nicht, indem wir noch mehr Projekte übernehmen oder geschickter delegieren oder noch mehr Meetings ansetzen. Und auch nicht, indem wir »Mehrwert« für den Arbeitgeber schaffen – auf Kosten unserer geistigen und körperlichen Gesundheit. Es bedeutet vielmehr, anzuerkennen, dass *weniger* auch bei der Arbeit manchmal mehr sein kann. Denn weniger zu arbeiten, macht die Menschen glücklicher und kreativer und bewirkt, dass sie sich für die Arbeit und für ihren Arbeitgeber engagierter einsetzen. Dazu müssen wir zum Beispiel herausfinden, inwiefern Tools zur Online-Kommunikation der Überwachung dienen und bewirken, dass Leistung nur vorgetäuscht wird, statt wirklich *erbracht*. Es setzt voraus, dass sich Arbeitszeiten nach den Präferenzen und nach der Effektivität von Beschäftigten und Vorgesetzten richten – und dass Verpflichtungen wie Kinderbetreuung und Altenpflege, ehrenamtliche Aufgaben und verschiedene Zeitzonen berücksichtigt werden.

Wohlgemerkt liefern wir Ihnen nicht die eine optimale Paradelösung. Checklisten zum Abhaken werden Sie am Kapitelende vergeblich suchen. Es ist ein schwieriger Prozess, der, wenn wir ehrlich sind, nie endet. Doch wir stehen gesellschaftlich an einem Wendepunkt. Bestimmte Aspekte des Lebens, die uns früher schon auf die Nerven gingen, sind inzwischen regelrecht unerträglich. Gesellschaftliche Institutionen, die uns schon lange nicht mehr intakt erscheinen, machen uns aktiv kaputt. Dabei ließe sich so vieles ändern, was wir als Norm akzeptieren – ob im öffentlichen Gesundheitswesen oder im Lehrplan öffentlicher Schulen. In Ermangelung visionärer Politiker müssen Impulse für Veränderungen zunehmend vom Einzelnen ausgehen. Und wir beobachten tatsächlich, dass Einzelne Bewegungen auslösen, die auf Fairness, Gleichheit, Bekämpfung von Rassismus und wirtschaftlicher Gerechtigkeit fußen.

Die politischen Vorlagen, die diese Bewegungen leiten, sind ehrgeizig und können im Detail komplex wirken. Doch die Ideen, die dahinterstehen, sind bestechend einfach: Eine Institution, die nicht mehr richtig funktioniert, lässt sich nicht durch Flickwerk reformieren – durch kleine Teilreparaturen, die das Problem nur am Rande berühren, aber nicht zu seinem Kern vordringen. Diese gilt es zu überdenken – allerdings nicht utopistisch, sondern mit einem wachsamen Auge darauf, wie sich Einfluss konzentriert und verteilt.

Das ist ein schwieriges Unterfangen, das für jedes Unternehmen anders aussieht. Zumindest anfangs wird es Ihnen womöglich radikal vorkommen. Der Kapitalismus ist vom Wesen her ausbeuterisch, aber auch – zumindest vorerst – unser wirtschaftliches Leitsystem. Wenn wir in einer kapitalistischen Welt leben sollen, wie können wir diese dann so gestalten, dass weniger Menschen darunter leiden? Nicht nur die Menschen im Büro, sondern auch unsere engen Angehörigen, unsere sozialen Gemeinschaften und die übrige Arbeitswelt?

Dieses Buch stellt die These auf, dass mobiles Arbeiten, wenn es nicht pandemiebedingt oder erzwungen stattfindet, Ihr Leben verändern kann. Es kann Sie dazu bringen, nicht länger am Rad der unablässigen Produktivität zu drehen. Es kann Sie *ganz persönlich* glücklicher und gesünder machen, und Ihr Umfeld ebenso. Es kann dafür sorgen, dass Hausarbeit gerechter aufgeteilt wird, und bewirken, dass Sie ein besserer Freund, eine bessere Mutter oder ein besserer Lebenspartner werden. Ironischerweise kann es tatsächlich die Solidarität unter Arbeitnehmenden stärken. Es kann Ihnen ermöglichen, das Leben zu führen, das Sie in Ihren Instagram-Posts vorspiegeln. Es kann Ihnen die Freiheit geben, sich Lebensbereiche zu erschließen, die nicht von der Arbeit bestimmt werden – von echten Hobbys bis hin zu staatsbürgerlichem Engagement.

Dazu müssen Sie aber gar nicht die ganze Zeit über zu Hause arbeiten. Es sagt auch keiner, dass es keine Büros mehr geben darf. Wie es der Chief Operating Officer von JPMorgan im Februar 2021 formulierte: »Ich glaube, die Wahrscheinlichkeit, dass 100 Prozent aller Beschäftigten wieder zu 100 Prozent im Büro arbeiten, ist gleich null. Das gilt aber auch für die Wahrscheinlichkeit, dass alle auf Dauer im Homeoffice bleiben.«[2] Für die meisten Beschäftigten wird sich das klassische Büro in der einen oder anderen Form mit Co-Working-Angeboten, Cafés, dem Küchentisch von Freunden *und* dem häuslichen Arbeitszimmer mischen. So isoliert und klaustrophobisch wie während der Pandemie sieht die Zukunft der Arbeit definitiv *nicht* aus.

Wir sehen eine reelle Chance, unser Verhältnis zur Arbeit – das vor allem hier in Amerika, aber zunehmend auch in anderen Ländern total zerrüttet ist – wieder ins Lot zu bringen. Arbeit, lange Zeit eine Quelle der Inspiration, der persönlichen Würde und der liebgewonnenen Aussicht auf Aufwärtsmobilität, stagniert und wird uns zur Falle. Das meinen wir aber keinesfalls revisionistisch, denn Arbeit war immer wieder auch jammervoll. Allzu viele sogenannte Wissensarbeiter definieren sich jedoch ausschließlich über ihre Arbeit, sodass diese nach und nach auch andere Bereiche unterwandert, die ein erfülltes, ausgewogenes Menschenleben ausmachen.

Die gute Nachricht: Wir können das ändern. Aber nur, wenn wir uns aktiv damit auseinandersetzen, welchen Platz Arbeit in unserem Leben einnehmen soll. Zurzeit stimmen unsere Prioritäten nicht. Statt unser *Leben* zu verändern, damit wir besser arbeiten können, müssen wir unsere *Arbeit* verändern, um besser zu leben.

Um aufzuzeigen, welche Veränderungen möglich sind, haben wir dieses Buch auf vier übergreifenden Konzepten aufgebaut. Wir werden ausloten, wie sich jedes dieser Konzepte vor der Pandemie darstellte, was daran allmählich oder längst schon nicht mehr funktioniert, und wie mobiles Arbeiten bestehende Probleme künftig verlagern oder verschärfen oder – im Idealfall – sogar Lösungsansätze bieten könnte.

Flexibilität

In den vergangenen 40 Jahren ist der Begriff »Flexibilität« im Unternehmenskontext von Wirtschaftsfachbüchern, Finanzpublikationen und Wirtschaftslenkern zunehmend fetischisiert worden. Die Besessenheit vom »agilen« Unternehmen sollte eigentlich eine ebensolche Besessenheit von einer weiteren Eigenschaft mit sich bringen: nämlich der, sich an verschiedene Zeitpläne, Arbeitsweisen oder Standorte anzupassen. Stattdessen avancierte »Flexibilität« zum Codewort für die Kapazitäten eines Unternehmens, Personal je nach Bedarf jederzeit ein- und auszustellen. Nach und nach entwickelte sie sich zur primären Rechtfertigung für die Beschäftigung freier Mitarbeiter und die Auftragswirtschaft. Arbeitnehmerinnen und Arbeitnehmer wurden mit dem Versprechen verführt, sie von den Zwängen eines klassischen Achtstundentages zu befreien.

Profitiert haben von der flexiblen Wirtschaft fast nur die Unternehmen. Die Erwerbstätigen mussten sich stattdessen auf eine nie dagewesene Unsicherheit im Arbeitsleben einstellen. Externe Kräfte können ihre Zeit zwar frei gestalten, müssen sich aber laufend nach dem nächsten Auftrag umschauen. Wer so arbeitet, weiß nie, ob er auch genug zu tun hat, und kommt selten in den Genuss der Sicherheit, die ein Vollzeitjob im Büro bietet. Stattdessen hangeln sich die Scheinselbstständigen von einem prekären Projekt zum nächsten.

Leitmotiv der künftigen Büroarbeit muss eine neue, echte Flexibilität sein, bei der sich die *Arbeit* nach dem Arbeitnehmenden richtet – nicht umgekehrt. Das Projekt zur Sanierung der Arbeitswelt steht und fällt mit echter Flexibilität: Ohne sie lassen sich weder die Arbeitskultur noch die Beziehung der Menschen zur Technologie oder ihr Engagement für die Gesellschaft wesentlich verändern. Werden die Erwerbstätigen von ihrem willkürlichen Zeitdiktat befreit, entsteht Raum für alle möglichen Veränderungen: solche, die beeinflussen, wie wir unseren Arbeitsalltag erleben, wie wir unsere Aufgaben erfüllen können und wie unsere Beziehungen zu den Menschen aussehen, die unser Leben erst lebenswert machen.

Wie aber sieht echte Flexibilität in der Praxis aus? Sie setzt voraus, dass wir ganz neu denken, welche Aufgaben und Kooperationen gleichzeitig ablaufen müssen und welche nicht, wie viele Tage und Stunden Beschäftigte nach unserer Vorstellung im Büro sein sollen und zu welchem Zweck. Dazu gehört auch, Berufsbilder zu erweitern, um die zeitlichen und örtlichen Bedürfnisse von Menschen mit Behinderungen oder Betreuungspflichten besser zu berücksichtigen. Und ebenso die Umsetzung faktischer, respektierter Grenzen, um sicherzustellen, dass »flexibles Arbeiten« den Kalender nicht komplett mit Beschlag belegt.

Kultur

Das Bild, das eine Organisation der Öffentlichkeit vermittelt, ist eine Sache. Eine ganz andere Sache ist, wie Beschäftigte den Alltag in dieser Organisation erleben. Irgendwo zwischen diesen beiden Vorstellungen bewegt sich die *Unternehmenskultur*. Sie zu verändern, wenn sie sich einmal etabliert hat, kann unglaublich schwierig sein – es sei denn, es kommt zu einem dramatischen Ereignis wie einer Pandemie, die einen Paradigmenwandel auslöst.

Wir werden uns anschauen, wie sich Unternehmen selbst sehen – ob eher als Verein, als Gang, als Ansammlung von Workaholics, als Gruppe unflexibler, aber zuverlässiger Traditionalisten oder, die gängigste Variante, als »Familie« – und welche Standards für Verhalten, Ausbeutung, Verschwendung, Produktivität, Hierarchien, Respekt oder fehlenden Respekt sich daraus ergeben.

Wird ein Büro ganz oder teilweise auf mobiles Arbeiten umgestellt, kann es sein, dass sich dadurch die bestehende Kultur verfestigt, was in erster Linie der Angst geschuldet ist. Dazu kommt es, wenn Unternehmen mehr Meetings abhalten und durch kommunikatives Mikromanagement versucht wird, vorhandene Hierarchien zu zementieren. Doch ein fähiger Manager wird nie zum Selbstzweck den Vorgesetzten herauskehren – das zumindest hat das Pandemiejahr mehr als deutlich gemacht. Es ist aber möglich, die Unternehmenskultur zu verändern. Diese Veränderung darf allerdings nicht beim CEO oder beim einzelnen Beschäftigten ansetzen, sondern muss mit einem drastischen Umdenken darüber beginnen, wie sich das Management tatsächlich darstellt – und zwar inner- und außerhalb des klassischen Büros.

Selbst eine Unternehmenskultur, die nicht nur in der Theorie taugt oder für das Management, sondern wirklich gut ist, kommt nicht ohne sorgfältige Planung aus, um festzustellen, wie sich ein flexibleres Arbeiten darin integrieren lässt. Eine toxische Unternehmenskultur dagegen ist auch durch Flexibilität nicht zu retten. Doch vielleicht eröffnet sie die Gelegenheit, darüber nachzudenken, wie diese Kultur künftig aussehen könnte.

Bürotechnologie

Unter Bürotechnologie verstehen wir in erster Linie unsere digitalen Helfer: Rechner, Smartphones und die Programme und Apps, die darauf laufen. Dabei ist Bürokultur in hohem Maße von der Design-Technologie abhängig. Darunter fällt alles Mögliche, von der physischen Architektur, die bestimmt, wie sich die Beschäftigten im Gebäude verteilen, bis zur digitalen Architektur, die vorgibt, wann und wie Sie mit Ihren Slack-Nachrichten interagieren. Allzu oft wurde Bürotechnologie, vom gefürchteten Großraumbüro bis zur geschäftlichen E-Mail, mit utopischen Hoffnungen entwickelt, die prompt an unternehmerischen Zwängen zerschellten und dazu führten, dass die Arbeit nach und nach immer beschwerlicher wurde. Das Gleiche gilt für den coolen Silicon-Valley-Campus, den Aeron-Stuhl und den Google-Kalender: Die coolen Neuerungen, die eigentlich Probleme lösen sollten, schufen neue – und zwar größere und schwerwiegendere, als ihre Schöpfer ahnen konnten.

Stellt sich daher die Frage, wie wir unsere derzeitige Abhängigkeit von einer Technologie und einem Design beenden können, die uns mehr Arbeit machen und uns lähmen? Wie können wir unsere Technologie von dem ebenso schwammigen wie kompromisslosen Begriff der Produktivität lösen und sie umgestalten? Wie schaffen wir Räume für Präsenzarbeit, die flexibler genutzt werden können und sich doch nicht so anfühlen wie ein befremdliches, anonymes Arbeitshotel? Solche Herausforderungen verlangen mehr Strategie als Inbox Zero (Konzept des »leeren Posteingangs« – ein System um den Posteingang besser zu organisieren, Anm. d. Verlags), mehr Vision als ein Ungetüm wie WeWork (ein US-amerikanisches Unternehmen, das Büroflächen und Coworking Spaces für Selbstständige und Unternehmen anbietet, Anm. d. Verlags) und mehr Nuancierung als Instrumente, die »Arbeitszeit« mit »Mausbewegungen« gleichsetzen.

In der Technologie, den Tools und im Design lassen sich die tiefgreifendsten Änderungen am schnellsten erkennen. Verändern wir, wie wir über unsere Arbeit kommunizieren, und flexibilisieren wir, wo wir sie erledigen, kann dies den zeitlichen Ablauf und die Konturen unseres Arbeitsalltags umgestalten. In der Vergangenheit waren Bürotechnologie und -design darauf ausgerichtet, Beschäftigte länger am Arbeitsplatz und/oder bei der Arbeit zu halten. Der neue Auftrag lautet, sie so einzusetzen, dass sie das Gegenteil bewirken.

Sozialleben

Was würden Sie tun, wenn Sie Ihr Leben freier gestalten könnten? Jeden Tag mit einem Spaziergang beginnen? Endlich regelmäßig Sport treiben? Sich neue Hobbys suchen? Was hält Sie davon ab? Wie sich zeigt, ist das meist der Job.

Die Arbeit wird immer ein wichtiger Teil unseres Lebens sein. Worauf wir hinauswollen, ist aber, dass sie nicht länger der Faktor sein sollte, der unser Leben primär bestimmt: als primärer Ursprung von Freundschaften, primärer Maßstab für unseren Wert als Menschen oder das primäre Sozialgefüge. Nimmt die Arbeit unser ganzes Leben in Beschlag, wirkt sich das auf unser

Privatleben aus. Dann geben und nehmen wir *weniger:* Wir kümmern uns weniger, haben weniger vor und kommunizieren weniger. Wahrhaft flexible Arbeit – und ihr Nebeneffekt, der bewirkt,
dass der Job nicht mehr im Mittelpunkt steht – kann uns die Freiheit geben, unsere Beziehungen zu uns selbst *und* zu den Menschen um uns herum wieder zu pflegen und neu zu strukturieren.
Natürlich kann dadurch Nähe zu Kollegen verloren gehen. Doch
wenn es in Ihrem Leben andere Nischen gibt, in denen Sie sich
geliebt, verstanden, geschätzt und wichtig fühlen, ist das dann
noch so relevant?

In der Praxis kann Ihnen diese Verschiebung von Schwerpunk-
ten die nötige Zeit geben, um die im Haushalt anfallenden Arbeiten wirklich gerecht zu verteilen. Sie könnte es ihnen ermöglichen, herauszufinden, wie Sie Ihre Freizeit eigentlich gern verbringen würden, wenn Sie sie nicht mehr komplett dafür
aufwenden müssen, sich vom Stress der Arbeit zu erholen. Das
könnte bedeuten, Wege zu finden, um die Pflege älterer Angehö-
riger oder die Kinderbetreuung so zu organisieren, dass es für Sie
weniger aufreibend ist. Auf keinen Fall sollte es heißen, dass Sie zu
Hause noch mehr Multitasking betreiben und noch mehr Funktionen übernehmen. Wird Arbeit so flexibel, dass sie sich an unsere
Bedürfnisse anpassen lässt, können wir in unserem Tagesablauf
Raum schaffen für sinnvolle, regelmäßige, erfüllende Aktivitäten:
für uns selbst, aber auch für die Menschen, die unser Leben
lebenswert machen.

Das bedeutet auch, sich stärker gesellschaftlich einzubringen.
Vor der Pandemie war der soziale Zusammenhalt in den USA auf
einem Tiefpunkt seiner jüngeren Geschichte angelangt. Es mangelt uns an Bereitschaft, Opfer für Menschen zu bringen, die wir
nicht persönlich kennen. Wir fokussieren uns weit mehr auf unser
Einzelschicksal – auf *mich und die Meinen* –, nicht so sehr auf das

Schicksal der Gesellschaft als Ganzes. Sehen wir unseren Lebensunterhalt bedroht und gefährdet, verhalten wir uns im Krisenfall in aller Regel, wie wir es gelernt haben: *zunächst selbst die Sauerstoffmaske aufsetzen, dann erst anderen helfen.*

Für den bröckelnden sozialen Zusammenhalt gibt es jede Menge Gründe. Die meisten stehen im Zusammenhang mit ungezügeltem Kapitalismus, Mangel und einer allgemeinen Weigerung, tiefgreifende, hartnäckige Ungleichbehandlung aufgrund von Hautfarbe oder Geschlecht wirkungsvoll zu bekämpfen. Doch als Wissensarbeiter haben wir beide zu diesem Niedergang beigetragen und darauf reagiert, *indem wir mehr arbeiteten.* Diese Strategie führt manchmal zu einem (etwas) stabileren Einkommen, aber auch zu Entfremdung, Einsamkeit und einem deutlich schwächer ausgeprägten Gefühl der Zusammengehörigkeit. Wer ständig arbeitet, engagiert sich weniger ehrenamtlich und verbringt weniger Zeit mit Gleich- und Ungleichgesinnten. Vielleicht lieben wir unsere Heimat, doch wir zeigen das nicht, indem wir uns aktiv engagieren.

Richtig gemacht, bedeutet flexibles Arbeiten, dass weniger gearbeitet wird und mehr Zeit, Geld und Engagement in die breitere Gesellschaft gelenkt wird. In der Praxis beschränkt sich das nicht nur darauf, Zeit für die ehrenamtliche Tätigkeit im Bibliotheksvorstand zu erübrigen. Es gewährleistet auch, dass sich dieses Gremium nicht nur aus ähnlich gelagerten Menschen zusammensetzt. Dabei geht es um mehr als nur den Beitritt zum örtlichen Verein für solidarische Landwirtschaft. Es geht darum, Zeit zu investieren, um Lösungen für die Ernährungssicherheit in Ihrem Wohnort zu finden. Darum, Zeit für sich selbst zu finden und, wenn man sie gefunden hat, einen Teil dieser Zeit darauf zu verwenden, allen Menschen im eigenen Umfeld ein besseres Leben zu ermöglichen.

Aus diesem Grund werden wir auch berücksichtigen, wie sich eine Umstellung auf wirklich flexibles Arbeiten maßgeblich auf Städteplanung, öffentliche und private Versammlungsstätten und Konzepte für alle möglichen Bereiche auswirken kann, von der Kinderbetreuung bis zur Arbeitnehmersolidarität. Städte schrumpfen und wachsen ständig, doch was können wir gegen Veränderungen unternehmen, die die zuverlässige Anbindung an den öffentlichen Nahverkehr einschränken – oder an gut ausgestattete Schulen und Einzelhandelsgeschäfte, die frische Produkte anbieten? Wie passen sich kleinere Städte und Gemeinden an den Zuzug von Gutverdienern an, während die Löhne vor Ort niedrig bleiben? Wie muss die Planung auf Staats- und Unternehmensebene aussehen, um aktiv gegen die Entstehung weiterer Schichten vorzugehen, die sich zwischen denjenigen, die ihren Arbeitsrhythmus frei gestalten können, und allen anderen herausbilden?

Wer auch künftig Wert auf eine gesunde Gesellschaft legt, der muss sich *heute* diesen Fragen stellen. Denn wenn unser soziales Umfeld leidet, werden uns all diese Veränderungen am Ende oberflächlich und hohl vorkommen.

Wissensarbeit – also die Arbeit, die in der Hauptsache aus der Ferne erledigt wird – ist letztlich privilegierte Arbeit. Das gilt durchaus manchmal auch für die damit verbundenen Probleme: Wer mit der Arbeit im Homeoffice kämpft, quält sich selten mit der Frage, wie er seine Familie ernähren soll. Wenn uns die Pandemie eines gelehrt hat, dann das: Der Kompass, der uns bei der Frage leitet, welche Tätigkeiten systemrelevant sind und wie diese honoriert werden sollten, ist nicht mehr richtig kalibriert. Unsere Produktivitätsbesessenheit hat uns den Blick auf die Ungleichheit im System verstellt und die Zeit und Energie aufgesogen, die wir gebraucht hätten, um uns für Veränderungen einzusetzen. Eine

Frage wird derzeit immer wieder gestellt: Wie kann man Menschen dazu bringen, sich um das Wohl anderer zu sorgen? Eine der einfachsten Lösungen wäre vielleicht, ihnen die Zeit und Muße zu geben, sich um Dinge zu kümmern, die nicht sie selbst und ihre engsten Angehörigen betreffen.

Dann ist da noch die sekundäre Möglichkeit einer grundlegenden Veränderung an den Dingen und Menschen, die wir schätzen. Verlagern wir unseren Fokus weg von unablässiger Produktivität, dann können wir gemeinsam unsere gesellschaftlichen Erfolgsmaßstäbe überdenken. Eine von Shareholder-Value, BIP und Wertschöpfung in Unternehmen besessene Gesellschaft wird all jene wertschätzen und honorieren, die diese Kennzahlen nach oben treiben: Banker, Risikokapitalgeber, Day-Trader. Eine Gesellschaft, der es in erster Linie um Werte geht wie Lebensqualität, Fürsorge und eine gesunde Gesellschaft, belohnt ganz andere Menschen. Vor und während der Pandemie hatten unsere besonders »systemrelevanten« Beschäftigten Mühe, gerechte Entlohnung und angemessenen Schutz durchzusetzen – und zwar, weil ihre Arbeit nicht gewürdigt wurde. Was, wenn das anders wäre? Was, wenn einer der wichtigsten Schritte auf dem Weg dorthin wäre, dass nicht systemrelevante Werktätige (wie wir!) unseren Blick auf uns selbst verändern?

Seit Jahren verhalten sich viele von uns, als wäre der Job wichtiger als alles andere im Leben. Wir scheuen uns, das offen zu sagen, doch unsere Handlungen sprechen für sich: Unser beruflicher Erfolg ist uns wichtiger als unsere Familie, wichtiger als unsere persönliche Entwicklung und Gesundheit und wichtiger als unsere Gesellschaft. Dass wir so viel darauf geben, liegt an unserer Angst vor Instabilität. Zum Teil kommt es aber auch daher, wie sehr wir uns selbst eingeredet haben, dass unsere Arbeit wichtig ist, um zu rechtfertigen, wie viel unserer Kraft und Zeit wir ihr widmen.

Derartige emotionale Verstrickungen erschweren es uns, Arbeit als das zu sehen, was sie wirklich ist: kein Lebensretter und auch keine »Familie«, sondern ein *Job*. Aus demselben Grund ist es auch so schwer, bessere Bedingungen für andere Beschäftigte, am eigenen Arbeitsplatz oder woanders herbeizuführen oder zu fordern. So paradox das klingt, aber wenn es uns gelingt, den Schwerpunkt in unserem Leben nicht länger auf die Arbeit zu setzen – uns zumindest nicht mehr so stark damit zu identifizieren –, so macht uns das zu besseren Fürsprechern für *andere* Werktätige.

Falsch ausgeführt wird flexibles Arbeiten Klassenunterschiede verschärfen und die Kluft zwischen den wirklich systemrelevanten Beschäftigten und denjenigen, die sicher von zu Hause aus arbeiten können, noch vertiefen. So wird es kommen, wenn wir nicht grundlegend verändern, wie wir Arbeit wahrnehmen und für andere eintreten. Eine gezielt konzipierte flexible Zukunft könnte aber auch etwas ganz Erstaunliches bewirken: Sie könnte uns spürbar und dauerhaft von den Fesseln der Arbeit befreien. Wir arbeiten nämlich nicht von zu Hause aus, weil Arbeit das Wichtigste im Leben ist. Wir tun es, um uns die Freiheit zu verschaffen, uns auf das wirklich Wichtige zu konzentrieren.

KAPITEL 1
Flexibilität

Haben Sie schon einmal die Kundenbetreuung bei Airbnb, Instacart, Amazon, Disney, Home Depot, Peloton, Virgin Atlantic, Walgreens, Apple oder AT&T angerufen? Dann haben Sie vermutlich unwissentlich mit einem »Service Partner« von Arise gesprochen. Solche Service Partner sind Call-Center-Agents ohne Call Center. Sie arbeiten von zu Hause aus, kaufen sich ihre Ausrüstung selbst und tragen die Kosten für einen zusätzlichen Telefonanschluss und mehrwöchige Schulungen. Ist das geschafft, stehen sie im Wettbewerb um die zu besetzenden Schichten. Sie sind nicht bei den Unternehmen angestellt, deren Kunden sie betreuen. Genau genommen sind sie auch bei Arise nicht angestellt, das seine Beschäftigten – wie so viele Unternehmen der sogenannten »Gig Economy« – als »selbstständige Auftragnehmer« betrachtet. Sie sind nicht krankenversichert und bekommen weder bezahlten Urlaub noch irgendwelche anderen Nebenleistungen. Was ihnen geboten wird, nennt sich »Flexibilität«.

»Die Arise Platform ist nicht unbedingt eine Erfolgsgarantie«, erklärte das Unternehmen ProPublica. »Wie bei jeder Arbeit kann es Probleme geben, und wie bei vielen Vereinbarungen mit selbstständigen Auftragnehmern besteht eine Abhängigkeit von der Nachfrage – doch auf jeden Fall bietet die Tätigkeit erhebliche Flexibilität.«[1] Auf der Arise-Website ist die Rede von der Freiheit, »Ihr eigener Chef zu sein« und »Ihre Zeit frei einzuteilen« – und das alles bequem von zu Hause aus. Der Nutzen, den diese Flexibilität bringt, fließt aber voll und ganz den Unternehmen zu, die die Dienste von Arise in Anspruch nehmen, von Amazon bis Airbnb. Anders als Call-Center-Agents werden die »Service Partner« von Arise für Mittags- oder Kaffeepausen oder Schulungen nicht bezahlt. Wie ein ehemaliger Arise-CEO dem *Argyle Journal* mitteilte, hilft Arise anderen Unternehmen, »einen typischen Arbeitstag zu entschlacken«.[2]

Das ist das düstere Versprechen der Flexibilität, wie sie heute existiert: Sie gibt Werktätigen die »Freiheit«, sich ihre Arbeitszeit selbst einzuteilen. Dafür verdienen sie deutlich weniger und verzichten auf jeden Arbeitnehmerschutz. Doch auch wenn Sie für ein Unternehmen arbeiten, das auf den ersten Blick ganz anders wirkt als Arise, hat das »Flexibilitätsethos« bestimmt auch dort bereits Fuß gefasst. »Flexibel«, wie es derzeit definiert wird, bedeutet nämlich nicht, dass Sie die Möglichkeit haben, früher zu gehen, um Ihre Kinder von der Kita abzuholen. Es bedeutet vielmehr, dass Ihr Arbeitgeber rasch hoch- und wieder herunterskalieren kann, ob es um Größe, Belegschaft, Immobilien oder Wirtschaftsleistung geht. Gemeint ist damit die Möglichkeit, die Leistung – mitunter exponentiell – zu steigern, und das mit einer deutlich kleineren Belegschaft. Dabei handelt es sich um eine fragwürdige Kostensparmaßnahme, die als Vorzug verkauft werden soll. Das muss sich ändern, wenn wir wollen, dass unser Verhältnis zur Arbeit ein anderes wird.

Die gerade beschriebene Form der Flexibilität wird auch gern als »unkonventionell«, »schlank« und »originell« bezeichnet. Ihren Anfang nahm sie in manchen der größten, namhaftesten Konzerne, doch inzwischen manifestiert sie sich in allen möglichen Organisationen, vom Start-up bis zur gemeinnützigen Stiftung. Ganz gleich, wie wir es nennen oder wo wir damit zu tun bekommen – das Ethos ist stets dasselbe: Mit weniger Einsatz soll mehr erreicht werden. Im Klartext heißt das, mit weniger Sicherheit, weniger Unterstützung und weniger Ruhezeit. Das kommt in erster Linie oder zumindest überwiegend dem Unternehmensergebnis zugute. Bei der Belegschaft untergräbt es in aller Regel die Belastbarkeit und die Motivation und mindert die Arbeitsqualität. Als Unternehmensstrategie verwandelte »Flexibilität« viele Arbeitsplätze in Orte der Angst, an denen produktivitätsbesessene Arbeitskräfte vor der nächsten großen Entlassungswelle zitterten. Gleichzeitig wurde sie denselben Werktätigen oft in anderer Verpackung als Zukunftsvision präsentiert: *Wir haben Sie zwar entlassen, aber wir geben Ihnen Ihren Job wieder zurück – als »flexibler« Subunternehmer. Lediglich auf verschiedene Nebenleistungen und Stabilität müssen Sie dafür verzichten. Aber Sie haben ja kaum eine Wahl.*

Das prägende Merkmal der flexiblen Arbeitswelt war in Wirklichkeit niemals mehr Freiheit, ganz gleich, was propagiert wurde. Es war stets die Prekarisierung der Arbeitnehmerschaft. Eine echte Lösung für das Problem des globalen Marktes war dieser aus Verzweiflung geborene Ansatz nie. Doch um uns von dieser Bedeutung des Begriffs zu lösen und zu dem neuen Konzept *echter* Flexibilität zu gelangen, das Beschäftigten nutzen kann und dabei der gesamten Organisation zugutekommt, müssen wir uns klarmachen, was so viele Unternehmen an der falsch verstandenen Flexibilität reizte und wie sich diese wiederum zum Wahrzeichen für Burn-out bei Beschäftigten entwickelte. Eine »flexible« Konfigura-

tion der Arbeitswelt war schon immer die Zukunft. Doch wir haben
die seltene Chance, neu zu definieren, was diese ausmacht und
wem sie nutzt.

Anfang der 1970er-Jahre beauftragte AT&T den Stararchitekten
Philip Johnson mit der Planung des neuen Firmensitzes an der
Madison Avenue. Wie sich Johnson später erinnerte, lautete die
Vorgabe, dass das Gebäude wie »die Pforte zu unserem Imperium«[3] wirken sollte. Um das zu erreichen, weckte Johnsons Ent-
wurf Erinnerungen an die New Yorker Prachtbauten des vergolde-
ten Zeitalters und an italienische Renaissance-Palazzi, unter anderem durch einen Rundbogen über dem Eingang, der sich über
sieben Stockwerke zog und jeden verschluckte, der das Gebäude
betrat, gekrönt von einer Aussparung nach »Chippendale«-Manier,
die aussah, als habe ganz oben jemand ein großes rundes Stück
aus dem Gebäude herausgebissen.

Doch der Bau sollte nicht nur ein Imperium heraufbeschwören, sondern auch die Beschäftigten von AT&T betören. Er sollte
ihnen einerseits ihre eigene Bedeutung vermitteln – immerhin
arbeiteten sie für eines der mächtigsten Unternehmen der Welt! –,
andererseits aber auch, wie klein und unbedeutend sie im Verhältnis zu den historischen Dimensionen ihres Unternehmens waren.
Dieser letzte Aspekt wurde bereits mehr als deutlich, noch bevor
das Unternehmen überhaupt eingezogen war. 1982 verlor AT&T,
das lange als Telekommunikationsmonopol betrieben worden war,
einen großen Kartellprozess und musste sich überlegen, wie es
zwei Drittel seiner Vermögenswerte ausgliedern konnte. In der
Praxis bedeutete das für mehr als 107.000 Beschäftigte die Kündi-
gung.

In Kenntnis dieser Sachlage beschloss das Unternehmen, fast
die Hälfte seiner Büroflächen unterzuvermieten. Für das übrige

Gebäude waren weitere Veränderungen geplant. Sämtliche
Decken waren mit speziellen Nuten versehen, damit Wände problemlos versetzt und Büroräume vergrößert oder verkleinert werden konnten. Das Gebäude war quasi flexibel. Doch die Flexibilität physischer Räume hat ihre Grenzen. 1992 stand das AT&T-
Gebäude größtenteils leer. Manche Beschäftigte hatte man in
andere Büros nach Manhattan und New Jersey versetzt, andere
arbeiteten im Homeoffice. AT&T wollte das Gebäude an Sony ver-
mieten, mit einer Option auf einen späteren Kauf. Sony nutzte es,
bis es 2013 an einen Bauträger und 2016 dann an einen saudi-
schen Konzern verkauft wurde. AT&T hatte damals keine Wahl. Es
musste flexibel werden – in Bezug auf Büroraum, die eigene Organisation, die Zahl seiner Beschäftigten und die Sicherheit, die
diese von ihrem Arbeitgeber erwarten durften. Doch in den
1980er-Jahren schlugen Hunderte anderer Unternehmen ganz
bewusst denselben Kurs ein, weil sie global mithalten, mehr unternehmerische Risiken eingehen, ihren Stockholder Value steigern
und auf Unternehmensberater hören wollten, die ihnen empfah-
len, den Ballast loszuwerden, den das typische amerikanische
Unternehmen mit sich herumschleppte.

Das erklärte Ziel war eine »schlanke« Organisation, ganz ohne
Redundanzen, Ineffizienzen und andere Formen der Verschwendung. AT&T hatte mit seinem modularen (und problemlos unter-
vermietbaren) Bürogebäude den richtigen Riecher gehabt. Doch
idealerweise sollte dieses Ethos das gesamte Unternehmen erfassen: »Flexible« Sonder- und Nebenleistungen bedeuteten oft, dass
solche Leistungen nicht mehr verlässlich flossen. Anstelle einer
Rente trat der 401 (k)-Plan zur Altersvorsorge (ein vom Arbeitgeber mitfinanziertes Modell der privaten Altersvorsorge in den
USA, Anm. d. Verlags), bei dem der Arbeitgeber die Beiträge um
Beträge aufstockte, die nach und nach verringert oder gänzlich

gestrichen werden konnten. Dasselbe galt für »flexible« Personalpolitik, die gleichzusetzen war mit vereinfachter Einstellung, vor
allem aber auch mit der vereinfachten Entlassung von Beschäftigten. Wie der Historiker Louis Hyman in *Temp: How American Work,
American Business, and the American Dream Became Temporary* schreibt:
»Anstelle langfristiger Investitionen und stabiler Belegschaften
traten als neues Ideal für amerikanische Unternehmen die kurzfristige Rendite und die flexible Arbeit.«[4]

Von 1979 bis 1996 gingen in der US-amerikanischen Wirtschaft
über 43 Millionen Arbeitsplätze verloren. In den 1980er-Jahren
wurden überwiegend gewerbliche Arbeitnehmende und geringer
Qualifizierte entlassen, die im Durchschnitt unter 50.000 US-Dollar im Jahr verdienten.[5] Von 1990 bis 1996 veränderte sich das
Zahlenverhältnis: Es waren mittlerweile überwiegend Angestellte,
die ihre Jobs verloren – und zwar doppelt so viele wie noch in den
1980er-Jahren.

Im selben Zeitraum entstanden in der Wirtschaft über 43 Millionen neue Arbeitsplätze. Der einzige Unterschied: Wie schon
nach der großen Rezession wurden andere Stellen geschaffen als
zuvor. Wer 1972 entlassen wurde, hatte gute Aussichten, schon
bald eine neue Arbeit zu finden, die mindestens so gut bezahlt
wurde wie die alte. 1996 gelang es nur noch etwa 35 Prozent der
entlassenen Arbeitskräfte, eine ebenso gut oder besser bezahlte
neue Stelle zu finden.[6]

Die Arbeitswelt »zersplitterte«. Diesen Begriff wählte der Öko-
nom David Weil, um den Prozess zu beschreiben, wenn Unternehmen gleich ganze Arbeitsbereiche an freie Mitarbeiter, Auftragnehmer oder Fremdunternehmen auslagerten.[7] Dahinter stand
die Überlegung: Wieso sollte eine Versicherungsgesellschaft beispielsweise einen Hausmeister beschäftigen, wenn sie zu deutlich
niedrigeren Kosten ein auf Hausmeisterdienste spezialisiertes

Unternehmen beauftragen konnte? In den letzten über 40 Jahren griff diese Logik im gesamten Organigramm um sich: Lohnbuchhaltung, IT, Assistenz der Geschäftsführung, die gesamte Produktion, ja, sogar das Personalwesen konnten ausgelagert, kurzfristig beschäftigt oder durch Zeitarbeiter ersetzt werden – alles Optionen, die das Unternehmen weniger kosteten als eine Vollzeitkraft.

Man musste keine Beiträge zur Krankenversicherung oder Altersvorsorge entrichten und die Leute auch nicht als Beschäftigte betrachten. Mehr Flexibilität war gleichbedeutend mit weniger Verantwortung für die Menschen, die dafür sorgten, dass der Laden lief. Weniger Verantwortung bedeutete mehr Gewinn und mehr Stabilität für das Unternehmen auf dem globalen Markt. Und wer bezahlte dafür? Die Arbeitnehmenden. Wie Louis Uchitelle und N. R. Kleinfield 1996 in der *New York Times* ausführten, ist das »Problem, dass dieselben Maßnahmen, die Unternehmen ergreifen, um sich abzusichern, bei ihren Beschäftigten ein Gefühl der Unsicherheit auslösen«.[8]

Wie lange jemand schon für ein Unternehmen tätig war oder wie viel Personalverantwortung die oder der Betreffende trug, war unerheblich. Falls überhaupt, dann war das mittlere Management, dessen Arbeit nicht so außenwirksam war, durch die Kürzungen stärker gefährdet. In seinem breit angelegten arbeitshistorischen Werk *Cubed* zitiert Nikil Saval aus dem Tagebuch, das ein AT&T-Manager 1983 führte: »Mein Leben ist gerade sehr stressig ... vor allem berufsbedingt«, schrieb er. »In diesen von Unklarheit, Unsicherheit und überbordendem Kompetenzgerangel geprägten Zeiten ist nicht auszuschließen, dass der Manager, der wirklich mit Herzblut bei der Sache ist, an Angst und Sorge zugrunde geht – und an dem Phänomen, das diese Emotionen hervorrufen: Stress.«[9]

Die Wissenschaftlerin Melissa Gregg begann Ende der Nullerjahre, Wirtschaftsbücher zu sammeln, die sie in Antiquariaten aufstöberte. Dabei fielen ihr die rhetorischen Muster dieser Texte auf, die plötzlich in grellen Umschlägen und mit peinlichen Titeln auf den Markt kamen, und ebenso die explosive Entwicklung von Produktivitäts-Apps im Nachgang zur großen Rezession. Ein erster Austrieb setzte in den 1970er- und frühen 1980er-Jahren ein, ein weiterer Anfang der 1990er-Jahre und wieder einer um 2010. Jede dieser Spitzen fiel grob mit verbreiteter Angst vor Entlassung, Personalabbau und einer generell prekären Situation auf dem Arbeitsmarkt zusammen. Bei Büro- und Wissensarbeitern übersetzte sich diese Prekarisierung in ein zunehmendes Bedürfnis, den eigenen Wert zu demonstrieren – insbesondere gegenüber den Beratern, die viele Unternehmen hinzuzogen, um zu entscheiden, wessen Aufgaben und Arbeitsleistungen »wesentlich« waren und welche verzichtbar.

Arbeitnehmende begegneten dieser Belastung – und versuchten, den eigenen Wert zu beweisen –, indem sie sich in optimierte, produktive Arbeitskräfte verwandelten. Doch woran erkennt man Produktivität? Im volkswirtschaftlichen Sinn bezeichnet sie das Verhältnis des Bruttoinlandsprodukts zur Gesamtzahl der geleisteten Arbeitsstunden: Arbeiten in einer Fabrik alle Beschäftigten 40 Stunden die Woche und produzieren in einem bestimmten Jahr in einer Woche 4000 Stück und in der nächsten 5000, dann hat die Produktivität zugenommen. In dem Fabrikszenario lassen sich Daten zu gearbeiteten Stunden und erzeugten Produkten – und damit ein Maßstab für die Produktivität – vergleichsweise leicht erfassen. Doch wie misst man die Produktivität eines Angestellten im mittleren Management? Vielleicht an der Leistung der ihm unterstellten Arbeitskräfte? Doch auch das könnte schwer zu berechnen sein. Also musste man den Eindruck erwecken, als würde man viel arbeiten, viel produzieren – einfach viel tun eben. So entstand die Produktivitätskultur.

Diese Kultur wurzelt in der *Darbietung* von Arbeit: Man schreibt To-do-Listen und hakt Punkte ab, man leert den Posteingang, verfasst und verschickt Memos oder organisiert Meetings. Oder man erfüllt Aufgaben, die den oft immateriellen Produkten der Wissensarbeit eine greifbare Form verleihen. Manche dieser Tätigkeiten dienen einem Zweck, anderen haftet der Ruch der Verzweiflung an. Das alles vermittelt den Werktätigen jedoch ein *Gefühl* der Produktivität – und zwar einer so sichtbaren und nachweislichen, dass sich auch andere davon beeindrucken lassen.

Kreativität hat in der Produktivitätskultur keinen Platz. Weitsichtige Manager oder Mentoren, die wirklich dafür sorgen, dass eine Organisation rund läuft oder mehr Produkte auf den Markt bringt, sind darin nicht vorgesehen. Es geht darum, *Dinge zu erledigen*. Aufgaben abzuarbeiten, Arbeiten auszulagern und vor allem anderen eine Aura der Effizienz zu verbreiten – derjenige zu werden, der in dem Ruf steht, als Erster auf E-Mails zu antworten, selbst wenn er gar nichts zu sagen hat. Diejenige, die immer im Büro ist und … *etwas tut* – ganz gleich, was – Hauptsache, es ist Arbeit. Effizienz und Überstunden stehen nur scheinbar im Widerspruch zueinander. In Wirklichkeit bilden sie die beiden Grundpfeiler des Idealbilds vom flexiblen Arbeitnehmer: Er ist produktivitätsbesessen, doch statt produktiver und deshalb weniger zu arbeiten, arbeitet er rund um die Uhr.

Auch das folgt wieder einer etwas zweifelhaften Logik: Die offensichtlichsten Signale für das Engagement eines Wissensarbeiters sind Präsenz und Korrespondenz. In den 1980er- und 1990er-Jahren hieß das, man musste im Büro sein – und zwar frühmorgens, spätabends und am Wochenende. In den vergangenen 20 Jahren hat sich diese Leistung auf ständige Erreichbarkeit ausgeweitet, gleich an welchem Ort – gern verbrämt mit Indizien dafür, dass dort auch gearbeitet wird. Die mitten in der Nacht verschickte Mail, um ein Meeting anzuberaumen, die am Samstagnachmittag angefügten Notizen zu einer PowerPoint-Präsentation – alles Belege dafür, wie viel außerhalb der offiziellen Arbeitsstunden getan wurde.

Zum Teil wurde diese Arbeitshaltung auch von den Investmentbankern und Beratern vermittelt, die in den 1980er- und 1990er-Jahren US-weit in die Chefetagen von Unternehmen vorrückten.[10] In deren Branchen hatten sich mörderische Arbeitsstandards eingebürgert, denen zufolge sich Engagement direkt proportional zu den abgeleisteten Arbeitsstunden verhielt. Sollten sie in den Unternehmen, deren Geschäftsführung sie später angehörten, das Engagement ihrer Beschäftigten beurteilen, legten sie – womöglich unbewusst – dieselben Maßstäbe an. Dass den Menschen, die für solche Unternehmen arbeiteten, ihre Bürozeit längst nicht so üppig vergütet wurde, fiel dabei nicht ins Gewicht. In diesem Paradigma blieben viele der unausgesprochenen Merkmale hochwertiger Arbeit und effektiven Managements zwangsläufig auf der Strecke. Wer nicht jede Menge Memos tippte, keine 70-Stunden-Woche ableisten konnte oder beim Spazierengehen auf die besten Ideen kam, konnte zwar theoretisch trotzdem tüchtig sein und vielleicht sogar die besseren Ergebnisse liefern – aber er wirkte eben nicht produktiv.

Doch die Furcht vor den Beratern ist keine ausreichende Erklärung für die Produktivitätskultur. Diese Besessenheit war in erheblichem Maße auf die grundlegende Herausforderung zurückzuführen, dass die Arbeit von Kollegen umverteilt werden musste, deren Jobs dem Rotstift zum Opfer gefallen waren. Das konnten Verwaltungs- und Schreibarbeiten von Sekretärinnen und Assistenten sein, die vordem die Korrespondenz geführt und verwaltet, Kalender gepflegt und Anrufe entgegengenommen hatten, oder die von einem angeblich »überflüssigen« Kollegen übernommenen Kunden und Aufgaben. Bloß wie konnte man sich so optimieren, dass man die Arbeit schaffte, für die zuvor zwei Leute zuständig waren? Oder drei oder vier?

Die Bücher, die Apps und das Narrativ der Produktivitätskultur versprachen eine verheißungsvolle Lösung: nämlich eine Blaupause dafür, wie man sich in einen Arbeitscomputer umfunktionierte – mit höherer Rechenleistung, schnellerer Internetverbindung und größerem Speicher. Manchmal bedeutete das schlicht, dass man länger im Büro blieb, manchmal aber auch, dass man die Anliegen anderer ignorierte – am Arbeitsplatz, im persönlichen Umfeld oder in der Familie –, um die eigene Produktivität besonders eindrucksvoll zur Schau zu stellen.

Produktivitäts-Bibeln wie *Die 7 Wege zur Effektivität* fungieren Gregg zufolge als »ein spezielles Training, das Arbeitnehmende in die Lage versetzte, die immer gewagteren einsamen Akte der Skrupellosigkeit auszuführen, die vorausgesetzt wurden, wenn man Karriere machen wollte«.[11] Außerdem lehrten sie Zufriedenheit – oder zumindest etwas Ähnliches. Das Leben in einem flexiblen Unternehmen mochte instabil sein, die Anforderungen, Ziele und Erwartungen an künftige Gehälter und Nebenleistungen ständig im Fluss – doch wer erfolgreich sein wollte, der musste damit klarkommen: Er zeigte sich flexibel und machte gute Miene zum bösen Spiel. Nicht das Unternehmen sollte für Stabilität sorgen, sondern die Belegschaft sollte lernen, ohne diese auszukommen.

Ein unglücklicher, unzufriedener Arbeitnehmer verursacht schließlich Mehrkosten. Gallup gibt alljährlich eine umfassende Studie zu den Auswirkungen von »mangelndem Engagement« heraus, gemessen durch eine zwölf Fragen umfassende Umfrage, in der Arbeitnehmende einschätzen müssen, wie sehr sie mit verschiedenen Aussagen übereinstimmen, von »Ich weiß, was am Arbeitsplatz von mir erwartet wird.« bis »Ich habe den Eindruck, dass meine Meinung am Arbeitsplatz zählt.« Nach der von Gallup vertretenen Auffassung ist »Engagement« ein Maßstab dafür, wie viel Beschäftigte in die Arbeit investieren, aber auch dafür, wie viel ihre Vorgesetzten und Chefs in sie investieren. 2019 stellte Gallup fest, dass 52 Prozent der US-amerikanischen Arbeitnehmenden »nicht engagiert« arbeiteten und weitere 18 Prozent sich einem Engagement sogar »aktiv entzogen«.[12] Diese Verweigerungshaltung kann Unternehmen jedes Jahr Millionen kosten: Mitarbeiter, die sich nicht engagieren wollen, sind nicht nur weniger produktiv, sondern greifen auch häufiger in die Kasse, üben »negativen Einfluss« auf Kollegen aus und vergrätzen Kunden.[13] Deshalb nehmen Firmen, denen statistische Daten wie die aus der Gallup-Umfrage Angst machen, Geld für Wellness-Programme und innerbetriebliche Kommunikation in die Hand, planen »Teambuilding-Maßnahmen«, finanzieren »Happy Hours« im eigentlichen Sinn des Wortes und konsultieren »Glücksexperten«. So wollen sie erreichen, dass ihre Beschäftigten »engagiert« bleiben – will heißen, »produktiv« und »zufrieden«.

Die Soziologen Edgar Cabanas und Eva Illouz behaupten, dass diese Strategien die Belegschaft nicht *wirklich* zufriedener machen sollen – ohnehin ein äußerst subjektiver Begriff. Vielmehr würden sie eingesetzt, um »Einzelne dabei zu unterstützen, in einer wettbewerbsintensiven Arbeitswelt mehr zu leisten und autonomer zu agieren, sich auf Veränderungen in der Organisation und Multitasking-Anforderungen einzustellen, flexibles Verhalten zu fördern, zu steuern, wie Gefühle geäußert werden, neuere, anspruchsvollere Ziele zu verfolgen, vielversprechende Gelegenheiten zu erkennen, reichhaltige, umfassende soziale Netze zu spannen oder Misserfolge positiv oder produktiv zu erklären«[14]. Der ideale »zufriedene« Arbeitnehmende zeichnet sich laut Cabanas und Illouz durch seine »Resilienz« aus: seine Fähigkeit, jeden Rückschlag, jeden Abbau von Ressourcen und jede Kurzarbeitsphase, geringschätzige Behandlung oder Aufforderung, mit weniger Mitteln mehr zu erreichen, als »fantastische Chance zur persönlichen Weiterentwicklung« zu begreifen.

Finden Sie das ganz normal und haben nichts dagegen, dann kann man Ihnen nur gratulieren: Sie haben die Anforderungen einer flexiblen Arbeitskultur erfolgreich verinnerlicht – einer Kultur, in der Probleme grundsätzlich nie struktureller oder kultureller Natur sind und ihre Ursachen nie auf Unternehmensseite zu suchen, sondern stets beim Einzelnen. Die »Lasten« der Flexibilität »sind ungleich verteilt«, wie Carrie M. Lane schreibt, die über Beschäftigung im Technologiesektor forscht. »Von Mitarbeitern wird grenzenlose Wandelbarkeit erwartet, während Arbeitgeber immer starrer werden und verlangen, dass sich die Ansprüche von Beschäftigten auf ihren Arbeitslohn beschränken – ganz ohne Nebenleistungen, Fortbildung, persönliches Entgegenkommen oder Aufwärtsmobilität.«[15] Selbst die Mindestpflichten eines Arbeitsgebers (wie die Entlohnung für geleistete Arbeit) werden inzwischen als besonderes Wohlwollen verkauft. Arbeitnehmende sollten sich nicht berechtigt fühlen, entlohnt zu werden: Sie sollten dankbar dafür sein.

Überlegen Sie mal, wie lange amerikanische Arbeitnehmer jahrein, jahraus an sich arbeiten mussten und wie viel Disziplin es sie gekostet hat, dieses Ideal zu erreichen. Für Krankheit, Trauer oder die Betreuung von Angehörigen ist darin kein Platz. Wer sich freinimmt, riskiert häufig, dass sich ein anderer noch flexibler – und damit wertvoller – zeigen kann. Solidarität gibt es nicht – nur Netzwerke, in denen jeder den eigenen Vorteil im Auge hat. Was das Unternehmen verlangt, wird widerspruchslos geliefert. Schließlich möchte man beweisen, wie flexibel man ist. Eine unglaublich individualistische und unterschwellig rücksichtslose Weltanschauung – und genau das verlangt Flexibilität von uns.

Das Ideal der Flexibilität, die als Kostensparmaßnahme und Wettbewerbsvorteil begrüßt wurde, hat uns zu Arbeitskräften werden lassen, die immer eifriger damit beschäftigt sind, nur noch *so zu tun,* als würden sie arbeiten und wären zufrieden. Wie aber können wir für die Zukunft eine Arbeitskultur entwickeln, die echte Flexibilität im ureigenen Sinn fördert – eine Flexibilität, die Beschäftigten und der Organisation zugutekommt? Hier ein paar Ansatzpunkte.

Wie viel ist zu tun?

Vor der Pandemie nutzte eine Freundin die Zeit zwischen 21 und 23 Uhr – wenn die Kinder im Bett waren und ihr Mann neben ihr vor dem Fernseher saß –, um »meine eigentliche Arbeit zu erledigen«. Offiziell arbeitete sie die üblichen acht Stunden. Sie war um 9 Uhr im Büro, das sie gegen 17 Uhr verließ, um ihr ältestes Kind von der Kita abzuholen. Doch untertags saß sie in so vielen – mehr oder minder wichtigen – Meetings, dass ihr nur die beiden zusätzlichen Abendstunden blieben, um sorgfältig und konzentriert zu arbeiten.

Dass Angestellte, die sich bewähren möchten, Überstunden machen, ist inzwischen gang und gäbe. Man kommt früher, bleibt länger, geht am Wochenende ins Büro oder nimmt Arbeit mit nach Hause, wenn das möglich ist. Wie wir an anderer Stelle noch ausführlicher untersuchen, hat der Siegeszug des Laptops, des Internets und des Smartphones Arbeit noch stärker vom Büro entkoppelt. Arbeit verschlingt immer mehr verfügbare Zeit und die digitalen Technologien fressen sich nach und nach immer tiefer in unser Privatleben.

Durch die ganze Technik arbeiten wir aber nicht etwa effizienter – und damit weniger –, sondern mehr. Diese Mehrleistung wird uns allerdings nicht mehr als solche angerechnet. Arbeitet jemand noch täglich zwei Stunden zu Hause, wird das in keiner Form besonders gewürdigt. Es ist normal. Das machen alle, deshalb bringt es keinen weiter. In den allermeisten Fällen handelt es sich darüber hinaus um unbezahlte Arbeit.

Ob dem Chef klar ist, wie viel jemand über die vereinbarte Arbeitszeit hinaus leistet, ist fraglich. Viele, vielleicht sogar die meisten Vorgesetzten kommen nicht auf die Idee, nachzufragen. Vielleicht wollen sie gar nicht wissen, wie viele Stunden die übertragenen Aufgaben in Wirklichkeit in Anspruch nehmen. Und die meisten Arbeitnehmenden geben gar nicht an, wie viele Stunden sie aufwenden. Dass sich Arbeit, die nebenher erledigt wird, oft deutlich schwerer quantifizieren lässt, ist Teil des Problems: das Erledigen von E-Mails nämlich, das eigentlich schnell gehen sollte, aber dann doch immer länger dauert als gedacht. Oder das halbe Stündchen, das man abzwackt, um ungestört nachzudenken. Oder um Ordnung in Dokumente zu bringen, damit man sie später wiederfindet. Oder für den vierten Korrekturlauf und die Einübung der nächsten Präsentation.

In *Works Intimacy* untersuchte Melissa Gregg das Arbeitsleben Dutzender australischer Arbeitnehmender nach der großen Rezession, als Smartphones, billigere, leichter transportable Laptops und die fortgesetzte Verbreitung von WLAN es immer einfacher machten, zu Hause zu arbeiten. Sie stellte fest, dass digitale Technologien nicht nur dafür verantwortlich waren, die Besessenheit der Mittelschicht von Arbeit zu »perfektionieren«, worauf wir auf den Folgeseiten noch näher eingehen, sondern auch zu einer erheblichen »schleichenden Entwicklung von Funktionen«. »Einem Arbeitspensum, das ursprünglich verkraftbar gewesen sein mochte, werden weitere Erwartungen und Aufgaben aufgesattelt, die derzeit und auch künftig nicht honoriert werden, solange Arbeit zu Hause im Verborgenen geschieht«, so Gregg.[16]

Dass Arbeit mit nach Hause genommen werden kann, läuft bei vielen Beschäftigten darauf hinaus, dass sie Aufgaben übernehmen, die sonst einer anderen Teil- oder Vollzeitkraft zugewiesen werden könnten. Das passt durchaus ins Bild, denn schon nach der großen Rezession waren alle, die noch einen Job hatten, aufgefordert, die Pflichten entlassener Kollegen mitzuerfüllen. In beiden Fällen gilt: Wenige Unternehmen sehen Grund, sich neu auszurichten. Wenn sich die Arbeit doch offensichtlich von weniger Arbeitskräften erledigen lässt, wieso sollte man dieses funktionierende System dann verändern?

Das Problem dabei ist natürlich, dass die Betroffenen irgendwann zusammenbrechen. Es kann ein paar Jahre dauern, bis sich dieser Zusammenbruch messbar auswirkt, doch das wird er. Die jüngste Umstellung auf mobiles Arbeiten bietet eine einmalige Chance, festzustellen, wie viel Sie wirklich arbeiten – ohne Trennung in »offizielle« Arbeit im Büro und heimliche im Homeoffice, sondern *insgesamt*.

Nehmen Sie sich also bitte kurz Zeit und überschlagen Sie, wie viel Sie persönlich arbeiten. Betrachten Sie das ruhig als Selbstbewertung, Bestandsaufnahme oder Analyse. Worauf es ankommt, ist, dass Sie sich dabei nichts vormachen. Wie viele Stunden bringen Sie damit zu, auf Slack »Anwesenheit« vorzutäuschen? Wie viel Zeit widmen Sie der Organisation Ihres Posteingangs? Wie viele Stunden verbringen Sie jede Woche in welchen Meetings? Ein digitaler Kalender hat einen Vorteil: Die Zeit, die Sie in einer beliebigen Woche in Meetings sitzen (und die Art der Meetings) lässt sich ganz leicht ermitteln. Warum versuchen Sie das nicht einfach mal? Sie können zum Beispiel folgendermaßen vorgehen: Wie viel Zeit widmen Sie Ihrer Kernaufgabe? Diese lässt sich nicht immer klar definieren. Es könnte sich aber um die Arbeiten handeln, die Vorrang haben, wenn Sie, sagen wir, nur zehn Stunden zur Verfügung hätten, um alles zu erledigen, was in einer Woche ansteht. Das könnten die Umsatzzahlen sein, eine Präsentation oder ein Projekt, oder aber ein Antrag auf Forschungsgelder. Es gibt Apps, mit deren Hilfe Sie verfolgen können, womit Sie jeden Tag Ihre Zeit am Computer verbringen, doch die Aussagekraft der digitalen Überwachung ist begrenzt. Sie müssen schon selbst herausfinden, was Sie mit Ihrer Zeit angefangen haben – auch wenn Sie befürchten, das Ergebnis könnte Sie in Verlegenheit bringen.

Bei Managern, deren Leistung oft nicht so klar erkennbar ist, kann das besonders schwierig werden, doch es ist ungeheuer wichtig. Überlegen Sie sich, wie Sie jeden Tag verbringen. Beraumen Sie Meetings an, weil Sie gern alle an einem Tisch sitzen sehen, oder dient jede Sitzung einem konkreten Ziel? Sind Ihre Meetings für alle Teilnehmer zweckdienlich oder stellen sie lediglich für Sie die einfachste Möglichkeit dar, sich auf den neuesten Stand zu bringen? Lautet die Antwort, dass ein Meeting vor allem Ihnen selbst dient, kann es durchaus sein, dass Sie in Form tertiärer Verwaltungsaufgaben, die Sie auf andere übertragen, mehr Arbeit produzieren. Das ist aber nicht Ihr Fehler. Es ist Teil der klassischen Falle, die darin besteht, dass performative Arbeit mehr performative Arbeit hervorbringt.

Sobald Sie wissen, wie viel Sie wirklich arbeiten, können Sie produktiv diskutieren, wo und wie diese Arbeit erledigt wird. Als Manager oder Führungskraft können Sie das Ergebnis mit anderen Teammitgliedern besprechen. Dabei sollten Sie aber unbedingt deutlich machen, dass es Ihnen nicht darum geht, die Produktivität zu erfassen oder Gelegenheiten zu suchen, um Positionen zu streichen. Und daran müssen Sie sich auch halten. Tun Sie das nicht, wird es nur dazu führen, dass bei den Angaben zur tatsächlich geleisteten Arbeit geschummelt wird. Und dann beißt sich die Katze in den Schwanz.

Haben Sie Ihre Selbstbeurteilung abgeschlossen, können Sie
sich folgende Fragen stellen: Welche Arbeiten sind wirklich die
wichtigsten? Welche sind zweitrangig, überflüssig oder sogar Zeit-
verschwendung? Welche Aufgaben könnte ein anderes Teammit-
glied effektiver erledigen? Und welche könnten Sie effektiver ausführen als andere? Im Zuge unserer Umfrage unter rund 700 Beschäftigten baten wir diese, eine ganz informelle Version dieses
Verfahrens durchzuführen. Viele stellten dabei fest, dass sie nur
einen Bruchteil ihrer Arbeitswoche mit Tätigkeiten zubrachten,
die sie als »ihre eigentlichen Aufgaben« einstuften. »Es ist im
Grunde immer etwas zu tun, aber ganz ehrlich: Den Großteil meiner Arbeit könnte ich wahrscheinlich in 30 Wochenstunden schaffen«, erklärte ein Datenanalyst aus Seattle. »Ich bräuchte keine
35 Stunden pro Woche, um meine Aufgaben zu erledigen. Ein
paar Stunden vormittags, ein paar Stunden nachmittags«, erklärte
ein IT-Berater aus London. Ein technischer Redakteur aus Hawaii
räumte ein, er arbeite jede Woche eigentlich nur »ein paar Stunden konzentriert und hochproduktiv«.

Ihre Aufgabe ist nun, herauszufinden, wie Sie erreichen können, dass sich Ihre tatsächliche Arbeitszeit besser mit der »eigentlichen Arbeit« deckt. Zu diesem Zweck müssen Sie Prioritäten setzen. Dabei spielt keine Rolle, ob die Arbeit in der klassischen Bürozeit oder in Anwesenheit anderer erledigt wird. Es geht schlicht
darum, was wirklich nötig ist, um Ihre Aufgabe zu erfüllen.

Im Anschluss sollten Jobbeschreibungen überarbeitet und so
umformuliert werden, dass sie auch wirklich den anstehenden
Aufgaben entsprechen, worauf wir im nächsten Kapitel noch
näher eingehen. Stellen Sie diese Überlegungen für sich alleine
an, ohne dass sie von Kollegen oder Vorgesetzen ausdrücklich mitgetragen werden, könnte die Stellenbeschreibung einen neutrale-
ren Ansatzpunkt für Gespräche darüber bieten, wie Sie Ihren

Arbeitstag flexibler gestalten können. *Das hier ist meine Stellenbeschreibung, könnten Sie sagen, und damit verbringe ich in Wirklichkeit meine Zeit, wie ich festgestellt habe. Sollten wir nun die Stellenbeschreibung ändern oder meinen Fokus verschieben?*

Vielleicht ist Ihnen ein solches Gespräch dennoch zu heikel. Das heißt aber nicht, dass Sie sich nicht bewusster machen können, wie Sie Ihre Zeit im Tagesverlauf einteilen und welche Aufgaben Vorrang haben. Wenn Sie und/oder Ihr Team nicht die gleichen Vorstellungen davon haben, wofür Sie tatsächlich zuständig sind, können Sie auch nicht verändern, wann und wie die entsprechenden Aufgaben erledigt werden.

Welche Aufgaben stehen fest, welche lassen sich flexibler handhaben?

Veränderungen stoßen in jeder Organisation auf Widerstand. Aus diesem Grund müssen wir uns klarmachen: Unsere Firma hatte während der Pandemie nicht etwa deshalb Probleme mit dem mobilen Arbeiten, weil wir alle durch und durch unflexible Sturköpfe sind, sondern vielmehr, weil schon ein Unternehmen mit einem nur 15-köpfigen Team genauso schwierig umzusteuern sein kann wie ein Ozeanriese. In den meisten Unternehmen leerten sich die Büros sehr schnell – mit ausgesprochen kurzer Vorbereitungs- oder Einweisungszeit dazu, wie sich übliche Arbeitsabläufe anpassen lassen. Das Ergebnis: Die Beschäftigten versuchten, alles so weiterlaufen zu lassen, wie bisher – nur eben virtuell. Aber weil alle mit einer Pandemie und der damit verbundenen Belastung und Unruhe zurande kommen mussten, blieb wenig Zeit, sich konkret darüber Gedanken zu machen, wie die Arbeitswelt verändert werden könnte – und warum sie sich verändern sollte.

Haben Sie erst einmal festgestellt, wie viel Sie wirklich arbeiten, bleibt noch zu ermitteln, welche Arbeiten unbedingt einem starren Muster folgen müssen – und zeitgleich mit anderen zu einem bestimmten Zeitpunkt zu erledigen sind –, und welche sich flexibel an Ihre Bedürfnisse anpassen lassen. Dazu mussten Sie sich bereits ehrlich eingestehen, wie viel Arbeit Sie im Laufe einer Woche insgeheim wirklich leisten. Und nun müssen Sie sich auch in anderer Hinsicht vor sich selbst ehrlich machen: Welche Aufgaben sind derzeit nur aus Gewohnheit oder aus Prinzip unflexibel? Welche Interaktionen im Büro fehlen Ihnen tatsächlich? An welchen Vorstellungen von Ihrer Arbeit halten Sie schlicht aus Mangel an besseren Optionen fest?

Am besten setzen Sie bei den Meetings an, den ureigenen Bausteinen der allermeisten Bürotätigkeiten. Versetzen wir uns zurück in die Zeit vor der Pandemie und nehmen an, Sie sind in einem Büro tätig und möchten wissen, was eine Kollegin von Ihrer neuesten Idee hält. Für eine Slack-Nachricht oder eine E-Mail ist das Thema zu komplex. Also suchen Sie sie an ihrem Schreibtisch auf und fragen, ob sie kurz Zeit hätte. Manche Menschen lieben solche spontanen Interaktionen, andere finden sie furchtbar lästig.

Doch sie gehören zu den Dingen, die besonders häufig genannt werden auf die Frage, was Beschäftigten im Homeoffice fehlt: die ungeplanten, organischen Interaktionen. In Wirklichkeit müssen wir hier aber unterscheiden. Manche vermissen im Arbeitsalltag tatsächlich die Störungen und die Dynamik – ein Anzeichen dafür, dass sie in Wirklichkeit vermutlich gar nicht so viel im Büro oder an einem bestimmten Ort sein müssten, wie sie es tatsächlich sind. Den meisten aber fehlen produktive Gespräche im Team, die den Arbeitstag mit Leben erfüllen. Dabei geht es im Grunde gar nicht um das spontane Hereinplatzen eines Kollegen, sondern um die Gelegenheit zu echter Kreativität und menschlicher Interaktion, die damit verbunden ist. Und das ist überall möglich – vorausgesetzt, wir halten nicht an unseren eingeschränkten Vorstellungen davon fest, wo es stattfinden kann.

Kommen wir noch einmal auf das Szenario zurück, in dem Sie früher einfach spontan bei Ihrer Kollegin vorbeigeschaut hätten. Vielleicht wäre sie gerade in ein Gespräch vertieft gewesen. Auch kein Problem, dann hätten Sie es einfach etwas später noch einmal probiert. Das ist heutzutage nicht mehr so einfach. Natürlich könnten Sie die Kollegin anrufen, doch ob sie gerade etwas anderes zu tun hat, das keine Unterbrechung duldet, wissen Sie nicht – und das könnte peinlich werden, vor allem, wenn die Dame ranghöher ist. Also beschließen Sie, wie man so schön sagt, sich einen »Termin zu buchen«. Ihr Kalender gibt aber nur noch 30 Minuten am Ende des Tages her.

Zur verabredeten Zeit schalten Sie sich beide auf Zoom oder Microsoft Teams zusammen – eine Partei drei Minuten verspätet, weil der vorangegangene Termin nicht pünktlich endete. Ein paar Minuten lang tauschen Sie Höflichkeiten aus, denn Sie haben sich so lange nicht gesprochen, dass alles andere ungehörig wäre. Dann kommen Sie auf den Punkt und erklären Ihrer Kollegin, was Ihnen vorschwebt. Sie trägt ein paar eigene Anregungen bei, dann müssen Sie sich entscheiden: Sollen Sie das Gespräch abbrechen, um sich bis zur nächsten Sitzung noch ein paar Minuten Zeit zu verschaffen – oder noch über andere Projekte sprechen, denn schließlich haben Sie ja 30 Minuten für sich geblockt und möchten gern, dass alle mitkriegen, wie viel Sie zu Hause arbeiten und denken. Also unterhalten Sie sich noch zehn Minuten lang, bis einer von Ihnen das Gespräch etwas plump beendet. Zum nächsten Termin – in den Kalender eingetragen von einem Kollegen, der Ihnen geringfügig untergeordnet ist – kommen Sie drei Minuten zu spät.

Das Problem: Den Termin hätte es gar nicht gebraucht. Das soll nicht heißen, dass das Gespräch an sich überflüssig war, aber es hätte nicht in Form eines synchronen, fest geplanten Meetings stattfinden müssen, das Sie 30 Minuten Ihres Nachmittags gekostet hat und zwischen andere zeitraubende Nachmittagstermine eingeschoben werden musste.

»Termine bergen eine gewisse Entropie«, erklärte uns Eric Porres, Chef des Unternehmens MeetingScience. »Sie entwickeln ein Eigenleben. Wir sind darauf trainiert und konditioniert, für Termine zwischen 30 und 60 Minuten einzuplanen. Erhalten wir Einblick in ein Unternehmen und stellen fest, dass dort sämtliche Meetings im 30-, 60- oder 90-Minuten-Rhythmus stattfinden, sagen wir gleich: Leute, Ihr habt da ein großes Problem. Da bleibt keine Zeit, um die Dinge zu verarbeiten. Und wann wird die eigentliche Arbeit erledigt?«

MeetingScience erfasst die Informationsfülle, die aus den digitalen Kalendern eines Unternehmens hervorgeht, und analysiert diese. Daneben führt es eine anonymisierte, aus 13 Fragen bestehende Erhebung durch, die allen Teilnehmern nach jedem Meeting zugeschickt wird, zu dem sie sich äußern sollen. Gab es eine Tagesordnung? Wussten sie, was von ihnen erwartet wurde? Waren die anschließenden Schritte klar? Verlief die Sitzung zu ihrer Zufriedenheit? War ihre Teilnahme zielführend? Begann die Sitzung pünktlich oder verspätet?

Allein gemessen an dem Zeitaufwand, den Unternehmen für Meetings betreiben, wissen die meisten nur wenig darüber, was bei diesen Meetings überhaupt passiert und wie sich das insgesamt auf ihre Belegschaft auswirkt. So ist der Mensch beispielsweise nachmittags generell weniger entscheidungsfreudig. Dennoch setzen wir Meetings, die Entscheidungen erfordern, in diesem Zeitraum an. Wir brauchen Zeit, um Informationen zu verarbeiten und uns auf die nächste Verpflichtung vorzubereiten. Dennoch planen wir zwischen zwei Sitzungen oft nicht einmal genug Zeit ein, um zur Toilette zu gehen. Ein morgendliches Meeting, das um fünf Minuten überzogen wird, kann einen Schmetterlingseffekt erzeugen, der im Tagesverlauf 500 Beschäftigte in Mitleidenschaft zieht. Fünf Minuten erscheinen irrelevant, doch das gehetzte Gefühl, das Sie haben, wenn Sie zu spät dran sind, kann im Laufe des Tages zu anhaltendem Frust anschwellen.

»Neukunden reagieren stets ungehalten, wenn wir ihnen Einblick in ihre Daten geben«, so Porres. »Den Leuten ist nicht klar, an wie vielen Meetings sie teilnehmen. Doch was man nicht misst, kann man auch nicht optimieren. Erst wenn Ihnen bewusst wird, dass Sie im Oktober 75 Prozent Ihrer Zeit in Meetings verbracht haben, können Sie daraus für sich auch Schlüsse ziehen. Dann merken Sie: Kein Wunder, dass ich so viele Überstunden geschoben habe und für nichts Zeit hatte, schon gar nicht für die Familie. Neben dem Schlaf rauben uns Meetings die meiste Lebenszeit.«

Manche Meetings sind wirklich wichtig – MeetingScience zufolge gewöhnlich etwa 20 Prozent derjenigen, zu denen Sie hinzugebeten werden. Manche Dinge könnte man ebenso gut mit einer E-Mail oder einem Telefonat erledigen. Andere wären in einem Gespräch unter vier Augen besser zu klären als vor großem Publikum. Manche Leute kommen sich wichtiger vor, wenn sie Meetings ansetzen. Dabei machen sie sich dadurch nur unbeliebt. Es gibt auch Meetings – die sogenannten stillen nämlich, die im Vorfeld der Pandemie immer beliebter wurden –, mit denen einfach nur Zeit geblockt wird, damit die Teilnehmer ein Dokument, eine Präsentation oder einen Bericht lesen und kurz besprechen können, was sie zuvor nicht schaffen konnten, weil ihr Arbeitstag so mit Meetings angefüllt war.

Das Tech-Unternehmen Hugo, das die Planung von Meetings und Anweisungen koordiniert, verfolgt, wie viele Meetings jeder Kunde pro Woche ansetzt. Erwartungsgemäß waren die Zahlen während der Pandemie vielsagend: Von Januar bis Mai erhöhte sich die durchschnittliche Anzahl solcher Veranstaltungen von 12 auf rund 15 und fiel dann den Großteil des Sommers über auf 14,5 zurück. Anfang September nahm die Zahl dann wieder zu. Im November waren für den durchschnittlichen Nutzer 16,5 solcher Termine pro Woche anberaumt: mehr als drei pro Tag an jedem Tag der Woche. (Die Daten von Microsoft Teams belegen, dass der sprunghafte Anstieg der Meetings weltweit festzustellen war: Von Februar 2020 bis Februar 2021 erhöhte sich die durchschnittliche Dauer von Teams-Meetings von 35 auf 45 Minuten.)[17]

Die Hugo-Nutzer verzeichneten mehr Meetings, als auf den Remote-Modus umgestellt wurde, und eine neuerliche Spitze, als die Schule wieder begann: Je größer der Stress, desto mehr Meetings wurden angesetzt. Wir planen Meetings gewöhnlich, weil wir glauben, dass wir dadurch ein Projekt oder eine bestimmte Entscheidung besser steuern können. In unserer Vorstellung bedeutet mehr Absprache auch bessere Kontrolle, und damit weniger Stress. Doch durch eine größere Zahl von Meetings lässt der Stress nicht nach, denn dadurch wird selten erreicht, dass das Belastungsniveau tatsächlich zurückgeht – etwa, indem eine Aufgabe erledigt wird oder klares, stichhaltiges Feedback zur Erledigung dieser Aufgabe eingeht. Stattdessen greifen wir standardmäßig auf Status-Meetings zurück, auf Brainstorming-Meetings, bei denen keiner wirklich zum Brainstorming bereit ist, oder auf Meetings zur Besprechung künftiger Meetings; Letztere kosten uns allesamt wertvolle Zeit und bewirken, dass wir nicht flexibel auf Bedürfnisse eingehen können – weder auf die anderer noch auf unsere eigenen – und in Wirklichkeit nicht viel schaffen. Wir lassen uns ohne Not in ein Korsett zwängen.

Unternehmen wie Hugo oder MeetingScience wollen uns zeigen, wie viele Meetings in einem Unternehmen tatsächlich stattfinden und wie sich diese besser organisieren lassen. Mit Hilfe von MeetingScience können Meetings beispielsweise nur im 20- und 50-Minuten-Turnus angesetzt werden und es kann ermittelt werden, ab welchem Punkt Einzelne überlastet sind – weil sie an so vielen Meetings teilnehmen sollen, dass es sich spürbar auf ihre Aufnahmebereitschaft und ihr Stress-Niveau auswirkt. Das alles ist ausgesprochen wertvoll.

Es bedeutet aber nicht, dass Sie gar keine Meetings mehr anberaumen sollen oder dass das ganze Unternehmen vor dem Ruin steht, wenn mal ein Meeting aus der Bahn läuft. Manche der interessantesten, fruchtbarsten Meetings, an denen wir teilgenommen haben, begannen an einem Punkt und führten dann in eine ganz unerwartete Richtung. Wird zu viel analysiert und optimiert, besteht stets die Gefahr, dass bei der Arbeit kein Raum mehr bleibt für Spontaneität und glückliche Zufälle. Deshalb brauchen Sie auch nicht unbedingt die Hilfe eines Unternehmens – sondern lediglich die richtige Perspektive. Regelmäßige Meetings sollten auf den Prüfstand gestellt werden – auch solche, die schon seit Jahren stattfinden. Dabei geht es nicht nur um das jeweils verfolgte Ziel, sondern um die Frage, ob sich dieses mit einem Meeting wirklich am besten erreichen lässt.

Viele Unternehmen stützen sich zur Umsetzung – und als Nachweis für die eigene Betriebsamkeit – inzwischen so fest auf Meetings, dass Alternativen kaum vorstellbar sind oder technisch nicht anspruchsvoll genug erscheinen, um sie flächendeckend einzuführen. Sie wären überrascht, wie altmodisch Ihnen die eine oder andere Lösung vorkommt.

Ein Beispiel dafür ist Loom. Das Konzept erscheint recht fragwürdig: Anstelle von E-Mails, Slack-Nachrichten und unnötigen

Zoom-Meetings ermöglicht Ihnen Loom, Kurzvideos (Looms) von sich aufzunehmen und sofort an andere zu versenden. So beschrieben, hört sich das an wie Snapchat fürs Büro: ganz lustig, aber im Grunde Schnickschnack. Das jedenfalls war unser Eindruck, bis wir mit Karina Parikh sprachen, Content-Marketing-Managerin bei Loom. Eigentlich sollte das nur ein Vorgespräch zum Interview mit dem CEO sein, doch Parikhs Geschichte war interessanter.

Vor der Pandemie hatte Parikh noch ganz woanders gearbeitet – sie unterstützte Tierheime im ganzen Land dabei, die Software einzusetzen, mit deren Hilfe Vermittlungen ermöglicht werden sollten. Menschen, die Tierheime leiten, sind oft technisch nicht so bewandert. Haben sie Probleme mit ihrer Software, lassen sich diese meist nicht telefonisch oder per E-Mail am besten lösen, sondern durch ein Video – ein Loom –, das zeigt, was zu tun ist. Das Loom wird per E-Mail verschickt. Der Nutzer muss es nur noch per Knopfdruck abspielen.

Dann kam die Pandemie und Ende März war Parikhs Job Geschichte. Sie nahm sich eine Auszeit, die sie sich mit Computerspielen vertrieb. Eines Tages stieß sie auf Twitter auf einen Tweet von Susannah Magers, der Chefredakteurin des Loom-Blogs: die Loom-Variante einer Stellenanzeige. Weil Magers die Stelle nicht schriftlich ausgeschrieben hatte, sondern per Video, gewann Parikh einen Eindruck von ihrer Person und konnte sich vorstellen, wie es wäre, für sie zu arbeiten – noch bevor sie überhaupt eine Bewerbung geschrieben hatte.

Parikh bekam den Zuschlag und wurde – was sonst? – per Loom im Unternehmen begrüßt. »Ein so reibungsloses Remote-Onboarding hatte ich noch nie erlebt«, erzählte Parikh. »Bei anderen Unternehmen, für die ich gearbeitet hatte, hieß es gewöhnlich, hier ist Ihr Laptop, wir sehen uns online.« Die »Begrüßung« per Loom war nicht so einschüchternd wie der obligatorische Bürorundgang, bei dem man massenweise neue Leute kennenlernt, aber viel persönlicher, als wenn die Personalentscheidung per E-Mail mitgeteilt und kommentiert wird. Die Videos konnte sie sich anschauen, wann es ihr passte, und sich zwischendurch Notizen machen. Um das Eis zu brechen, wurde am ersten Tag ein Spiel mit ihrem Team veranstaltet – wieder über Loom. Dabei sollten alle erzählen, unter welchen Phobien sie litten und ob sie schon mal zufällig einem Prominenten begegnet waren. »Das war etwas ganz anderes, als wenn man sich einloggte und ein statisches Bild von allen Kollegen auf Slack sah«, fand Parikh.

Loom sorgt dafür, dass sich die Nähe einer persönlichen Interaktion flexibel erzeugen und dann konsumieren lässt, wenn es in den Tagesablauf passt. Der Gedanke, den Sie kurz mit Ihrer Kollegin besprechen wollten? Halten Sie ihn auf Loom fest. Laden Sie sich einfach ein Add-on für Ihren Browser herunter. Dann können Sie jederzeit auf Knopfdruck ein Loom aufnehmen. Es wird automatisch eine Datei erzeugt und – wenn Sie die App in Ihr E-Mail-Programm oder in Slack integrieren – auch eine Sendeaufforderung.

Das soll keine Werbung für eine bestimmte Technologie sein, sondern lediglich eine vollwertige Unterstützung für nicht textbasierte Konversationen (insbesondere solche, bei denen Sie sich nicht selbst in einer Bildschirmecke anschauen müssen). Videos übermitteln den Tonfall einer Nachricht viel besser als jedes Emoji. Unser Gehirn braucht schließlich akustische und visuelle Signale wie Mimik, um Sprache einen Kontext zu geben. Visuelle Eindrücke können für Klarheit sorgen, Ernsthaftigkeit vermitteln und vor allem beruhigend wirken. Laut Roderick M. Kramer, der über Organisationsverhalten forscht, sorgen fehlende Bilder bei der Arbeit im Homeoffice für verstärkte Unsicherheit bezüglich des eigenen Status, was dazu führen kann, dass wir Informationen überfrachten.[18] Man könnte auch sagen, wir werden paranoid in unserem Urteil, ob wir gute Arbeit leisten, ob unser Job in Gefahr ist, ob wir den Chef verärgert haben, und so weiter und so fort.

Doch ständige Video-Meetings sind offensichtlich auch keine Lösung – ebenso wenig wie die Rückkehr zu Telefonkonferenzen. Vielmehr muss die Interaktion die jeweiligen Bedürfnisse erfüllen. Loom ist eine tolle Sache für die Einarbeitung neuer Leute. Für die schnelle Kommunikation ist es nicht so gut geeignet. Eine größere Rolle als all diese Apps spielt letztlich, wofür sie stehen: nämlich für echte Flexibilität. Der Statussitzung am Morgen ist womöglich mit einem Slack-Check-in am besten gedient, bei dem jeder angibt, woran er gerade arbeitet und wobei er am betreffenden Tag Unterstützung benötigt. Experimentierfreudigere können zum Teambuilding Oculus (eine VR-Brille der Marke Oculus, Anm. d. Verlags) einsetzen. Genau das tat Loom auf dem Höhepunkt der Pandemie anstelle des alljährlichen Retreat. Dabei wurde in Gemeinschaftsarbeit ein Piratenschiff modelliert. (Die Vorteile eines VR-Retreat: räumliche akustische Wahrnehmung, die Möglichkeit, auf andere »zuzugehen« und sie zu begrüßen. Die Nachteile waren zumindest bei dieser Iteration: eine Bande Jugendlicher rottete sich auf der Plattform zusammen und bewarf das Piratenschiff mit Steinen – im ganzen Unternehmen inzwischen ein Running Gag.)

Ein Arbeitsplatz in der virtuellen Realität – klingt verrückt, oder? Doch das galt auch so ziemlich für alles andere, was wir inzwischen im Büroalltag so selbstverständlich finden wie Meetings oder die Fünftagewoche. Schon vor der Pandemie experimentierten Unternehmen in aller Welt mit verschiedenen Varianten der Viertagewoche. Umgesetzt wird diese in jedem Unternehmen anders, doch es gelten dieselben Grundsätze: Man verdient so viel wie zuvor, aber man arbeitet weniger. Dabei handelt es sich wohlgemerkt nicht um die randständige Besonderheit eines Start-ups mit Fokus auf die Millennials. Ein Unternehmen, das die Vier-tagewoche mit enormer Außenwirkung höchst erfolgreich umge-setzt hat, ist Perpetual Guardian – ein ausgesprochen seriöser, traditionsbewusster neuseeländischer Trustmanager.

Als Perpetual Guardian das Programm einführte, nahmen manche Beschäftigten den Montag frei, andere den Freitag, wie-der andere wollten lieber mitten in der Woche einen arbeitsfreien Tag einlegen. Genommen hat ihn jeder, vom letzten Neuzugang bis in die höchsten Hierarchiestufen – und mit erstaunlicher Wir-kung: Am Ende der zweimonatigen Versuchsphase war die Pro-duktivität um 20 Prozent gestiegen und die Werte für die »Work-Life-Balance« von 54 auf 78 Prozent. Nachdem die Neuerung dauerhaft eingeführt worden war, nahm der Umsatz insgesamt um 6 Prozent zu, die Rentabilität um 12,5 Prozent. Andere Expe-rimente brachten ähnlich spektakuläre Ergebnisse: Bei Microsoft Japan führte eine Viertagewoche zu einer Steigerung der Produk-tivität um 40 Prozent. Eine 2019 durchgeführte Studie über 250 britische Unternehmen mit Viertagewoche ergab, dass schät-zungsweise 92 Millionen Pfund gespart worden waren. 62 Prozent der Unternehmen berichteten einen Rückgang der Krankheits-tage.[19]

Während der Pandemie fasste Buffer – das Tools für Sozialme-dienkampagnen entwickelt, die von über 75.000 Marken einge-setzt werden – den dramatischen Entschluss, sich auf die Viertage-woche umzustellen. 2020 hatte das Unternehmen in einer Umfrage die größten Hürden ermittelt, die seinen Beschäftigten dabei im Wege standen, sich um die Familie oder um sich selbst zu küm-mern. Es hatte nachgefragt, was es als Arbeitgeber tun konnte, um diese Hürden abzubauen. 12 Prozent der Befragten gaben an, sie bräuchten mehr bezahlten Urlaub, 24 Prozent wollten lieber ihre

Stundenzahl reduzieren und 40 Prozent wollten gern die Viertagewoche ausprobieren.

Also starteten sie ein vierwöchiges Pilotprogramm. »In diesem Zeitraum mit Viertagewoche geht es um persönliches Wohlergehen, um psychische Gesundheit und darum, uns und unsere Familien an die erste Stelle zu setzen«, erklärte Buffer-CEO Joel Gascoigne. »Es geht darum, den Lebensmitteleinkauf – der ungleich aufwändiger geworden ist – zu einer günstigen Tageszeit zu erledigen. Darum, dass Eltern gerade in dieser Phase, in der sie sich um den Unterricht kümmern müssen, mehr Zeit für ihre Kinder haben. Darum, in kürzerer Zeit die gleiche Produktivität zu erreichen.«[20]

Dennoch steigerte sich die Produktivität. Die Beschäftigten fühlten sich genauso produktiv wie zuvor mit fünf Arbeitstagen, vielleicht sogar noch produktiver, dabei aber weniger gestresst. Das betraf auch Entwickler und Ingenieure: Die Tage, an denen effektiv programmiert wurde, gingen zwar zurück (von 3,4 auf 2,7 bei Produkten und von 3,2 auf 2,9 bei Mobilfunk und Infrastruktur), doch die »effektive Produktivität«, also wie viel Arbeit tatsächlich erledigt wurde, erhöhte sich deutlich – bei Mobilfunk und Infrastruktur sogar auf das Doppelte.[21] Buffer entschloss sich, die Versuchsphase um weitere sechs Monate zu verlängern, um festzustellen, ob dieser Effekt von Dauer war. Im Februar 2021 beschloss das Unternehmen, sich künftig offiziell auf die Viertagewoche umzustellen.

Die Viertagewoche ist ein etwas anderer Ansatz, als ihn Unternehmen wählen, die mit einer Mischung aus Homeoffice und Präsenz arbeiten wollen. Das Prinzip ist aber dasselbe. Man ermittelt, wo bei der Arbeit Prioritäten zu setzen sind, und versichert, dass insgesamt am Ende weniger gearbeitet werden muss. Doch den Leuten nur zu sagen, dass sie produktiver werden sollen, wäre zu kurz gegriffen. Im Zuge des Pilots bei Microsoft Japan wurden alle

Meetings auf maximal 30 Minuten und höchstens fünf Teilnehmer begrenzt. Begründet wurde dies damit, dass alles, was die Anwesenheit von mehr als fünf Personen erfordert, kein Meeting mehr ist, sondern eine Bekanntmachung.

Bei Perpetual Guardian wurden am Arbeitsplatz kleine Flaggen (in roter, gelber und grüner Farbe) eingeführt. Damit konnte jeder Einzelne signalisieren, ob er ansprechbar war. Außerdem wurden die Büros insgesamt umorganisiert, damit die Beschäftigten nicht mehr so viel treppauf, treppab laufen mussten. Es wurden Spinde eingebaut, in denen Beschäftigte ihre Handys – und damit Ablenkungen – einschließen konnten. Danach war ein Rückgang des Internetsurfens um 35 Prozent zu verzeichnen.[22] Die größte Veränderung betraf jedoch die Führung: Das Management musste jede(n) Einzelne(n) ins Boot holen, auch Führungskräfte mit Personalverantwortung. Sie alle mussten sich gemeinschaftlich dazu bekennen, nicht mehr so oft die Zeit anderer zu verschwenden. Ansonsten, so wurde ihnen vermittelt, würde das ganze Szenario in sich zusammenfallen: Gedankenlose Teilnehmer konnten Meetings aus der Bahn werfen, den Posteingang zumüllen oder ständig Arbeitsabläufe unterbrechen. Aus diesem Grund wies Perpetual Guardian, als die Absicht angekündigt wurde, die Viertagewoche einzuführen, jedes einzelne von einem Manager angeführte Team an, eigene Ideen und Strategien dafür zu entwickeln, wie die Planung in seinem spezifischen Bereich funktionieren könne. Der CEO gab den Beschäftigten keineswegs vor, wie das gehen sollte, sondern umgekehrt: Die Belegschaft erklärte dem CEO, wie es ihrer Ansicht nach laufen könnte.

Das wirklich Innovative an einer Viertagewoche ist wie bei anderen gezielten Programmen für mehr Flexibilität, dass ganz bewusst echte unternehmensweite Zusammenarbeit an die Stelle einer lediglich vorgetäuschten Produktivität gesetzt wird. Bei Unternehmen, die den Schritt zur Viertagewoche gingen, war diese Strategie so effektiv, dass ein ganzer Tag dabei heraussprang. In Ihrem Unternehmen könnten sich Beschäftigte dadurch vielleicht am Vormittag Zeit freischaufeln, oder mitten am Tag, oder irgendwann nach 14 Uhr – ganz nach dem Rhythmus, den Ihr Geschäft oder das Privatleben Ihrer Beschäftigten erfordern. Das klingt nach Hokuspokus? Mag sein. Doch in Wirklichkeit ist da nichts Mystisches oder Illusionistisches dabei. Es zeigt lediglich, wie gründlich Sie eine starre Auffassung davon verinnerlicht haben, wie Arbeit auszusehen hat.

Die Pandemie zwang viele Organisationen zu bislang beispielloser Flexibilität. Plötzlich stellte sich heraus, dass ganz entscheidende Komponenten des Status quo im Büro – Vorstellungen davon, wo und wie gearbeitet werden sollte – vollkommen willkürlich waren. Wir haben aber auch gemerkt, dass manche unserer bisherigen Gepflogenheiten – ob im Büro oder in der physischen Anwesenheit anderer – durchaus sinnvoll waren. Folglich muss es nun darum gehen, die nötige Ehrlichkeit, Schnörkellosigkeit und Fantasie zu beweisen, um zwischen beidem zu unterscheiden.

Leitplanken statt Grenzlinien

Die Menschen, die sich bei Daisy Dowling melden, sind gewöhnlich am Ende ihrer Kräfte. Sie arbeitet in erster Linie mit Klienten, die nach ihren Worten »überehrgeizig und überengagiert sind und ständig unter Strom stehen – Menschen, die laufend Überstunden machen, aber gleichzeitig auch liebevolle Eltern sein wollen«. Wie so viele von uns versuchen sie, alles am Laufen zu halten. An Dowling wenden sie sich, weil sie wissen wollen, wie man mit Kindern Karriere machen kann.

Seit Ausbruch der Pandemie stellt Dowling fest, dass ihre Kunden unter einer neuen, geradezu existenziellen Krise leiden. »Sie hatten gedacht, die Arbeit im Homeoffice wäre die Patentlösung für sie. Als würden sich sämtliche Probleme in Luft auflösen, wenn ihr Chef sie erst zu Hause arbeiten ließe.«

Zumindest während der Pandemie wurden sie allerdings schnell von der Realität eingeholt und der schöne Traum platzte. Womit sie nicht gerechnet hatten: Mobiles Arbeiten erfordert ganz bestimmte Kompetenzen, die gelernt sein wollen. »Wer Power-Point-Präsentationen halten oder Planungskonzepte erstellen will, der muss das von der Pike auf lernen, braucht Feedback und muss sich weiterbilden«, so Dowling. »Dass aber auch die Arbeit im häuslichen Umfeld eine Kompetenz ist, darüber machte sich keiner Gedanken: Das wird einem weder beigebracht, noch wird es überhaupt thematisiert. Die Devise lautet schlicht: ›Setzen Sie sich zu Hause an Ihren Laptop.‹ Doch das reicht nicht.«

Wer ein Büro betritt, bekommt unmittelbar vorgelebt, was er zu tun hat: wie Arbeit »aussieht«. Das weiß man aus früheren Beschäftigungsverhältnissen oder aus Erzählungen der Eltern von ihren Arbeitsplätzen. Man gewinnt sofort einen Eindruck von der Atmosphäre und nach und nach auch von der Kultur. »Das wird Ihnen zwar auch nicht explizit beigebracht, doch Sie *lernen* es«, wie Dowling uns erklärte. »Im Homeoffice sind Sie dagegen ganz auf sich gestellt.«

Eine Hauptursache des Problems sieht Dowling darin, dass Vorgesetzte hier nicht das nötige Rüstzeug vermitteln. Für manche ist die Arbeit im Homeoffice ebenfalls neu und ihnen ergeht es mit *ihren* Vorgesetzten vermutlich ähnlich. Im Kern ist das Problem immer dasselbe: Es werden keine – oder zumindest keine klaren – Erwartungen formuliert, die Grenzen verschwimmen und die Kommunikation ist unzulänglich. Die Beschäftigten finden sich in der

Situation wieder, dass sie 16 bis 18 Stunden am Tag durch Arbeit und elterliche Pflichten gefordert werden und degenerieren zu einem kümmerlichen, erschöpften, unproduktiven Abklatsch ihrer selbst.

Morgens aus dem Bett aufstehen und gleich an die Arbeit gehen? Wieso nicht? Am Freitagabend arbeiten? Sie haben doch ohnehin nichts vor. Das Wochenende durchmalochen? Na klar – was heißt denn schon Wochenende? Das hört sich schwer nach Parodie an, ist es aber nicht. 2020 versuchte jemand aus unserem Kollegenkreis, sich an Thanksgiving Zeit auf einem unserer Kalender zu blocken. »Ich weiß doch, dass ihr weder unterwegs seid noch mit der Familie feiert«, meinte die betreffende Person halb im Scherz. Manche arbeiteten zu so ungewöhnlichen Zeiten, um Stunden aufzuholen, die sie während der klassischen Arbeitszeit für die Kinderbetreuung aufwenden mussten. Manche befürchteten schlicht, dass ihr Unternehmen sonst in finanzielle Schieflage geraten und eine Entlassung drohen könnte. Anderen war einfach langweilig oder sie wollten die Quarantäne nutzen, um ihre Karriere voranzubringen – ungeachtet der Erwartungen, die sie dadurch an ihre Kollegen stellten.

Im Verlauf der Pandemie schickten manche Unternehmen Bürokräfte in Kurzarbeit oder entließen sie, andere kürzten vorübergehend die Gehälter. In vielen Organisationen blieb die gefürchtete wirtschaftliche Apokalypse jedoch aus. Aber in jenen ersten hektischen Monaten schien alles unklar – auch das Ausmaß der anstehenden finanziellen Rezession. Aus Selbstschutz versuchten wir daher zunächst, zu beweisen, wie produktiv und engagiert wir waren. In früheren Rezessionen ließ sich das durch die Stunden nachweisen, die wir im Büro verbrachten. Doch wie kann man allen anderen zeigen, wie hart man arbeitet, wenn keiner zuschaut?

Eine Möglichkeit: Man erledigt die übertragenen Aufgaben korrekt und pünktlich. Doch auf so eine einfache Lösung kommt ein überlastetes, verängstigtes Pandemiegehirn gar nicht. Stattdessen stört der Stress die Konzentration und die zunehmende Zahl von Meetings, E-Mails und Nachrichten, die sich andere überlastete, verängstigte Pandemiegehirne ausdenken, machen die Sache nicht besser. Man glaubt, man hätte nicht genug getan, und versucht, das durch Überstunden auszugleichen, die – wenn sie auch nicht am Stück geleistet werden –, durch Erschöpfung, Alkohol und andere Ablenkungen wenig ergiebig sind. Man gerät allzu leicht in diesen Schwebezustand, indem man sich ständig halb bei der Arbeit fühlt.

Und nachts läuft dann das Kopfkino und führt Ihnen vor, was Ihr Chef alles von Ihnen denken könnte. Als da neulich in Teams diese Frage gestellt wurde und Sie nicht gleich die Antwort parat hatten, weil Sie nebenher das Mittagessen zubereiteten – ob die anderen da wohl dachten, Sie hätten es nicht mehr drauf? Sie nehmen sich vor, sich morgen stärker einzubringen, mehr E-Mails zu versenden, sich mehr Zeitkontingente in den Kalendern anderer zu blocken oder sich häufiger am Team-Chat zu beteiligen. Im Endeffekt schieben Sie damit wieder Arbeit in Nischen, die früher Ihrem Privatleben vorbehalten waren.

Die schlechte Nachricht: Haben sich diese Grenzen erst einmal aufgelöst, ist es unglaublich schwer, sie neu zu ziehen. Nicht ohne Grund geben manche ihre private Handynummer am Arbeitsplatz nur der Personalabteilung bekannt oder lassen sich berufliche Mails nicht aufs Handy weiterleiten. Hat sich die Arbeit erst in einem Lebensbereich eingenistet, lässt sie sich nur mit echter konzertierter Anstrengung wieder daraus vertreiben. Grenzlinien sind dieser Aufgabe nicht mehr gewachsen. Was wir brauchen, sind Leitplanken.

Eine Leitplanke ist vom Konzept her und ihrem Wesen nach etwas ganz anderes als eine Grenzlinie. Grenzlinien können leicht als neutrale, verschiebbare Demarkation aufgefasst werden – wie eine Grundstücksgrenze. Dem Bulldozer, der den Druck versinnbildlicht, jede freie Minute mit Arbeit anzufüllen, haben sie wenig entgegenzusetzen. Leitplanken dagegen werden in dem Bewusstsein aufgestellt, dass wir Schutz brauchen. Nicht etwa, weil wir so zerbrechlich oder undiszipliniert wären, sondern weil die Kräfte, die dem heutigen Arbeitsalltag zugrunde liegen – vor allem die Besessenheit von Wachstum und Produktivität – ihre zerstörerische Wirkung wahllos entfalten. Sie machen unsere besten Absichten platt und zehren von unserer prekären Lage.

Grenzlinien sind eine persönliche Angelegenheit. Leitplanken dagegen sind *struktureller Natur*. Heißt es beispielsweise, »Sie können arbeiten, wann und wo Sie wollen«, auch im Büro, so besteht durchaus die Wahrscheinlichkeit, dass diejenigen, die so arbeiten wie ihre Vorgesetzten oder die sich häufiger im Büro blicken lassen, als engagierter wahrgenommen werden. Dazu Professor Prithwiraj Choudhury von der Harvard Business School: »Geht das ganze Unternehmen ins Homeoffice, doch die Chefetage bleibt im Büro, wird sich dort auch das mittlere Management einfinden, um Präsenz zu zeigen.«[23]

Ohne Leitplanken wird sich die bisherige Büro-Hierarchie einfach reproduzieren: Wer keine familiären Verpflichtungen hat, ist privilegiert gegenüber allen, die ihren Teil der Kinderbetreuung oder Pflege schultern, wer aufblüht, wenn ständig persönliche Interaktionen stattfinden, ist privilegiert gegenüber all jenen, die das anstrengend finden. Kommt es so, wäre Flexibilität auch nach der Pandemie nichts anderes als das große amorphe Arbeitsgefüge, das dieselben Akteure begünstigt wie eh und je.

Doch es geht auch anders. Bereits 1999 untersuchte Roderick M. Kramer, Professor für Organisationsmanagement in Stanford, wie in Organisationen Vertrauen geschaffen, gepflegt und zerstört wird. Als er vorhandene Studien durchsah, fiel ihm ein Muster ins Auge: Gab es ausformulierte Regeln zur Funktion eines Arbeitsplatzes, so war dies einem hohen Maß an »wechselseitigem Vertrauen« in einer Organisation zuträglich.[24] Klare, fair umgesetzte Regeln werden zu Leitplanken: Sie dienen nicht nur dazu, andere zur Rechenschaft zu ziehen oder zur Ordnung zu rufen, sondern sind strukturelle Komponenten der Unternehmenskultur.

Das Problem dabei: Diese Regeln, Leitlinien und »bewährten Praktiken« sind mit Blick auf die Linien zur Abgrenzung von Arbeit durch jahrelange Zersetzungsprozesse in Unternehmen inzwischen vollkommen ausgehöhlt. Unternehmen, die vorgaben, Beschäftigten eine »Work-Life-Balance« zu bieten, hatten bei Einstellungen und Beförderungen in Wirklichkeit genau das Gegenteil im Sinn: je weniger arbeitsfremde Verpflichtungen, desto besser. Die Begriffe »Balance« und »Grenzlinien« fließen in die Lüge ein, die ein Unternehmen über die eigene Kultur erzählt, und werden solange in E-Mails abgedroschen und propagiert, bis sie absolut sinnentleert sind.

Das ist natürlich der Inbegriff einer toxischen Unternehmenskultur – ein Thema, mit dem wir uns im Folgekapital noch näher auseinandersetzen. Sie existiert in der einen oder anderen Form in den meisten Unternehmen – und zwar, weil sich diese zu einem bestimmten Wert bekennen, dann aber nicht die Maßnahmen ergreifen oder durchsetzen, um diesen auch zu verwirklichen. In diesem Fall fällt die Aufgabe, die Erosion von Grenzlinien zu verhindern, allein den Beschäftigten anheim: Sie ganz allein sind dafür verantwortlich, die Leitplanken aufrechtzuerhalten, nach denen sich richtet, wie stark die Arbeit in ihr Leben ausufert.

Gelingt Ihnen das nicht, dürfen Sie die Schuld dafür nicht in der Kultur oder bei Ihrem Chef suchen, sondern ausschließlich bei sich selbst: *Sie allein* haben es nicht geschafft, sich Regeln zu setzen und diese zu beachten, auch wenn sich keiner sonst daran hält.

Nehmen wir an, es gelingt Ihnen, die schwer erkämpften Grenzen aufrechtzuerhalten. Nehmen wir an, Sie schaffen es, auch mal Nein zu sagen. Sitzen Sie beruflich fest im Sattel und genießen gewisse Privilegien, *könnten* Sie damit durchkommen und wären schön dumm, diese Gelegenheit nicht zu nutzen. Das empfiehlt zumindest Tim Ferriss in *Die 4-Stunden-Woche,* das sich seit seiner Erstveröffentlichung im Jahr 2007 mehr als 2,1 Millionen Mal verkauft hat.

Die berauschende Botschaft, die Ferriss in dem Buch predigt, fußt auf einem ebenso eindringlichen wie dreisten persönlichen Beispiel. Stark verkürzt behauptet er, dass das Leben gar nicht so hart sein muss, und gibt uns Hilfestellungen, wie wir uns von »Arbeit als Selbstzweck« befreien und unsere Zeit lieber sinnvoll nutzen können. (Ohne anmaßend sein zu wollen, gibt es da durchaus Schnittmengen mit diesem Buch!) Doch die von ihm vorgeschlagene Taktik zum Erreichen seines luxuriösen neuen Lebensstils ist bestenfalls trügerisch für all jene, die nicht über das entsprechende soziale Kapital oder den nötigen Status in einer Organisation verfügen. Er fordert seine Leser ausdrücklich dazu auf, egoistisch zu sein und ihre Chefs nach Kräften in ihrem Sinne zu manipulieren. Gleich mehrfach beschwört er in seinem Buch das Bild eines raffinierten, verwöhnten Kindes herauf, das genau weiß, auf welche Knöpfe es bei seinen Eltern drücken muss, damit diese am Ende nachgeben.

»Lernen Sie, schwierig zu sein, wenn es darauf ankommt«, schrieb Ferris. »Erinnern Sie sich an Ihre Schulzeit zurück. Auf dem Schulhof gab es immer einen großen Jungen, der zahllose andere, die kleiner und schwächer waren als er, drangsalierte. Aber da gab es auch ein schmächtiges Kind, das, wenn es provoziert wurde, wild und ohne Rücksicht auf Verlust um sich schlug. Vielleicht ging es aus diesen Prügeleien nicht als Sieger hervor, aber trotzdem entschied sich der Schulhoftyrann in der Regel nach ein oder zwei unangenehmen Erfahrungen, dieses Kind in Ruhe zu lassen. Es war leichter, sich jemand anderen zu suchen. Seien Sie dieses Kind.«[25]

Ferriss' Buch kann durchaus eine kathartische Wirkung entfalten – vor allem, wenn Sie sich ausgebrannt fühlen oder von Ihrer beruflichen Situation frustriert sind. Wenn er Ihnen vorschlägt, strategisch unproduktiv zu sein, um an den Tagen, an denen Sie auf Ihre Anregung hin »auf Probe« von zu Hause aus arbeiten, durch besondere Leistungen zu glänzen, bringt diese Finte den einen oder anderen vielleicht zum Schmunzeln. Doch das Produktivitätsniveau eines Tim Ferriss erreichen Sie nur, wenn Sie Aufgaben gnadenlos auf andere abwälzen (bei Ferriss handelt ein ganzer Abschnitt davon, wie man einfache Arbeiten an billige externe Hilfskräfte im Ausland auslagert) und ständig die Grenzen des Anstands austesten – eine Strategie, die eigentlich nur weißen Männern offensteht.

Theoretisch ist es *möglich*, effektiv Grenzen zu setzen, doch nur für eine privilegierte Teilgruppe Ihrer Organisation. Für die allermeisten Arbeitnehmerinnen und Arbeitnehmer ist das schlicht kein gangbarer Weg – vor allem nicht für Berufseinsteiger, Frauen, People of Color oder Menschen mit Behinderungen. Für diese Gruppen gilt: Gehen sie vor wie beschrieben, so trägt ihnen das im Büro schnell den Ruf ein, sie seien schwierig, abgehoben oder unbelehrbar, oder gar das gefürchtete Etikett, ein »typischer Millennial« zu sein oder »so gar kein Teamplayer«. Das kann bedeu-

ten, dass der oder die Betreffende bei Beförderungen übergangen
oder am Ende sogar entlassen wird. Dieses Problem löst auch *Die
4-Stunden-Woche* nicht. Dafür braucht es Strukturen.

2016 wurde in Frankreich das sogenannte El-Khomri-Gesetz verabschiedet, das alle Beschäftigten von Unternehmen mit mehr als
50-köpfiger Belegschaft davon abhalten soll, außerhalb ihrer offiziellen Arbeitsstunden E-Mails zu versenden oder zu beantworten.
Wie in vielen anderen europäischen Ländern gab es auch in Frankreich lange Widerstand gegen die Fetischisierung der typisch amerikanischen Arbeitsmoral. Die Franzosen widersetzten sich durch
die Gestaltung ihres Arbeitstags, der eine ausgiebige Mittagspause
als Essens- und Ruhezeit vorsah, durch ihre Arbeitswoche, die auf
35 Stunden begrenzt war, und durch ihr Arbeitsjahr, das fünf
Wochen bezahlten Urlaub enthielt. Das alles gibt es und wird von
den Gewerkschaften verteidigt – und zwar nicht etwa deshalb, weil
die Arbeitskräfte in diesen Ländern faul sind, sondern weil sie fest
zu ihrer Überzeugung stehen, dass die Arbeit nicht das ganze
Leben ist. Solche Vorgaben sind Leitplanken: Wer sie missachtet,
begeht nicht bloß einen sozialen Fauxpas, sondern kann arbeits-
rechtlich belangt werden.

Als sich zeigte, dass E-Mails und digitale Kontakte diese Leitplanken umgingen, erkannte die Politik, dass man es nicht einzelnen Unternehmen – oder Beschäftigten – überlassen konnte, ein
in Wirklichkeit nationales Ziel zu erreichen. Der Gesetzgeber
kann das Beharrungsvermögen des kapitalistischen Wachstums
zwar bremsen, aber nicht vollständig konterkarieren. Als »Führungskraft« dürfen Sie mehr arbeiten als 35 Stunden. Und das
geschieht auch auf tieferen Hierarchieebenen ständig. Einer 2016
durchgeführten Studie zufolge arbeiteten 71,6 Prozent aller fran-
zösischen Beschäftigten mehr als 35 Wochenstunden.[26] Das El-

Khomri-Gesetz – zumindest in seiner derzeitigen Fassung – ist ein Papiertiger. 2018 ergab eine Studie über mehr als 100 Beschäftigte von Unternehmen mit über 50 Mitarbeitenden, dass 97 Prozent der Teilnehmer keine maßgeblichen Veränderungen festgestellt hatten, seit das Gesetz im Januar 2017 in Kraft getreten war.[27] Es handelt sich dabei zwar letztlich um Arbeitsrecht, doch wenn – sofern sich Unternehmen überhaupt danach richten – dagegen verstoßen wird, bleibt das ungeahndet.

Wie für viele Versuche, die französische Wirtschaft zu regulieren, gilt auch für dieses Gesetz, dass es Frankreich nicht als Teil eines rasch wachsenden Weltmarkts begreift. Pflichten, die bei multinationalen Unternehmen außerhalb der üblichen Geschäftszeiten erfüllt werden müssen, bleiben unberücksichtigt. Ein starrer täglicher »Annahmeschluss« für E-Mails, etwa um 18 Uhr, bringt außerdem den Standardarbeitstag zurück, der Menschen ohne Fürsorgepflichten privilegierte. Wie es eine französische Arbeitnehmerin formulierte: »Wenn ich Kinder hätte, würde ich lieber früher Schluss machen, sie von der Schule abholen, etwas Zeit mit ihnen verbringen und dann später am Tag weiterarbeiten. Doch wie soll das gehen, wenn ich nach 18 Uhr nicht mehr auf meine E-Mails zugreifen darf?«[28]

Das Gesetz soll eine neue Leitplanke zwischen Leben und Arbeit schaffen, ist aber gleichzeitig zu schwach und zu unflexibel für die moderne Arbeitsrealität. Aus diesem Fehlschlag kann man jedoch einiges lernen. Arbeitnehmerschutz ist etwas anderes als schlicht den alten Arbeitsmodus wieder einzuführen – und eine Praxis lässt sich nicht einfach dadurch verändern, dass man neue Vorgaben macht. Echte Leitplanken müssen von Grund auf errichtet und auf die neue flexible Realität zugeschnitten werden. Sie aufzubauen, ist gar nicht so schwer – sie aufrechtzuerhalten, dagegen umso mehr. Und das funktioniert nur, wenn sie auch respektiert werden.

Am Arbeitsplatz beginnen Gespräche, Meetings, E-Mails oder Anfragen häufig mit »Ich weiß, Ihre Zeit ist kostbar«. Die meisten von uns bemühen sich tatsächlich, respektvoll mit ihren Kolleginnen und Kollegen und deren Zeit umzugehen, glauben aber, zu diesem Zweck reiche es, sich kurz zu fassen – als wäre es so viel respektvoller, jemandem mit einem unnötigen Meeting nur fünf Minuten zu rauben statt zehn oder ihn in den Verteiler einer E-Mail zu setzen anstelle von zehn.

Wer anderen keine Zeit stehlen möchte, muss Umsicht und Kompetenz beweisen und Richtlinien und Praktiken mit Bedacht umsetzen. Viele Teams-Status-Meetings wurden schon vor Jahren anberaumt – von jemandem, der heute vielleicht gar nicht mehr Ihr Vorgesetzter ist, und häufig zu recht willkürlich festgelegten Zeiten. Vielleicht hat das ja damals für das ganze Team gut funktioniert. Mit den heutigen Bedürfnissen Ihrer Mannschaft deckt es sich aber womöglich nicht mehr – und mit den flexibleren Tagesabläufen Einzelner ebenso wenig.

Rücksichtnahme bedeutet, dass der Nutzen, die Tageszeit und das Format eines Meetings kontinuierlich überprüft werden. Das Gleiche gilt für E-Mails: Muss das in eine E-Mail? Muss ich diese jetzt versenden? Wie würde ich mich fühlen, wenn ich diese E-Mail jetzt bekäme? Wie kann ich dafür sorgen, dass die Mail zu einem für sie günstigeren Zeitpunkt im Posteingang meiner Kollegin landet?

Das Tech-Unternehmen Front wurde von der Französin Mathilde Collin gegründet. Ihr war klar, dass sich E-Mails nicht einfach abschaffen lassen. Aber man konnte grundlegend verändern, was sich andere dabei denken, wenn sie eine E-Mail schreiben. Front ermöglicht seinen Nutzern, Arbeitsabläufe, Chats und »nächste Schritte« in eine E-Mail einzubauen. In Unternehmen, die in der Kundenbetreuung tagtäglich Zigtausende von E-Mails bearbeiten, können Beschäftigte auf diese Weise für jede E-Mail Zuständigkeiten delegieren, Maßnahmen ergreifen und Folgeschritte einleiten. Das System kann die Anzahl der »Aufgaben«, mit denen eine Arbeitskraft gleichzeitig betraut wird, begrenzen und dafür sorgen, dass ihr ab einem bestimmten Zeitpunkt (sagen wir, 15 Minuten vor Feierabend) keine neuen Aufgaben mehr übertragen werden.

Das Front-Produkt ist ein nützliches Workflow-Tool für Kundenbetreuer. Besonders interessant ist jedoch, wie Front seine eigene App unternehmensweit selbst verwendet. Im Grunde können Beschäftigte ihren Posteingang so abschotten, dass ein Abwesenheitshinweis eingehende Nachrichten direkt an einen delegierten Empfänger weiterleitet. »Seit ich weiß, dass eingehende Mails von jemand anderem gelesen werden, hat das meine Einstellung zur eigenen Erreichbarkeit grundlegend verändert «, so Heather MacKinnon, Kommunikationschefin von Front.

Viele verwenden automatische Abwesenheitshinweise, wenn sie im Urlaub sind oder frei haben. Es gehen aber trotzdem E-Mails ein und die Betreffenden bekommen das mit. Man ist nach wie vor Empfänger der Anrufe, Text- und Sprachnachrichten von anderen, die »nur kurz eine Frage« haben. Man steht weiter unter dem Druck, den Posteingang im Auge zu behalten – schon aus Angst, was da alles aufläuft, bis man wieder am Schreibtisch sitzt. Front funktioniert wie ein Schutzschirm, wenn andere die Grenzen nicht respektieren, die Sie für die Arbeit gezogen haben, damit sie Sie gar nicht erst erreichen können.

Wie oft reden wir uns im Arbeits- und Privatleben ein, dass alles liegen bleibt, was wir nicht selbst erledigen? Doch häufig ist das nichts anderes als eine selbsterfüllende Prophezeiung: Wer erst gar nicht zulässt, dass andere übernehmen können, torpediert sich damit selbst, denn er kann kein entsprechendes Vertrauen entwickeln. Halten Sie sich für einen Prozess für unverzichtbar, dann sind Sie es früher oder später auch.

Dabei ist diese Einstellung sehr häufig nichts anderes als ein bewährter Bewältigungsmechanismus für prekäre Situationen am Arbeitsplatz. Unverzichtbarkeit – zumindest in der eigenen Kapazität im Büro – wirkt in Zeiten wirtschaftlicher Unsicherheit wie ein Schutzschild. Sie ist eine Überlebensstrategie, die auf Angst und Verzweiflung fußt. Und sie macht alle Beteiligten unglücklich, vor allem den Unverzichtbaren selbst. Der eigentliche Nutzen von Front liegt darin, dass die App E-Mails von einer persönlichen Belastung zu einer kooperativen Gemeinschaftsaufgabe werden lässt. Das geht aber nur, wenn man Vertrauen zu den Kollegen hat und die Bedeutung der eigenen Rolle im Prozess nicht so wichtig nimmt.

Dieser Prozess hat aber noch einen Nebeneffekt: Man weiß dann, wo die eigene Arbeit landet und wie sie sich auf andere auswirkt. Nehmen wir an, ein ganzes Unternehmen führt einen solchen Schutzschirm-Ansatz für den E-Mail-Verkehr ein. Daraus entwickelt sich allmählich eine Freizeitkultur. Wer sich freinimmt, weiß genau, wer sein Arbeitspensum übernimmt, und würdigt und respektiert dessen Zeit stärker. Daraus können eine bessere Koordinierung sowie mehr Umsicht und Rücksichtnahme bei der Übertragung von Verantwortung erwachsen. Noch wichtiger: Gibt es einen solchen Schutzschirm, sind sich alle Kollegen bewusster, dass andere ihre Anfragen bearbeiten müssen. Im besten Fall führt das dazu, dass sie deren Zeit zurückhaltender in Anspruch nehmen.

Wie wir im Folgenden noch genauer erläutern, kann sich nur dann Vertrauen bilden, wenn die entsprechenden Ressourcen vorhanden sind. Und es kann nur aufrechterhalten werden, wenn wir die Grenzlinien abschaffen, für deren Übertretung wir so lange schon belohnt werden, und stattdessen unternehmensweit effektive Leitplanken einziehen. Auf keinen Fall darf jedoch honoriert werden, wer eine solche Leitplanke übersteigt. Sich daran zu halten, muss eine Eigenschaft sein, die nachhaltig und glaubwürdig anerkannt wird.

Doch wie fängt man es an, wieder Strukturen einzuführen, die auch Beachtung finden? Als Vorgesetzter oder Unternehmer können Sie sich nicht einfach etwas ausdenken, von dem Sie glauben, dass es schon funktionieren wird. Um Leitplanken einzuziehen, die allen Beteiligten auch wirklich Schutz bieten, müssen Sie das Gespräch mit Ihrem Team suchen, ganz gleich wie groß oder klein dieses ist. Die Leitplanken können für jedes Team anders aussehen, je nachdem, wie die Arbeit und die Menschen geartet sind, die dazugehören. So könnte ein Team beispielsweise Wert darauf legen, es physisch unmöglich zu machen, auf dem Google-Kalender nach 16 Uhr noch Meetings anzusetzen. Ein anderes findet vielleicht nichts dabei, wenn manche konzentrierte Kommunikation lieber außerhalb der Arbeitszeit erledigen möchten. Trotzdem müssen Sie unbedingt dafür sorgen, dass E-Mails nur während der regulären Arbeitsstunden eingehen. Nimmt jemand Arbeit mit in den Urlaub, und Sie tadeln das zwar, nehmen es aber hin, dann schleift sich ein solches Verhalten nur noch stärker ein. Sobald ein Mitarbeiter frei hat, ist es seine Aufgabe, *nicht zu arbeiten*. Wie aber lässt sich in Ihrem Team aktiv die Erwartungshaltung erzeugen, dass diese Aufgabe genauso ernst zu nehmen ist wie der Arbeitsalltag? Welche Richtlinien auch immer gelten, sie dürfen sich keinesfalls auf halbherzige »Anregungen« beschränken und müssen unbedingt zusammen mit den Beschäftigten erarbeitet werden.

Ganz klar: Es handelt sich dabei um einen weiteren Punkt auf einer ganzen Liste heikler Veränderungen. Damit Leitplanken Bestand haben, muss fortlaufend hart daran gearbeitet werden – vor allem, wenn so viele Ihrer alten Gepflogenheiten und Vorstellungen von Arbeit daran nagen. Nur so ist echte Flexibilität zu erreichen – bei der Arbeit und im Leben.

Alle Generationen mitnehmen

Als Kiersten R. ihr Collegestudium abschloss, war die Pandemie in vollem Gang und der Arbeitsmarkt in der Krise. Ihr gelang der Einstieg bei einem im öffentlichen Auftrag tätigen Unternehmen, das ihr ermöglichte, sicher von zu Hause zu arbeiten. An ihrem ersten Tag gab es kein großes Hallo. Sie klappte ihren Laptop auf und absolvierte die erste einer schier endlosen Abfolge von Zoom-Schulungen. Die Sitzungen war zwar informativ, wie sich Kiersten erinnert, doch sehr unpersönlich. Für Soziales blieb wenig Raum. Selbst zu den anderen Neuzugängen spürte Kiersten Distanz. »Ich schaute auf ihre Zoom-Bilder und wünschte mir, wir würden Freunde werden«, erzählte sie uns. »Doch es gab keine Gelegenheit zur Interaktion.«

Mit der Zeit gewöhnte sie sich an ihren täglichen Arbeitsrhythmus. Dabei fühlte sie sich aber nach wie vor wie eine Fremde im eigenen Unternehmen, dessen Richtlinien zum mobilen Arbeiten bestenfalls willkürlich waren. Für Chats nutzten die Beschäftigten eine veraltete Skype-Version. In Zoom-Meetings ließen fast alle Kollegen die Kamera ausgeschaltet. Sie arbeitete schon monatelang für die Firma und kannte von ihren Kollegen immer noch nur deren Chat-Avatars und Stimmen. Irgendwann begann sie, obsessiv die Glassdoor-Bewertungen[1] ihres Unternehmens zu verfolgen, um sich so wenigstens einen Eindruck von der Unternehmenskultur zu verschaffen. Wie sie selbst einräumt, war sie desorientiert, hatte keinerlei Mentoring-Unterstützung und fühlte

---

1   Anm. d. Verlags: Glassdoor ist ein Bewertungsportal im Internet.

sich verunsichert. Von ihren Kollegen lernen konnte sie auch nicht. Im Homeoffice eine neue Stelle anzutreten, ist eine Sache. Seine berufliche Laufbahn so zu beginnen, eine ganz andere.

»Schockiert stellte ich fest, dass alles, was ich darüber gelernt hatte, wie man in Präsenz in diesem Umfeld zurechtkommt, im Homeoffice verpuffte«, erzählte Kiersten. »Mir kommt es so vor, als sei niemand für mich ansprechbar.« Und da ist sie nicht die Einzige. Im Zuge unserer Arbeit an diesem Buch hörten wir ähnliche Geschichten von anderen Berufseinsteigern, die sich in der Pandemie allein gelassen fühlten. Alle waren froh, dass sie einen Job gefunden hatten, fühlten sich aber abgehängt, unsichtbar und manchmal auch unsicher, wie sie an ihre Arbeit herangehen sollten. Als ihre Unternehmen Arbeitsabläufe auf mobiles Arbeiten umstellten, befassten sich die wenigsten mit der Entwicklung von Strategien für das Mentoring von Neueinsteigern, die vielfach auf dem Sofa saßen und versuchten, kryptische E-Mails und Emojis in Slack zu deuten.

Wie alle Anfänger hatten die meisten große Angst, etwas falsch zu machen, und trauten sich nicht, Fragen zu stellen, die naiv klingen könnten. Damit geht natürlich die Angst einher, bereits vieles falsch zu machen. »Ich glaube, mir werden viele der Soft Skills fehlen, die einem in den ersten Arbeitsjahren mitgegeben werden«, erzählte uns der 22-jährige Haziq aus Irland. Er fand es praktisch unmöglich, soziale Kontakte zu seinen Kollegen herzustellen, und hat nicht das Selbstvertrauen, um Vorgesetzten oder Teammitgliedern beiläufig Fragen zu stellen. »Säße mein Vorgesetzter neben mir, könnte ich kurz mit ihm reden und dann weitermachen«, meinte er. »Die Scheu, ihn über Slack anzusprechen und Fragen zu stellen, ist viel größer, denn ich weiß ja nicht, was er gerade zu tun hat. Was man in der Praxis so nebenher lernt, hat sich drastisch verringert.«

Kiersten, die noch keinen Fuß in ihr Büro gesetzt hat, kommt ihr Berufsleben inzwischen sehr abstrakt vor – so sehr, dass sie sich manchmal gar nicht sicher ist, ob es überhaupt existiert. (Tut es natürlich.) Schlimmer noch: Ihre Arbeit fühlt sich total transaktional an. Gespräche beschränken sich, wie sie es formuliert, auf »den Austausch von Informationen, um ein unmittelbares Arbeitsziel zu erreichen«.

Diese Erfahrungen können zum Teil der besonderen Pandemiesituation zugeschrieben werden, die von vielen Organisationen verlangte, eine sofort einsetzbare Homeoffice-Struktur zu schaffen – als würde man im Flug ein Flugzeug bauen. Doch viele der positiven Nebeneffekte einer wirklich flexiblen Arbeitsweise – wie selbstbestimmtes Zeitmanagement, Ruhe vor übermäßig mitteilsamen Kollegen, Abstand zur Gerüchteküche und mangelnde Gelegenheit zu Intrigen – könnten sich gerade auf jüngere Beschäftigte auch nachteilig auswirken. Richten Unternehmen nicht bewusst strukturierte Mentoring-Programme ein, um jüngeren Kollegen im Homeoffice praktische Erkenntnisse zu vermitteln, riskieren wir, eine ganze Generation abzuhängen.

Wir behaupten in diesem Buch immer wieder, dass die spontanen Interaktionen am Wasserspender im Büro häufig romantisch verklärt werden. Dennoch ist uns durchaus bewusst, wie Gerüchte, das Bier nach Feierabend oder auch Körpersprache neuen Mitarbeitern im Zusammenspiel vermitteln, welche Verhaltensstandards im Büro gelten. Zwanglose Gespräche, im Vorbeigehen Aufgeschnapptes oder auch, wie sich der Chef durchs Büro bewegt – das alles mag trivial erscheinen, ist aber in der Summe viel aussagekräftiger als jede Unternehmensbroschüre. Das heißt aber nicht, dass es sich nicht auch auf ein flexibles Arbeitsumfeld oder aufs Homeoffice übertragen lässt.

Fast alle Geschichten über sich selbst überlassene, isolierte Beschäftigte, die uns zugetragen wurden, hatten letztlich dieselbe Ursache: wohlmeinende, aber überforderte Vorgesetzte, die in Systemen agieren, deren Anpassung an die Pandemie in dem Versuch bestand, die Büroarbeit nach Hause zu verlagern. »Als ich ins Unternehmen eintrat, meinte meine Chefin: ›Tja, wenn wir jetzt im Büro wären, hätte ich Sie zum Mittagessen eingeladen, um Sie kennenzulernen‹«, erzählte Kiersten. »Ihr war wohl klar, dass es Defizite gab, doch sie hatte keine Strategien, um solche Erfahrungen zu ersetzen.« Doch Kiersten machte ihrer Vorgesetzen nicht zum Vorwurf, dass sie nicht mehr unternahm. Ganz offensichtlich bekam sie weder Unterstützung beim Einarbeiten von Neulingen aus der Distanz, noch hatte sie praktische Erfahrungen damit.

Joe war Jurist, hatte schon einige Berufsjahre hinter sich und stieg kurz vor Ende der Pandemie in ein staatliches Fellowship-Programm ein. Für ihn bedeutete mobiles Arbeiten, dass seine ohnedies wenig präsente Vorgesetzte praktisch vollständig von der Bildfläche verschwand. Vor der Pandemie hatte sie nach Joes Aussage »zu den Menschen gehört, die sichtlich viel zu tun hatten und sich dafür ständig entschuldigten«. Der Umzug ins Homeoffice machte das nicht besser. »Mir fehlen die Worte, um zu beschreiben, wie ich mir vorkam, als sei ich für sie gar nicht vorhanden«, berichtete er. Wie Kiersten warf auch Joe seiner Chefin nichts vor und war auch nicht sauer auf sie. Schließlich hatte sie, wie er weiß, in den ersten Pandemiemonaten offensichtlich Probleme mit der Kinderbetreuung. Doch weil Joes Arbeitgeber keine formellen Pläne herausgab, wie Termine oder Arbeitsabläufe an die Homeoffice-Situation angepasst werden konnten, als die Pandemie ausbrach, schlugen die Probleme seiner Chefin auf ihn durch.

In der ersten Homeoffice-Woche sagte Joes Vorgesetzte eine Besprechung ab, ohne eine neue anzuberaumen. »Während des gesamten Fellowship-Programms vergingen Monate, in denen wir nicht einmal per E-Mail-Kontakt hatten. In der ganzen Zeit führten wir ein einziges Telefongespräch, gemeinsame Meetings gab es gar keine«, beklagte er. Sein letzter Tag verlief sang- und klanglos, ein Gespräch zum Abschied gab es nicht. »Kurz bevor ich an meinem letzten Arbeitstag meinen Laptop im Büro abgab, verabschiedete ich mich per E-Mail bei etwa einem Dutzend Leuten und gab im CC meine private Mailadresse an. Es kam nur eine Rückmeldung«, erinnerte er sich.

Das ist ein klassisches Beispiel dafür, wie flexibles Arbeiten – ohne gezielt konzipierte Support-Systeme – die unerfahrensten Beschäftigten einer Organisation benachteiligen kann. Hätte es in Joes Büro ein Konzept für mobiles Arbeiten gegeben, hätte seine Chefin ihren Zeitplan vielleicht an ihre Bedürfnisse anpassen oder Teile ihrer Arbeit an andere Beschäftigte oder Abteilungen delegieren können. Hätte sie mehr Rückhalt gespürt, hätte sie sich vielleicht nicht in der Pflicht gefühlt, direkte Untergebene an sich zu ziehen, für deren Mentoring ihr die Zeit fehlte. Vielleicht hätte die Organisation ja klare Personalrichtlinien und -verfahren erarbeiten können, damit Beschäftigte, die Orientierung brauchten, diese ungeniert einfordern konnten. Alles wäre besser gewesen als nichts.

Wir erkundigten uns bei Berufsanfängern, welche Ressourcen sie sich in diesen ersten Pandemiemonaten gewünscht hätten. Die Antworten enthielten jede Menge nützliche Anregungen für Unternehmen. Vor allem anderen hätten sie gerne einen klar bezeichneten Mentor gehabt, der – ein ganz entscheidender Punkt – nicht gleichzeitig auch ihr Vorgesetzter war oder ihre Leistung zu beurteilen hatte. Eine betroffene Person schlug ein duales Mentoring-Programm vor, bei dem Neuzugänge mit Kollegen zusammengespannt wurden, die in einer ähnlichen Position für das Unternehmen tätig waren und ihnen bei alltäglichen Anliegen mit Rat und Tat zur Seite stehen konnten, aber auch mit einem höherrangigen Mitarbeiter, der ihnen auf längere Sicht Karriere-tipps geben konnte.

Andere hätten sich mehr terminierte Sitzungen gewünscht, auf denen sich Mitarbeiter kennenlernen und Bindungen entwickeln können. »Zoom-Meetings reichen da nicht«, wandte Joe ein, hatte aber Mühe, uns genauer zu erklären, wie das seiner Ansicht nach anders funktionieren könnte. »Vielleicht sollte man einfach eine Freizeitbeschäftigung hernehmen und irgendwie ins Arbeitsleben integrieren – Pub-Quizzen, Brieffreundschaften, Videospiele, Bücher oder Filme. Das hört sich jetzt albern an. Aber irgendwas muss man doch versuchen.« Kiersten ihrerseits fand Gleichge-sinnte im Rahmen der DIE-Initiativen ihrer Firma (für Diversität, Gleichstellung und Inklusion). »Bei der ersten Sitzung ging es nur darum, sich vorzustellen, und um die Life-Work-Balance in der Quarantäne«, erklärte sie. »Doch es war einfach schön, sich zu einer bestimmten Zeit mit Leuten zu treffen, die nicht zu meinem Projektteam gehörten, und sie persönlich kennenzulernen – nicht nur über ihre Arbeitsleistung.« Nicht ganz unwesentlich: Diese Sit-zungen wurden als vertrauliche, inoffizielle Gelegenheiten ange-boten, sich zu vernetzen, aber auch, Dampf abzulassen und sich gegenseitig ihr Leid zu klagen – worin oft der primäre (wenn auch unerkannte) Wert persönlicher Interaktionen im Kollegenkreis besteht.

Doch das Bedürfnis der Berufsanfänger nach Struktur ging weit über Zoom-Meetings hinaus. Sie wollten Gelegenheit haben, als stille Zuhörer an Konferenzgesprächen mit leitenden Mitglie-dern verschiedener Teams teilzunehmen – als Entsprechung für die unbeteiligte Anwesenheit bei Präsenzterminen –, schon allein deshalb, um sich ein besseres Bild von den Aufgaben anderer zu machen. Sie hätten gern Zugang zu E-Mail-Vorlagen für bestimmte inner- und außerbetriebliche Kampagnen gehabt. Sie wollten wissen, welche Fristen zur Beantwortung von E-Mails üblich waren. Kurz, sie hätten gern gewusst, was am Arbeitsplatz von ihnen erwartet wurde und wie sie diese Erwartungen erfüllen konnten. Selbst diejenigen, die einräumten, dass sich solche Hilfestellung schnell nach Gängelung anfühlen konnte, hätten das immer noch besser gefunden, als mit vagen Erwartungen und ganz ohne Orientierungshilfen auf sich allein gestellt zu sein.

Im Gespräch mit Menschen, die sich im Homeoffice abgehängt vorkamen, wurde uns klar, dass es nicht die eine Vorlage gibt, wie Gelegenheiten zum Mentoring und zur Unterstützung geschaffen werden können. In Organisationen mit einem hybriden Ansatz, der vorsieht, dass Beschäftigte teils zu Hause, teils im Büro arbeiten, erledigen sich manche dieser Probleme möglicherweise von selbst. Doch ein paar Bürotage können größere Schwierigkeiten nicht ausräumen. Ein durchdachtes Konzept aber schon. Wirklich flexibles Arbeiten mag zwanglos und unbeschwert *wirken*, ist aber in Wirklichkeit das Produkt sorgfältiger Planung und klarer Kommunikation. Dabei muss man vorausschauend agieren und versuchen, Bedürfnisse und Probleme zu erkennen, bevor sie akut werden. Das kann zunächst lästig erscheinen – vor allem, wenn »Machen wir doch einfach alles wieder wie früher« eine so eindeutige Option ist.

Doch das stimmt nicht. Über diesen Punkt sind wir bereits hinaus. Wenn wir ernsthaft eine nachhaltige Zukunft der Arbeit errichten möchten, dann können wir dabei nicht so viele Beschäftigte einfach außen vor lassen. Diese entwickeln sonst schlechte Angewohnheiten und verschwenden endlos viele Stunden, um sich Spielregeln zusammenzureimen, die man ihnen einfach hätte *erklären können*. Sie müssen sich entscheiden: Wollen Sie so tun, als gäbe es kein Problem und zulassen, dass Ihre Organisation auf jede mögliche materielle und immaterielle Art und Weise darunter leidet? Oder werden Sie in die Art bewusster Mentorenbetreuung und Struktur investieren, die auf längere Sicht Dividenden abwirft?

Ganz im Ernst: Stellen Sie die nötigen Mittel dafür bereit

Grenzlinien sind wertlos und flüchtig oder auch rein theoretisch. Solide Leitplanken erfordern Zeit und Geld. Ansonsten bleibt die Arbeit einfach am Einzelnen hängen und wird ihm früher oder später zu viel. Wir können das gar nicht nachdrücklich genug sagen: *Wenn Sie diese Veränderungen nicht in der einen oder anderen Form finanzieren, dann wird nichts daraus.*

Denken Sie an das angesprochene Beispiel zu Front und dem Potenzial, Beschäftigte so von ihrem Posteingang zu erlösen, dass sie tatsächlich Urlaub machen, sich um andere kümmern oder sich von einer Krankheit oder Operation erholen können. Fehlen einem Unternehmen die Leute, um die Arbeit anderer zu übernehmen, wenn diese – kurz- oder langfristig – frei haben, so erzeugt das am Ende ein Konglomerat aus Unwillen und Überlastung.

Nehmen wir an, Sie nehmen sich eine Woche frei, um sich von einer Operation zu erholen. Man versichert Ihnen, dass sich andere um Ihr Arbeitspensum kümmern und Ihre Korrespondenz übernehmen werden. Doch Ihre Kollegen arbeiten bereits am Limit und können keine zusätzlichen Aufgaben übernehmen. Ihre E-Mails bleiben folglich einfach unbeantwortet oder werden nicht ordnungsgemäß bearbeitet. Bei Ihrer Rückkehr haben Sie tagelang zu tun, die Scherben zu kitten. Hätten Sie vom Krankenhausbett aus Ihre E-Mails abgerufen, dann wäre Ihnen zumindest dieses Chaos erspart geblieben und Sie müssten nicht Ihren passiv-aggressiven Frust über die Inkompetenz Ihrer Kollegen aushalten. Dabei sind weder Sie noch Ihre Kollegen für den Missstand verantwortlich. Schuld ist Ihr Team beziehungsweise Ihr Unternehmen, das es versäumte, entsprechende zeitliche Ressourcen vorzusehen.

Dafür gibt es zwei Möglichkeiten: Entweder man senkt vorübergehend und glaubwürdig die Produktivitätserwartungen oder man kalkuliert in der Personalplanung ein, dass ständig ein bestimmter Prozentsatz der Belegschaft ausfällt, damit das System dadurch nicht überlastet wird. So machen das viele Unternehmen – in der Theorie jedenfalls. Beschäftigten sollten im Schnitt ursprünglich so viele Aufgaben übertragen werden, dass sie, sagen wir, 80 bis 85 Prozent des Tages zu tun haben. Dann können sie in den verbleibenden 15 bis 20 Prozent ihrer Zeit noch zusätzliche Arbeiten übernehmen, wenn jemand erkrankt, Urlaub hat oder frei nimmt. Wie viele unserer Umfrageteilnehmer angaben, erledigen sie ihre eigentliche Arbeit sowieso innerhalb kürzester Zeit.

Doch allzu viele Unternehmen, vor allem solche, die unlängst »umstrukturiert« wurden – ein Begriff, hinter dem sich häufig »Effizienzmaßnahmen zur Kostensenkung« verbergen –, sind so organisiert, dass 100 bis 200 Prozent der Kapazität aller Beschäftigten in Anspruch genommen wird. Das ist die Bürovariante des Just-in-Time-Prinzips – eine Strategie, die von Einzelhandelsketten eingeführt wurde, damit sie nicht länger für Personalüberhänge zahlen müssen. Ein Algorithmus analysiert das bisherige Kundenaufkommen im Lauf des Tages und der Woche und ermittelt, wie viele Beschäftigte anwesend sein müssen, damit es »gerade so ausreicht«. In der Praxis hat diese Zeitplanung aber verheerende Auswirkungen auf die psychische Gesundheit des Personals im Einzelhandel: Jede Schicht mit voller Auslastung abzuleisten, ist auf

Dauer nicht durchzuhalten. Kommt es dann doch gelegentlich zu einem Ansturm von Kunden, mit dem der Algorithmus nicht gerechnet hat, müssen diese länger warten und reagieren unfreundlich, die Qualität leidet und der Stress nimmt zu. Das ist der Anfang vom Ende.

Das Beispiel aus dem Einzelhandel ist recht lehrreich: Wer nur so viele Arbeitskräfte beschäftigt, dass gerade so alle anstehenden Arbeiten erledigt werden können, manövriert sich in eine Situation, in der Beschäftigte zwar theoretisch freinehmen dürfen, aber genau wissen, dass sie dafür in der einen oder anderen Form büßen müssen. Entweder nehmen sie dann einen Teil der Arbeit in ihre freie Zeit mit oder sie müssen Kollegen ein zusätzliches Pensum aufbürden oder wichtige Dinge bleiben unerledigt, was das gesamte Team zurückwirft.

Wie diese Strategie funktioniert (oder eben nicht), durften wir bei unserem früheren Arbeitgeber erleben. Die Organisation war zu rasch gewachsen, hatte sich finanziell übernommen und musste Kürzungen vornehmen. Diese wurden querbeet durchgeführt, auch in Abteilungen, die bereits überfordert waren, wie Art, Design und Redaktion. Statt die erwartete Anzahl veröffentlichter Artikel zurückzuschrauben, wurden die Erwartungen dazu hochgeschraubt, wie viele Artikel die einzelnen zuständigen Designer und Redakteure wie schnell auf die Beine stellen sollten. Das Ergebnis waren Engpässe im gesamten Unternehmen, Frust auf ganzer Linie und Burn-out. Zu einem Zeitpunkt gab es nur zwei Redakteure, die den gesamten Nachrichtenteil der Website auf Tippfehler und verunglückte Formulierungen durchsehen mussten. Nahm sich einer auch nur einen dringend benötigten Tag frei oder wurde krank, musste notgedrungen der andere die Last der ganzen Website schultern. So konnte man nicht vernünftig arbeiten – und erst recht nicht leben.

Unser früherer Arbeitgeber arbeitete im klassischen schlanken Start-up-Stil: Wir seien »klein, aber fein«, hörten wir oft, was nichts anderes hieß, als unzulänglich ausgestattet. Doch wie gelingt einem Unternehmen die Gratwanderung zwischen zu wenig und zu viel Personal? Wo liegt der Unterschied zwischen einer »straffen Organisation« und einem Betrieb, in dem 20 Leute die Arbeit erledigen müssen, für die zuvor noch 25 zuständig waren? Wie im nächsten Kapitel deutlich wird, geben Unternehmen jedes Jahr Millionen für Berater aus, um das optimale Verhältnis zu finden. Erfahrungsgemäß bedeutet das in aller Regel, dass im mittleren Management der Rotstift angesetzt und die Belegschaft verstärkt wird. Das Endergebnis: Beschäftigte müssen sich immer häufiger selbst managen und – oft eher unzulänglich – wesentliche Zuarbeiten übernehmen, die zuvor von den Geschassten erledigt wurden, statt das zu tun, wofür sie eigentlich eingestellt wurden. Der Effekt: immer mehr Arbeitsstunden, verbunden mit der Botschaft, dass einer, der seine Arbeit nicht in der veranschlagten Zeit zu Ende bringt, selbst schuld ist, weil er nicht die richtigen Prioritäten setzt.

In Amerika haben die chronisch zu knapp bemessenen Stellen vor allem bei nicht gewerkschaftlich organisierten Arbeitgebern eine ganz eigene Logik entwickelt. Wenn man Mitarbeiter einsparen kann, sollte man das auf jeden Fall tun. Alles andere ist verschenktes Geld. Eine angemessene Personalausstattung ist nicht etwa eine Methode, das Arbeitsumfeld zu verbessern, sondern »Ballast«. Arbeitgeber versuchen, die negativen Effekte der Unterbesetzung durch berufliche Entwicklung, Boni, Sonderleistungen, Snacks, Therapiehunde, bezuschusste Mitgliedschaften in Fitnessstudios, Geschenke, Happy Hours, Meditations-Apps und anderes mehr auszugleichen – die Liste ist wahrhaftig endlos. Eine Personalerin erzählte uns, sie wundere sich immer wieder, dass Beschäftigte zwar über Stress und Überarbeitung klagten, aber nie die

Sonderleistungen in Anspruch nahmen. Dabei ist das absolut nachvollziehbar; ihnen fehlt schlicht die Zeit. Wirklich helfen kann ihnen keine Meditations-App, sondern ein paar neue Kollegen, die nicht in der Erwartung eingestellt werden, dass noch mehr gearbeitet wird.

Eine zu dünne Personaldecke mag auf kurze Sicht billiger sein, wirkt sich aber effektiv auf Moral, Kreativität, Produktionsqualität und Personalbindung aus. Sie beeinflusst, wie Beschäftigte miteinander und mit Außenstehenden umgehen. Sie schlägt sich zumindest indirekt in der übergreifenden Reputation eines Unternehmens nieder und in dessen Attraktivität als potenzieller Arbeitgeber. Als wären diese Argumente nicht gewichtig genug, gilt außerdem: eine hohe Fluktuation und Burn-out-Quote kosten Sie am Ende deutlich mehr, weil Sie Geld für Neueinstellungen, Schulungen und Lohnfortzahlung im Krankheitsfall locker machen müssen. Hinzu kommt, dass Ihr Unternehmen als unsolide und unsympathisch wahrgenommen wird. Im Falle gemeinnütziger Organisationen haben diese womöglich eine Vision, die andere respektieren und schätzen, behandeln ihre eigenen Leute aber so, dass es ihren Werten als Organisation diametral entgegengesetzt ist.

Eine Lösung ist, in echte Flexibilität zu investieren – nicht in Form eines verpflichtenden Achtsamkeitstages zur beruflichen Entwicklung, sondern indem tatsächlich genügend Leute eingestellt werden, um Achtsamkeit zu ermöglichen.

»Wachstum funktioniert dann, wenn man mit dem Unternehmen wächst«, erklärte uns Russ Armstrong, der die Geschäftsentwicklung eines wachstumsstarken kanadischen Finanz-Start-ups verantwortet. Ihm zufolge schadet auch ein ganz intensiver Fokus auf Wachstum oder Produktivität nicht per se, solange ein Unternehmen für den nötigen personellen Unterbau sorgt. »Wie stellt man sicher, dass die eigenen Leute nicht so viel arbeiten, dass sie abdrehen und heillos überfordert sind? Indem man sich darüber informiert, was jeder Einzelne eigentlich macht. Wo gibt es Lücken in Arbeitsabläufen? Was löst Frust aus? Wie lässt sich das ändern? Ist mehr Arbeit die Antwort, muss man wissen, welche Schlüsselpositionen besetzt werden müssen, damit sie verkraftbar bleibt. Oft lässt sich die Belastung durch die Einstellung von Fachleuten verringern, sodass der Schmerzpunkt ausgemerzt wird.«

Die Lösung des Problems ist demnach nicht, eine Happy Hour nach der Arbeit zu verordnen, um die Moral zu heben, sondern, Ihrer Organisation die Ressourcen zur Verfügung zu stellen, die sie braucht, damit die Moral erst gar nicht gehoben werden muss.

Ein Arbeitssystem, das nicht für alle zugänglich ist, ist auch nicht wirklich flexibel. Das kann David Perry aus eigener Erfahrung berichten. Er ist leitender akademischer Berater an der geschichtlichen Fakultät der University of Minnesota. Als berufstätiger Vater ist Perry froh, dass ihm sein Arbeitgeber stets maximale Flexibilität einräumte, um sich um seinen Sohn zu kümmern, der das Down-Syndrom hat. Bei der Planung von Therapieterminen und anderen Verpflichtungen wurde rasch deutlich, wie ungerecht die meisten Arbeitszeitregelungen eigentlich sind.

»Selbst im besten Fall beruht das Arbeitsumfeld auf Gefälligkeit«, erklärte uns Perry. »Wir ermitteln bestimmte Bedürfnisse, für die es unserer Ansicht nach gute, stichhaltige Gründe gibt, und diesen kommen wir entgegen.« In Perrys Fall galt ein Sohn mit einer Behinderung als guter Grund für einen flexible Arbeitsgestaltung. Doch würde die Personalabteilung einer kinderlosen Mitarbeiterin mit einem kranken Haustier ähnlich entgegenkommen? Oder einem Kollegen mit einem älteren Angehörigen, der gerade zu ihm gezogen ist und mehr Fürsorge benötigt? Oder vordergründig »gesunden« Beschäftigten, die total ausgebrannt ist?

Perry überlegte unwillkürlich, wie wohl ein gerechtes, flexibles, einfaches und intuitives System für Arbeitszeit und Nebenleistungen aussehen müsste. Es müsste transparent sein und Fehler – und theoretisch auch Missbrauch – tolerieren. Er bezeichnet das als »universelle Gestaltung der Work-Life-Balance«.

»Universelle Gestaltung« beschreibt die gezielte Schaffung von Freiräumen, Instrumenten und Lebensumfeldern, die allen zur Verfügung stehen, ungeachtet ihres Alters und ihrer Fähigkeiten. Der entscheidende Punkt: Ein universelles Konzept kommt allen zugute, nicht nur denen, die es am dringendsten brauchen. So, wie ein abgesenkter Randstein den Bürgersteig für Rollstuhlfahrer zugänglich macht, aber auch Radfahrern oder Menschen, die einen Kinderwagen schieben, das Leben kolossal erleichtert.

Bei der Arbeitszeitgestaltung bedeutet ein universelles Konzept, dass Richtlinien geschaffen werden, die bestimmte Freiheiten gestatten, ohne dass Fragen gestellt werden – auch wenn diese Freiheiten ohne guten, stichhaltigen Grund in Anspruch genommen werden, sondern … aus anderen Gründen. Diese schwammigen »anderen Gründe« sind laut Perry der wichtigste Aspekt solcher Richtlinien. »Sich Dienstagnachmittag freizunehmen, um Gitarre zu spielen, ist nicht dasselbe wie die Versorgung eines Säuglings. Doch eine wirklich gerechte Arbeitswelt würde beides ermöglichen«, so Perry.

Perry weiß genau, dass diese Vorstellung provoziert. Selbstverständlich ist nachvollziehbar, dass Unternehmen in ihren Personalrichtlinien Regeln und Ausnahmen vorsehen. Er stellt aber auch die These auf, dass in einer vielfältigen Arbeitswelt Beschäftigte in verschiedenen Lebensphasen unterschiedliche Bedürfnisse haben, von denen manche in der Personalabteilung mehr

Anklang finden als andere. Ist es fair, jungen Eltern großzügige Elternzeitregelungen einzuräumen, aber Kinderlosen grundsätzlich kein Sabbatical zu genehmigen? Missstimmung entsteht dadurch auf jeden Fall. »Im Laufe ihrer Karriere haben Beschäftigte unterschiedliche Ansprüche«, meinte er. »Ein Mitarbeiter mittleren Alters, dessen Mutter im Sterben liegt, hat ganz andere Bedürfnisse als eine superehrgeizige Nachwuchskraft, die vor dem Burn-out steht. Warum behandeln wir Beschäftigte nicht in allen Phasen des Berufslebens gleich fürsorglich?«

Ein universelles Konzept für Work-Life-Balance ist von Haus aus inklusiver. Das bedeutet, Unternehmen müssten von vornherein Zugänglichkeit vorsehen statt im Nachgang hastig Richtlinien zurechtbasteln, wenn Arbeitskräfte mit – wie auch immer gearteten – zusätzlichen Bedürfnissen eingestellt werden. Perry, der seit drei Jahren Vorträge über eine universell gestaltete Work-Life-Balance bei Unternehmen wie Hulu und den Personalabteilungen von Arbeitgebern wie der Northwestern University hält, ist überzeugt, dass solche Systeme letztlich zu einer zufriedeneren, produktiveren Belegschaft führen – selbst wenn Produktivität gar nicht das ursprüngliche Anliegen ist. Er tritt vielmehr dafür ein, dass sich Beschäftigte die Zeit nehmen können, die sie wirklich brauchen, um ihr Leben am Laufen zu halten.

Doch Strategien wie ein universelles Personalkonzept setzen Vertrauen voraus, und das wird von den wenigsten Unternehmen gewohnheitsmäßig kultiviert. Aus persönlicher Erfahrung im Umgang mit dem Leistungssystem für Menschen mit Behinderungen weiß Perry, wie schwer es viele Personalabteilungen Betroffenen machen, sich freizunehmen, und er kennt viele Menschen mit Behinderungen, denen Unterstützung versagt blieb, weil drakonische Maßnahmen zur Betrugsbekämpfung durchgesetzt werden, die verhindern sollen, dass ein imaginärer manipulativer Arbeitnehmer den guten Willen seines Arbeitgebers skrupellos ausnutzt.

Sicherlich wird es eine Handvoll Menschen geben, die sich auf diese Weise durch das System lavieren – indem sie sich übermäßig oft freinehmen oder ein vertrauensbasiertes System für Aufwendungen für arbeitsfremde Ausgaben ausnutzen –, doch wer Personalleistungen so konzipiert, dass diesen wenigen das Handwerk gelegt wird, der schafft damit im Grunde ein System, das sich vor vereinzelten Böswilligen schützt, aber keines, das echtes Vertrauen und wirklichen Respekt hervorbringt. »Wir arbeiten kontinuierlich auf den Aufbau missbrauchssicherer Systeme hin statt darauf, dass diese Systeme möglichst vielen Menschen weiterhelfen«, so Perry. »Mit universellen Systemen können wir uns möglicherweise randständige Vorteile erschließen, von denen wir nichts ahnen – und zwar für alle.«

Eine solche Offenbarung steht im Kern allen Umdenkens: Wir müssen gezielt und intensiv daran arbeiten, werden aber auf Jahre hinaus Nutzen daraus ziehen. Doch wird niemand explizit damit betraut, sich das alles zu überlegen, dann wird es entweder gar nicht passieren oder nicht von Dauer sein. Während der Pandemie stellten mehrere Großunternehmen einen Leiter für Telearbeit ein, dessen Aufgabe es ist, fortlaufend und immer wieder neu darüber nachzudenken, wie sich diese nachhaltig gestalten lässt.

Vielleicht wird das zum Vollzeitjob, vielleicht macht es auch nur die Hälfte der Stellenbeschreibung aus. Auf keinen Fall darf diese Aufgabe einfach auf das bisherige Pensum der Betreffenden aufgesattelt werden. Das würde lediglich überdeutlich machen, wie wenig ernst sie genommen wird. Man kann auch nicht einfach hergehen und alle Vorgesetzten anweisen, künftig so zu denken. Wie wir im Folgekapitel noch erläutern, wird mobiles Arbeiten maßgebliche Veränderungen der Art und Weise erfordern, wie wir in der Praxis miteinander umgehen. Wird die Beschreibung aller Stellen mit Personalverantwortung mal eben um den Punkt »Koordination flexibler Arbeit« erweitert, ist der Fehlschlag programmiert.

Flexibilität kann aber auch daran scheitern, dass sich Beschäftigte nicht sicher genug fühlen, um damit zu experimentieren. Seit Jahren versuchen sie sich nun schon an einer wenig nachhaltigen Flexibilität: Sie tun alles, was verlangt wird, auch wenn das bedeutet, immer stärker an die eigenen Grenzen zu gehen, um sich sicher zu fühlen. Sie lassen sich so lange verbiegen, bis sie daran zerbrechen. Flexibilität war bislang eine Bewältigungsstrategie, geboren aus defensiver Verzweiflung. Es wird Zeit und Engagement erfordern – und zwar von allen Beteiligten –, damit sie wieder als ein Faktor wahrgenommen werden kann, der nicht nur dem Unternehmen nutzt.

Zu diesem Zweck müssen nicht unbedingt neue Apps oder Tools eingeführt werden. Wir haben schon ein paar potenzielle Optionen angesprochen, doch weniger ist stets mehr, wenn es um Hilfsmittel für Arbeitsabläufe geht. Sie müssen auch nicht notgedrungen auf Ihr Büro verzichten. Und ganz bestimmt bedeutet das alles nicht, dass Sie Ihre Kollegen nie wiedersehen dürfen. Es erfordert aber etwas anderes, vor dem wir uns schon so lange drücken: Wir müssen uns ehrlich machen und sagen, was wir wirklich leisten, dass das auf Dauer nicht zu leisten ist und wie echte Flexibilität künftig die Voraussetzungen für dauerhafte Leistung schaffen könnte.

Allzu lange hat Flexibilität bedeutet, dass wir Arbeit wie einen Tsunami angehen, der unweigerlich auch die heiligsten Bereiche unseres Lebens überrollt. Um dieser zerstörerischen Wirkung entgegenzutreten, reicht es nicht, diesen Begriff aktiv neu zu definieren. Wir müssen uns vielmehr darauf besinnen, dass es sich lohnt, jene längst überschwemmten Bereiche unseres Lebens und unserer Persönlichkeit zu retten.

KAPITEL 2
Kultur

S. C. Allyn, Chef von National Cash Register, erzählte gern von den Anfängen seines Unternehmens. Er hatte den Zweiten Weltkrieg überlebt und durfte 1945 als einer der ersten Zivilisten nach Deutschland zurückkehren, um nachzusehen, was aus seinen Fabriken geworden war. Bei seiner Ankunft stellte er fest, dass eine der Anlagen nicht mehr existierte. Seine Beschäftigten waren aber noch da und wühlten zerlumpt in den Trümmern. Als sie Allyn sahen, lächelten sie, fielen sich – jedenfalls nach Allyns Darstellung – in die Arme und machten sich unverzüglich an den Wiederaufbau. Die Moral von der Geschichte und der Grund, aus dem sie der Unternehmenschef so gerne erzählte: Eine Unternehmenskultur ist nicht totzukriegen. Der Krieg war durch das Land gefegt und hatte Verwüstung und Tod gebracht, doch die Belegschaft von NCR war immer noch loyal und engagiert – wie eine große Familie, die zwar unter Schock stand, aber trotzdem funktionierte.

Diese Anekdote ist das Leitmotiv von *Corporate Cultures*, dem Klassiker der Berater Terrence Deal und Allan Kennedy aus dem Jahr 1982. Das Buch richtete sich an Führungskräfte und Beraterkollegen, die sich hingebungsvolle Mitarbeiter wünschten. Geschichten, wie sie Allyn erzählte, fungierten als zeitlose Parabeln. Doch was hatte diese Geschichte allen anderen zu sagen? Dass NCRs Unternehmenskultur stark genug war, um *buchstäblich Luftschläge* zu überleben? Oder vielleicht, dass die Beschäftigten von NCR so eifrig bei der Sache waren, dass sie es sogar im Angesicht von Tod und Zerstörung wichtiger fanden, eine Fabrik wiederaufzubauen, als sich um ihre Familien zu kümmern?

Deal und Kennedy war offenbar durchaus bewusst, wie befremdlich die Anekdote wirkte. Trotzdem behaupteten sie unbeirrt, sie gehöre zum Pantheon der Mythen und Legenden der amerikanischen Wirtschaft. Sie vertraten die feste Überzeugung, dass solche Geschichten ein Umfeld schaffen, in dem sich die Mitarbeiter sicher fühlen und deshalb alles Nötige tun konnten, um das Unternehmen zum Erfolg zu führen.[1] Keine Frage: Was Unternehmen und ihre Topmanager tun, wird – im Zusammenspiel mit den Geschichten, die sie immer wieder erzählen oder erfinden – zum prägenden Gefüge ihres Arbeitsumfelds: zur *Kultur*. Doch wie bei jeder anderen Geschichte lässt sich auch in diesem Fall die Moral verdrehen oder missbrauchen – in Dienste von Produktivität, Rentabilität oder Shareholder Value.

Bestenfalls handelt es sich bei der Kultur eines Unternehmens um eine klare Missionserklärung zu den Unternehmenszielen: für Produkte, aber auch für den Umgang mit den Beschäftigten. So beginnt beispielsweise die Erklärung zur Unternehmenskultur von Procter & Gamble mit den Worten: »P&G will Leben verbessern – nicht nur im Unternehmen, sondern auf der ganzen Welt.« Netflix behauptet: »Wir legen Wert auf Integrität, Exzellenz, Res pekt, Inklusion und Zusammenarbeit.« Zu Deloittes »gemeinsamen Werten« zählen »voranzugehen«, »mit Integrität zu dienen«, »füreinander zu sorgen« und »Inklusion zu fördern«.

Das hört sich alles gut an – in der Theorie. Doch in den meisten Organisationen deckt sich die *erklärte* Unternehmenskultur oft nicht mit den Erfahrungen, die Beschäftigte im Arbeitsalltag mit dieser Kultur sammeln. Die *wirkliche* Unternehmenskultur ist das schwer beschreibbare Gefühl, das Menschen haben, die dort arbeiten – zum Beispiel, dass »von allen erwartet wird, am Wochenende im Büro aufzuschlagen« oder, dass »von keinem erwartet wird, sich am Wochenende im Büro blicken zu lassen«. Dass »sich etwas verändern kann, wenn man sich an die Personalabteilung wendet« oder aber »dass nie wieder befördert wird, wer sich einmal an die Personalabteilung gewendet hat«. Es kann die Form ungeschriebener Regeln annehmen, die hinter vorgehaltener Hand im Büro, nach der Arbeit bei einem Drink oder in Textnachrichten weitergegeben werden und sich in einer Flut von Bewertungen des betreffenden Unternehmens auf Glassdoor manifestieren.

In manchen Fällen ist die Unternehmenskultur explizit schlecht und es ist ein offenes Geheimnis, dass von den Beschäftigten erwartet wird, sich im Dienste des Profits zugrunde zu richten. Manchmal dient aber auch ein freundlich formulierter Abschnitt der Website als Deckmäntelchen für Ausbeutung, Ausgrenzung und generell verheerende Arbeitspraktiken. Bezeichnet sich Ihre Organisation als »familienfreundlich«, während Managerinnen insgeheim aufgefordert werden, die Zahl von Frauen im gebärfähigen Alter im eigenen Team zu begrenzen, hapert es an der Unternehmenskultur. Gehört »Inklusion« zu den offiziellen Unternehmenswerten, ein vollständig barrierefreies Büro wird aber als zu kostspielig erachtet, hapert es an der Unternehmenskultur. Gibt Ihre Anwaltskanzlei Beschäftigten offiziell einen

Monat bezahlten Urlaub, aber niemand nimmt mehr als ein oder zwei Wochen frei, dann hapert es an der Unternehmenskultur.

Eine Unternehmenskultur entsteht langsam, über Jahre und Jahrzehnte, und wird oft behandelt, als führe sie ein Eigenleben. Dabei ist eine Unternehmenskultur ebenso wenig naturgegeben wie zwingend. Sie ist genauso ein Konstrukt wie die Notwendigkeit von Eckbüros oder Stempelkarten. Trotzdem sollten wir uns darauf einstellen, dass jeder Versuch, die Arbeit von ihrem zentralen Platz in unserem Leben zu verdrängen oder flexibler zu gestalten, als Bedrohung dieser Kultur wahrgenommen wird – denn genau das ist er.

Deshalb stellen Unternehmensleiter, Manager und Mitarbeiter auch immer wieder dieselbe Frage: *Natürlich hätten wir gern, dass unsere Leute flexibler entscheiden könnten, wo und wie sie arbeiten,* sagen sie, *aber was wird dann aus unserer Unternehmenskultur?* Doch diese Reaktion blendet eine unbequeme Wahrheit aus: Die Kultur vieler Unternehmen taugt nichts. Sie ist toxisch, repressiv oder lähmend, auch wenn sich das niemand laut zu sagen traut. Zwar ist es das Topmanagement, das Tonart und Parameter für diese Kultur festlegt, doch durchgesetzt und reproduziert wird sie von Vorgesetzten auf jeder Ebene der Organisationsstruktur.

Im Rahmen der ersten Gespräche für dieses Buch erklärte uns Adam Segal, CEO eines Unternehmens namens Cove, das bei der Koordinierung gemeinschaftlich genutzter Büros und Konferenzräume hilft: »Die Zukunft der Arbeit besteht in Wirklichkeit im Personalmanagement.« Damit meinte er, dass dieses Management in der Vergangenheit meist im persönlichen Kontakt stattfand, während Personaler neuerdings Wege finden müssen, aus der Distanz Gespräche zu führen und Leistungen zu bewerten.

Der Satz blieb uns im Ohr. Es geht nicht nur darum, dass Führungskräfte mit Personalverantwortung ihre bisherige Taktik

ändern müssen. Vielmehr müssen Organisationen den Zweck
überdenken, dem Personalführung im Lauf der Jahre diente, und
auch die vielen meist unrealistischen Rollen, die Vorgesetzte heute
übernehmen sollen. Ihre Funktion ist mittlerweile hoffnungslos
überdeterminiert. In der Popkultur gelten sie als nutzlos und
übermächtig zugleich, in der Praxis sind sie gewöhnlich überarbeitet und unterschult. Dumm nur, dass sich ohne sie keine
neue Arbeitskultur aufbauen lässt – nicht für Sie, nicht für Ihr
Team und schon gar nicht für das ganze Unternehmen.

In der Vergangenheit wie in der Gegenwart gibt es nur wenige
Modelle für gutes Management, von guter Unternehmenskultur
ganz zu schweigen. Das hat einen recht eindeutigen Grund: Die
erklärten und unerklärten Ziele einer Organisation gehen selten
konform mit der Gesundheit und der Stabilität der Beschäftigten.
Die entstehende Kluft lässt sich auch durch noch so viel Management nicht überbrücken. Das liegt gar nicht so sehr am Gewinn-
streben der Organisation, sondern daran, dass sie so viel Gewinn
wie möglich erzielen will – ohne Rücksicht darauf, wie sich dieser
Anspruch auf ihre Belegschaft auswirkt.

Daraus ergibt sich eine eigene Parabel: Sie handelt davon, was
aus der Unternehmenskultur wird, wenn Gewinn und Optimierung stets vorgehen, vom daraus entstehenden Eindruck der Entfremdung und der Prekarisierung und davon, wie sich der zähe,
doch unabdingbare Prozess einleiten lässt, diesen Riss zu kitten.
Flexibles Arbeiten kann Ihre Arbeitskultur nicht reparieren. Doch
die Managementpraktiken, das Vertrauen und die Rechenschaftspflicht, die in ihrem Umfeld entstehen, können sie durchaus verändern.

Wie Sie Ihre Produktivität richtig steuern

Wer viel über die Geschichte der Arbeit liest, stößt immer wieder auf das eine Thema: Die Menschen sehnen sich nach Sinn und Würde und manche suchen und finden diese Werte in der Erledigung notwendiger Aufgaben – sprich: in der *Arbeit*. Doch dieselben Sinnsucher sträuben sich gegen die Vorstellung von moderner Arbeit, die verlangt, dass man sich an einen bestimmten Ort begibt und sich dort eine bestimmte Anzahl von Stunden für einen anderen abplagt. Will heißen: Arbeit kann zwar durchaus erfüllend sein, doch wer will schon ständig arbeiten – und obendrein zu Zeiten, die andere diktieren?

Dieses Problem sollte ursprünglich durch Management gelöst werden. Das kam bei der Basis aber nicht gut an. »Ich musste äußersten Widerwillen … gegen regelmäßige Arbeitsstunden und Abläufe bei den Männern feststellen«, formulierte es ein englischer Strumpfwarenfabrikant aus dem 19. Jahrhundert. »Es gefiel den Männern überhaupt nicht, dass sie nicht kommen und gehen und sich freinehmen konnten, wie sie wollten, und nicht wie gewohnt weitermachen durften.«[2] Warum sollte ihnen das auch gefallen? Vor dem Industriezeitalter war Arbeit alles andere als leicht, aber der Arbeiter hatte weitgehend selbst in der Hand, zu welchen Bedingungen er sie ausführte.

Als Arbeitsverhältnisse wie in der Fabrik formalisiert wurden, fanden die Arbeiter Sechsstundentage beschwerlich und sahen sie als vorübergehende Lösung an, bis die angestrebte Produktivität erreicht war. Die Bereitschaft dazu war gering. Es musste etwas geschehen, um die Erwerbstätigen so zu konditionieren, dass sie sich für andere anstrengten. Die Unternehmenseigner verhängten Geldbußen und führten eine strenge Aufsicht, weil »sich die Arbeiter erst dann den physischen Unbilden einer Fabrikdisziplin unterwarfen, wenn ihnen nichts anderes übrig blieb«, wie die Sozialpsychologin Shoshana Zuboff erläutert.[3] Die ersten Fabriken wurden nach dem Vorbild von Arbeitshäusern und Gefängnissen konzipiert.[4] Es gab zwar den Versuch einer positiven Verstärkung, doch gewöhnlich wurde das Zuckerbrot zugunsten der Peitsche abgeschafft – sogar, wenn es um Kinder ging, von denen immer mehr erwerbstätig waren.

Man könnte auch sagen, dass sich die Unternehmenskultur in ihren Anfängen auf Einschüchterung stützte, gepaart mit Strafmaßnahmen, um den menschlichen Körper so zu konditionieren, dass er sich Tag für Tag wieder und wieder denselben Aufgaben unterwarf. Diese Kultur des physischen Zwangs existiert in ausbeuterischen Betrieben bis heute, von den Logistikzentren in Versandunternehmen bis hin zu sogenannten Sweatshops. Sie ist jedoch eine stumpfe, unberechenbare Methode zur Produktivitätssteigerung. Die Entwicklung des modernen Kapitalismus erforderte schärfere Instrumente, wie wir noch näher ausführen werden.

Diese Form des Managements gibt es seit der Wende zum 20. Jahrhundert. Erdacht wurde sie von dem Maschinenbauingenieur Frederick Winslow Taylor. Taylor arbeitete für Bethlehem Steel und klagte, die Arbeiter seien von Natur aus faul. Um ihrer schludrigen Einstellung entgegenzuwirken, nahm er alle ihre Arbeitsschritte unter die Lupe. Er merkte, dass Arbeiter, die Kohle schaufelten, mit Schaufeln einheitlicher Größe mehr Gewicht bewegen konnten, ohne schnell zu ermüden. Anderen folgte er mit der Stoppuhr durch die Fabrik auf der Suche nach irrelevanten Aktivitäten, die sich aus Arbeitsabläufen herauskürzen ließen. Oftmals manipulierte er die Arbeiter ungeniert: Als er Arbeiter beobachtete, die Roheisen verluden, experimentierte er mit Versuchen, die stärksten unter ihnen dazu herausfordern, Geschwindigkeitsrekorde aufzustellen. Gelang ihm das, schloss er daraus, dass »erstklassige« Leute deutlich mehr Eisen pro Tag verladen könnten, wenn sie nur schneller arbeiteten und nicht so viel pausierten.[5]

Taylor glaubte an die perfekte Produktivität: Redundanzen gab es überall, und ebenso Spielraum für Optimierung. Das dürfte sich selbst für all jene vertraut anhören, die nie einen Fuß in die Fabrikhallen von Bethlehem Steel gesetzt haben. Und wie heute brachte das die Beschäftigen auch damals in Bedrängnis. »Wir wollen nicht so schnell arbeiten, wie wir können«, protestierte ein Maschinist 1914 gegen Taylor. »Wir wollen so schnell arbeiten, dass wir uns damit wohlfühlen. Zweck unseres Daseins ist nicht, festzustellen, wie viel wir zu unseren Lebzeiten leisten können. Wir wollen unsere Arbeit so regeln, dass sie in unserem Leben eine Nebenrolle spielt.«[6]

Später wurden Taylors Theorien als »wissenschaftliche Betriebsführung« bezeichnet – ein Begriff, der die kalte, unbarmherzige, emotionslose Behandlung Untergebener mit einer Aura empirischer Glaubwürdigkeit rechtfertigte. Seine Ideen griffen weiter um sich, ungeachtet der Kritiker, die ins Feld führten, er arbeite mit frei erfundenen oder falsch interpretierten Daten. Für Führungskräfte war die Aussicht, wissenschaftliche Methoden auf die Welt der Industrie anzuwenden, einfach zu berauschend – vor allem, wenn das zwangsläufig dazu führte, dass sich die Ziele der Arbeiter mit den Unternehmenszielen deckten. Und wie so viele spätere betriebswirtschaftliche Theorien wurde auch der Taylorismus an Universitäten gelehrt und kodifiziert. »Taylor ist der Mörtel ... jeder amerikanischen Business School«, schrieb die Historikerin Jill Lepore 2009.[7] Die Anhänger des Taylorismus trieben diese Lehrmeinung noch weiter: So verwendete das Wirtschaftsingenieurspaar Frank und Lillian Gilbreth beispielsweise schon früh Kameras, um Arbeitskräfte zu überwachen. Dieses Fachgebiet, die Arbeitsmethodik, brach Arbeit auf 17 ganz bestimmte Abläufe herunter. Ziel war es, »jede überflüssige Bewegung auszumerzen«.[8]

Diese überzogene Managementmethode gab Vorgesetzten die Mittel an die Hand, jede Bewegung der ihnen unterstellten Arbeitskräfte obsessiv zu überwachen und zu quantifizieren. Für den Taylorismus galt: Je mehr Daten zur Verfügung standen und je mehr Einfluss man ausüben konnte, desto besser. Doch ohne ausreichenden Nachschub an kompetenten, loyalen Arbeitskräften und eine starre hierarchische Ordnung, die verhinderte, dass diese sich den entmenschlichenden »wissenschaftlichen« Methoden ihrer Vorgesetzten widersetzten, war das System nicht aufrechtzuerhalten. Das war die Geburtsstunde des mittleren Managements, dessen Rolle Taylor als »Funktionsüberwachung« bezeichnete. In der Praxis hieß das, es gab verschiedene, auf bestimmte Abläufe spezialisierte Vorarbeiter: den Kapo, der als Gruppenführer fungierte und den Betrieb überwachte, und den Vorgesetzten, der die effizienten Routinen des Arbeitstages durchsetzte. Wohlgemerkt beschränkte sich dieser intensive Fokus auf Optimierung nicht auf die Arbeit, sondern fand auch Eingang ins Privatleben. Wie Lepore in ihrem 2009 veröffentlichten Artikel schrieb, führte die gesteigerte Effizienz im Büro nicht etwa zu mehr Freizeit, die man zu Hause verbringen konnte, sondern gestaltete das häusliche Leben hektischer. »Die wissenschaftliche Betriebsführung ist nichts, was man im Büro lassen konnte«, so Lepore.[9]

Der Taylorismus sollte sich im Laufe der Jahre zu einer Managementtheorie entwickeln, die sich auf die Erkenntnis stützte, dass positive Aufmerksamkeit Beschäftigte *ebenfalls* dazu bringen konnte, härter zu arbeiten. So definierte beispielsweise in den 1930er-Jahren der Wirtschaftstheoretiker Chester Barnard gute Manager folgendermaßen: Sie »prägen das Wertsystem durch ihr

Verständnis der informellen sozialen Komponenten der Organisation«.[10] Man könnte auch sagen, sie begründeten eine Kultur. Vorgesetzte wurden nicht mehr als scharfäugige Vorarbeiter wahrgenommen, die auf buckelnde Untergebene heruntersahen, sondern neuerdings als verantwortungsbewusste Verwalter der Organisation, die nicht nur auf Produktivität zu achten hatten, sondern auch auf das emotionale Wohlbefinden ihrer Belegschaft.

Das Erbe des Taylorismus ist heutzutage vor allem in Computer-Software zur Überwachung von Mitarbeitern erkennbar, die nicht nur Screenshots von den von Mitarbeitern besuchten Websites macht, sondern berechnet, wie viel Zeit diese mit Tippen und Mausbewegungen verbringen. Darüber an anderer Stelle in diesem Buch noch mehr. Der Taylorismus zeigt sich aber auch in dem Managementprozess des Erfassens und Analysierens von Daten und in der Vorstellung, dass perfekte Produktivität möglich ist, wenn man nur die magische Grenze findet, bis zu der man Beschäftigte belasten kann, ohne dass sie zusammenbrechen.

Diese Gratwanderung erweist sich als tückisch, wenn nicht gar unmöglich. Die Spitzenmanager einer Organisation sind häufig nicht sehr nah an ihren Beschäftigten dran, sodass sie nur eine sehr vage Vorstellung davon haben, wie deren Tagesgeschäft aussieht. Das empfindliche Gleichgewicht aufrechtzuerhalten, obliegt daher dem Mittelbau, der sozusagen das Bindegewebe zwischen der Führungsspitze und der Basis einer Organisation bildet. Das Produkt, das auf dieser Führungsebene hin- und hergeschoben wird, ist in der einen oder anderen Form die Unternehmenskultur. Das mittlere Management ist dafür der primäre Kanal: Niemand, nicht einmal der CEO, beeinflusst, prägt oder lenkt sie stärker.

Der Organisationsmensch

Als die Büroarbeit im Laufe des 20. Jahrhunderts immer mehr zunahm, versprach sie, Arbeitnehmenden das Leben angenehmer und erfüllender zu machen. Statt sich in der Fabrikhalle abzurackern und immer wieder die gleichen Nähte zu schweißen, konnten sie bequem im Büro sitzen und immer wieder die gleichen Berichte abheften. Der Hemdkragen, wie es Upton Sinclair bekanntlich formulierte, blieb dabei weiß. Und der Arbeitsplatz war – zumindest in den allermeisten Fällen – sicher und warf ein regelmäßiges Gehalt ab.

Nach dem langwierigen destabilisierenden Trauma der Weltwirtschaftskrise und des Zweiten Weltkriegs waren das verständlicherweise enorm verlockende Aussichten. Das Unternehmen bot nicht nur finanzielle Sicherheit, sondern auch ein Gefühl der Zugehörigkeit: zur Organisation und ihrer Mission und zur rasch anwachsenden Mittelschicht und den damit verbundenen kulturellen Insignien. Wie die Millionen zurückgekehrter GIs, die sich Organisationen wie den Elks oder dem Rotary Club anschlossen in der Hoffnung, dort dasselbe Gemeinschaftsgefühl zu finden, waren viele Erwerbstätige gleichermaßen bereit, sich in eine größere Unternehmensinitiative einzubringen, die versprach, dem täglichen Leben einen *Sinn* zu geben.

Aus diesem Gefühl heraus entwickelte sich eine ganz neue Art der Unternehmenskultur, verkörpert von dem sogenannten Organisationsmenschen. Der Journalist William Whyte prägte diesen Begriff 1956 mit seinem Bestseller, der eine bestimmte Gattung der Bürofachkraft der Mittelklasse beschrieb. Solche Büroangestellten arbeiteten in Unternehmen wie GM, General Electric oder 3M, wo sie keine Aussicht auf ein eigenes Eckbüro hatten, was sie aber nicht weiter störte. Sie arbeiteten hart und vertrauten darauf, dass sich gute Leistungen auf jeder Stufe der Unternehmenshierarchie auszahlen würden. Auch das war ein Zeichen der Zeit, in der das – unserem aktuellen, sehr individualistischen Zeitgeist so fremde – Gefühl des Kollektivismus so ausgeprägt war wie nie zuvor.[11]

Der Organisationsmensch war zuversichtlich, so Whyte, dass »die Ziele des Einzelnen und die Ziele der Organisation letztlich deckungsgleich sind«.[12] Daraus entwickelte sich eine Unternehmenskultur, die sich durch Loyalität und Vertrauen zu Vorgesetzten und Kollegen auszeichnete. Unter anderem aus diesem Grund kommt uns Whytes Buch heute vor wie ein Blick in ein fremdes, utopisches Land: Der Organisationsmensch ist *zufrieden*. Er ist weder ehrgeizig noch faul. Er möchte gern den Anschein eines Privatlebens wahren und ist nicht daran interessiert, sich hervorzutun. »Auszubildende wollen aufsteigen, aber dafür möglichst keine privaten Opfer bringen«, so Whyte. »Viele suchen nach eigenen Worten so eine Art Plateau – eine Position, die hoch genug angesiedelt ist, um interessant zu sein, aber nicht so hoch, dass man damit Kopf und Kragen riskiert.«[13]

Hier offenbart sich auch die dunkle Seite der Bürokultur der Nachkriegszeit: Wer sich hervortat – durch unkonventionelle Ideen, indem er den Status quo infrage stellte oder zu schnell aufstieg –, der wurde zur Zielscheibe. Individualität war nicht nur unerwünscht, sondern beruflicher Selbstmord. Man sollte den Kopf einziehen, die gestellten Erwartungen erfüllen und andere ebenfalls dazu anhalten. Die Arbeitnehmenden hielten sich daran, und zwar, wie Whyte schrieb, mit einem zufriedenen Lächeln: Schließlich spürten sie echten Rückhalt – ob in Form ihres Gehalts, ihrer Altersversorgung oder der dauerhaften Arbeitsplatzsicherheit. Dazu Whyte: »Seine Verwunderung erregen nicht die Übel des Organisationslebens, *sondern vielmehr seine positiven Seiten*. Er ist in Bruderschaft gefangen.«

Die Fesseln dieser Gefangenschaft reichten bis ins Privatleben, denn das Ethos der Organisationsmenschenkultur wirkte sich maßgeblich auf die Lebensstrukturen der (weißen) Mittelschicht aus. Die ersten Vororte wurden ganz buchstäblich gebaut, damit dort die Organisationsmenschen, ihre Familien und deren gesellschaftliches Leben untergebracht werden und sich entwickeln konnten, sozusagen als Anhängsel des Unternehmens. Der gesellschaftliche Status wurde durch Vergünstigungen zementiert wie die Mitgliedschaft im örtlichen Country Club. Gleichzeitig mutierte die Familie des Organisationsmenschen zu einem Aktivposten für das Unternehmen – insbesondere seine Ehefrau, die für ihre Fähigkeiten als Gastgeberin und für ihre Sozialkompetenz geschätzt wurde. Von Beschäftigten wurde erwartet, dass sie mit ihrem Familienleben punkteten, wenn es darum ging, Kunden zu umwerben oder Vorgesetzte zu beeindrucken. »Es ist tatsächlich schwer zu sagen, wann der Arbeitstag endet und das ›Vergnügen‹ beginnt«, hörte Whyte von einer Führungskraft. »Zählt man die Zeit mit, die man für Cocktails, Abendessen, Konferenzen und Tagungen aufwendet, arbeitet man eigentlich immer. Wie ich es sehe, arbeitet ein verantwortungsbewusster Mitarbeiter in einer leitenden Funktion im Grunde nur dann nicht, wenn er schläft.«[14]
Kein Zufall, dass sich in dieser Phase – den rund 25 Jahren nach dem Zweiten Weltkrieg – in der Welt der Angestellten der Begriff »Karriere« etablierte. Anders als ein Job oder ein Projekt ist eine Karriere vor allem anderen *strategisch* und erfordert nicht nur Arbeit, sondern auch die Einpassung in die Kultur der Arbeitswelt. Wer Karriere machen wollte, musste jeden Tag am Schreibtisch sitzen, konzentriert arbeiten *und* das Unternehmensethos verinnerlichen. Er musste sich gleichzeitig herausheben *und* unsichtbar machen. Das erforderte ein konzertiertes, eifriges Aufgehen der eigenen Person im Wohl des Unternehmens, aber auch die

geschickte Planung des eigenen Werdegangs in der Organisation. Man musste Ehrgeiz beweisen – aber *auf die richtige Art.*

Diese widersprüchlichen Botschaften sind typisch für eine toxische Unternehmenskultur – unter anderem deshalb, weil sie einen verschwindend schmalen Grat vorgeben, auf dem sich Beschäftigte bewegen müssen. Aus diesem Grund ist ihr wichtigstes Vermächtnis, das bis heute bei vielen Arbeitgebern in Erscheinung tritt, eine Kultur, die auf Homogenität und Ausschluss beruht – in der der Stammbaum, nachgewiesen durch Ausbildung, Familienname, Kleidung, ja, sogar eine bestimmte Sprache, zur unverzichtbaren Eintrittskarte wird, ohne die man keinen Fuß auf die Karriereleiter bekommt. Dass manche, wenn nicht gar alle dieser Voraussetzungen großen Teilen der Bevölkerung verschlossen bleiben, spielt dabei keine Rolle. Daraus ergibt sich, wie es ein Geschäftsführer von McKinsey formulierte, »wie das bei uns läuft«.[15]

Alle, die Teil dieser Unternehmenskultur sind – allen voran jene, die sich ihr ganz verschrieben haben –, merken das irgendwann gar nicht mehr und empfinden es als unvermeidlich. Das ist sehr praktisch: Sich gegen etwas aufzulehnen, was man gar nicht wahrnimmt, ist immer viel schwerer. Dabei ist an dieser Unternehmenskultur – wie an jeder anderen auch – überhaupt nichts unvermeidlich. Sie wird von Menschen konzipiert und ist stets auf die finanziellen Interessen des Unternehmens ausgerichtet. Manche Kulturen sind langlebiger als andere. Ihnen gelingt es besser, alle Beteiligten, von Arbeitnehmenden und Kunden bis zu Führungskräften und Aktionären, davon zu überzeugen, dass bestimmte Vorgehensweisen im besten Interesse aller liegen.

Die Cliquen, die Vergünstigungen und die Stabilität, die der Organisationsmenschenkultur entsprangen, waren ausgesprochen real. So lange halten konnte sie sich aber nur, weil es ihr – zumindest für kurze Zeit – gelang, kleine Angestellte, mittleres

Management und die Chefetage davon zu überzeugen, dass sich ihre Interessen deckten. Wie so viele Unternehmenskulturen beruhte auch diese zum Teil auf der Überzeugungskraft ihres Narrativs: Halbwahrheiten wurden so lange wiederholt, bis sie geglaubt wurden. Es mochte sich lähmend oder gar erdrückend anfühlen, jeden Tag zur Arbeit zu gehen – doch konnte man mehr verlangen? Die eigene Familie lebte den amerikanischen Traum und würde ihn auf absehbare Zeit weiterleben. Für weiße Männer, die den Einstieg in das System schafften, funktionierte das alles recht gut. Anfangs zumindest.

Wir sitzen eben nicht alle im selben Boot

Vom Ende des Zweiten Weltkriegs bis Anfang der 1970er-Jahre erfreuten sich die Vereinigten Staaten eines beispiellosen Wirtschaftswachstums und einer nie dagewesenen Stabilität. Manche Ökonomen bezeichnen diese Ära als das »goldene Zeitalter des amerikanischen Kapitalismus«. Dieses goldene Zeitalter und die damit einhergehenden Vorstellungen von Unternehmenswachstum schufen die Voraussetzungen für die Bürokultur des Organisationsmenschen. Doch ab den frühen 1970er-Jahren erschütterte eine Welle von Rezessionen und wirtschaftlichen Stagnationsphasen selbst die stärksten Unternehmen in ihren Grundfesten. Die Schwergewichte der jeweiligen Branchen starteten wohlgenährt, fröhlich und naiv in die Dekade – Eigenschaften, die sich im globalen Wettbewerb aus der gnadenlosen Perspektive einer Konjunktur in der Flaute bald als aufgebläht, mitunter schwerfällig und träge darstellten.

Wie bereits im Vorkapitel angesprochen, waren empfindliche Einschnitte die Lösung der Wahl. In den ersten acht der 1980er-

Jahre strichen Fortune-500-Unternehmen mehr als 300 Millionen Arbeitsplätze, viele davon solide Positionen im mittleren Management, die nicht nur zum Wachstum der modernen Mittelschicht beigetragen, sondern innerhalb der Organisationen auch über die Kultur gewacht hatten. DuPont, Xerox, General Electric – gute Unternehmen mit hervorragender Reputation – kürzten ihren Beschäftigten die Nebenleistungen: zunächst befristet, später auf Dauer. Als auch das nicht reichte, setzten sie sie auf die Straße. Das Ergebnis war verheerend. Wer sich mit Leib und Seele der kollektivistischen Unternehmenskultur verschrieben und sein Leben an dieser Loyalität ausgerichtet hatte, fühlte sich verraten. Was für das Unternehmen gut war, war für den Organisationsmenschen nicht mehr gut.

Die schlimmen Nachwehen schilderte die Journalistin Amanda Bennett 1990 in ihrem Buch *The Death of the Organisation Man*. Darin stellte sie fest, dass eine ganze Generation von Arbeitnehmenden von paternalistischen Unternehmen in falscher Sicherheit gewiegt und dann abserviert worden waren, sobald es hart auf hart kam. Bevor Bennett dieses Buch schrieb, hatte sie beim *Wall Street Journal* gearbeitet und über die Autoindustrie in Detroit berichtet. Sie hatte beobachtet, wie sich die Zentralen von Blue-Chip-Autoherstellern wie GM und Ford in der Stabilität der Nachkriegswirtschaft sonnten. So servierten etwa im Speisesaal der Chefetage von Ford weißbehandschuhte Kellner auf dem Silbertablett Gourmetmahlzeiten für 120 US-Dollar pro Portion – alles von der Firma subventioniert.

Fließbandarbeiter wurden regelmäßig entlassen und wieder eingestellt, doch in der Zentralverwaltung gab es reichlich Jobs. Das Unternehmen beschäftigte viele neue Leute und das immer unübersichtlichere Organigramm strotzte vor Managementpositionen. Dazu erläutert Bennett, dass »die Aufgabe einer Führungskraft zu großen Teilen darin bestand, Beziehungen zu anderen Führungskräften zu pflegen«, denn die »Organisationen waren so groß und komplex geworden, dass manche Leute nur eingestellt wurden, um anderen zu helfen, sich darin zurechtzufinden«.[16] Die Unternehmenskultur war zu einem Spiegelkabinett geworden – zu einer tautologischen Story ohne Substanz. Wir sind, weil wir sind. Wir handeln, weil wir handeln.

Es brauchte nicht viel, um dieses Spiegelkabinett zum Einsturz zu bringen. Als die Unternehmen den Rotstift ansetzten, sorgte Loyalität oft dafür, dass »der Organisationsmensch gegen seine persönlichen und seine finanziellen Interessen handelte. Dutzende von Führungskräften blieben auch angesichts aussichtsloser Situationen im Unternehmen und arbeiteten und rackerten sich ab. Das waren die loyalen Fußsoldaten, die auf ihrem Posten blieben, ganz gleich, was passierte«, schrieb Bennett.[17] Diese Vertreter des mittleren Managements mochten sich damals wie loyale Soldaten vorgekommen sein, doch sie waren durch ihre Loyalität, die Vergünstigungen und die »Arbeitsfamilie« zu verblendet, um zu erkennen, dass ihr Bataillon an die Front versetzt worden war und geopfert werden sollte.

Wer ein Unternehmensethos entwickelt, in dem Beschäftigte ihr Selbstwertgefühl – und die eigentliche Grundlage ihrer Identität – aus ihrem Job beziehen, dem fällt es *schwer*, ihnen diesen Job wegzunehmen. Bennett beschrieb die Folgen des Personalabbaus als »vergleichbar mit dem Leid, das eine Scheidung oder der Tod über eine Familie bringt«.[18] Wer von den Stellenstreichungen betroffen war, der verlor mit dem Job nicht nur finanzielle Sicherheit, sondern wurde auch gesellschaftlich ausgegrenzt. Ohne den physischen Raum des Büros war er abgenabelt von dem Tagesrhythmus und den Hunderten scheinbar nebensächlichen Tätigkeiten, die sein Leben ausgemacht hatten. Manche hatten jahrzehntelang zum Unternehmen gehört und keine Ahnung, wie sie sich einen neuen Job suchen sollten. Sie hatten sich eine Karriere aufgebaut und diese Karriere war ihr Leben. Nun gab es sie nicht mehr. Was – wenn überhaupt – blieb da noch von ihrem Leben?

Daraus entstand ein neuartiger unternehmerischer Zynismus, der tief in der modernen Arbeitskultur verankert ist. Aus den Kürzungen der 1980er- und 1990er-Jahre zogen viele Unternehmen die Konsequenz, dass sie nie wieder in die Lage geraten wollten, sich radikal gesundschrumpfen zu müssen. Doch statt die Unternehmenskultur von Grund auf neu zu denken, entschieden sie sich dafür, systematisch die Elemente herauszustreichen, die den Arbeitnehmenden Sicherheit gegeben hatten. In dieser globalen Ausprägung des mörderischen Kapitalismus, so der Zukunftsforscher R. Morton Darrow, wurden Führungskräfte, die zuvor noch als *Aktivposten* betrachtet und entsprechend behandelt worden waren, plötzlich zum *Kostenfaktor.*[19] Die Vorstellung, dass man ein ganzes Arbeitsleben lang für ein und dasselbe Unternehmen arbeitete, erschien fragwürdig, weil hinter jeder Ecke wieder das Schreckgespenst einer weiteren Runde von Stellenstreichungen lauerte. Die Loyalität der Beschäftigten ging mehr und mehr zurück – und mit gutem Grund. Das neue Mantra lautete: »Das ist nicht persönlich, sondern rein geschäftlich.« Vielleicht hätte man das sogar glauben können, wenn die geschäftlichen Entscheidungen persönlich nicht so destabilisierend gewirkt hätten.

Selbst Terrence Deal und Allan Kennedy zeigten sich geläutert – dieselben beiden Berater, die 1982 ihre Leser mit der Geschichte von der »engagierten, umsatzorientierten Kultur« beglückt hatten, die sogar einen Luftschlag überstand. »In schweren Zeiten«, so der letzte Absatz von *Corporate Cultures*, »können diese Unternehmen auf ihre gemeinsamen Werte und Überzeugungen zurückgreifen und darin die Wahrheit und den Mut finden, um durchzuhalten«.[20]

1999 erkannten Deal und Kennedy im Rückblick auf fast zwei Jahrzehnte der Entlassungen, der Fusionen und des Outsourcing ihren fatalen Irrtum. Sie beklagten die sklavische Unterordnung unter »Shareholder Value und kurzfristige Ergebnisse«, die die Unternehmenskultur zersetze und vergifte. Außerdem prangerten sie »das Abgleiten von Unternehmen in die Anonymität« an und das »gedankenlose Handeln von Führungskräften, um kurzfristige Ziele zu erreichen«. Sie konnten die Gründe für die kulturvernichtenden Kürzungen, die Unternehmen in den letzten beiden Jahren vorgenommen hatte, nachvollziehen – so falsch sie auch gewesen sein mochten –, fanden es aber an der Zeit, korrigierend einzugreifen.

In ihrem neuen Buch unter dem Titel *The New Corporate Cultures* legten Deal und Kennedy alle möglichen Vorschläge vor, um frustrierte Arbeitnehmende neu zu motivieren, wieder für Zusammenhalt zu sorgen und sogar – ihre Worte – dabei ein bisschen Spaß zu haben. Ihre Obsession von der Optimierung der Kultur war aber nicht neu. Die beiden hatten mit der Erstveröffentlichung ihres Buches sogar regelrecht einen »Kulturwahn« losgetreten, denn darin hatten sie als Erste von der »Phantomkraft«, wie sie es formulierten, gesprochen, die »dem rational-technischen Furnier eines Unternehmens zugrunde lag«.[21] In den Folgejahren war die explizite Pflege der Unternehmenskultur an den betriebswirtschaftlichen Fakultäten zum verordneten Allheilmittel für Unternehmen geworden, die dem Rat folgten, Kosten zu senken und »schlank zu bleiben«, aber gleichzeitig für bessere Stimmung in der Belegschaft sorgen und deren Ängste abbauen wollten.

Während die Arbeitnehmenden Bücher über Produktivität verschlangen, griff in den Chefetagen und Personalabteilungen eine

Kulturbesessenheit um sich: Viele zeigten großes Interesse an Managementgurus, probierten Kombinationen aus Quantifizierung und obsessiver Optimierung aus und fragten sich, ob »positive« Organisationen mehr Produktivität erzeugen konnten. Manche glaubten, wenn Unternehmen den eisernen Griff auf das Personal lockern und sich für einen demokratischeren Führungsstil entscheiden würden, wären die Beschäftigten nicht nur zufriedener, sondern würden ähnliche Wertschätzung erfahren wie in einer Familie. Statt Beschäftigten echte Sicherheit zu bieten, so die Denke, sollten sie mehr Freiheit in Bezug auf ihre Aufgaben bekommen, was die Unternehmenskultur theoretisch mit neuem Leben erfüllen könnte.

Womöglich setzten sich Führungskräfte nicht für die Entwicklungen ein, die die Unternehmenskultur tatsächlich verändern sollten, doch die *Idee* gefiel ihnen allemal. Und ihre Ideen bezogen sie aus Büchern wie *Corporate Cultures* oder *Auf der Suche nach Spitzenleistungen*, die sich über vier bis fünf Millionen Mal verkauften und in den 1980er- und 1990er-Jahren maßgebliche Werke der Managementliteratur waren. In dem Buch *Auf der Suche nach Spitzenleistungen* erstellten die beiden Berater Thomas Peters und Robert Waterman Jr. Dutzende von Unternehmensprofilen und verwiesen auf die Politik der offenen Türen und auf fluide Organisationsstrukturen, in denen »kleine Gruppen von Mitarbeitern […] mit außerordentlichem Einsatz« arbeiteten und sich neue Strategien und Produkte ausdachten.[22] Um die betreffenden Mitarbeiter zu unterstützen, brauchten die Unternehmen nach Ansicht der Autoren visionäre Führungskräfte, die ihre Leute autonom agieren ließen, dabei aber die Zügel in der Hand behielten. Als »Unternehmensleiter hat man entweder autoritär oder demokratisch zu sein«, kommentierten sie. »In Wirklichkeit ist man aber sowohl keines von beiden als auch beides zugleich sein.«[23]

Dieser mal lockere, mal straffe Führungsstil mochte aufgeklärt wirken. Seine primäre Direktive ist im Grunde, Beschäftigte wie erwachsene Menschen zu behandeln. Doch in der Praxis hielten die Vorgesetzten die Zügel oft zu stramm. Führungskräfte, die bei Peters und Waterman ein positives Echo erzeugten, glaubten an offenstehende Türen, hielten aber »streng auf Disziplin. Sie hielten die Zügel locker, nahmen aber auch das Risiko in Kauf, daß eben diese lockeren Zügel für einige ihrer Gefolgsleute zum Fallstrick« wurden.[24] Schon eine Familie also, aber eine ziemlich unbarmherzige.

Wie *Corporate Cultures* hatte auch *Auf der Suche nach Spitzenleistungen* jede Menge Nachahmer, Ableger und Fortsetzungen in der Wirtschaftsliteratur und in allen wurden Fallstudien über erfolgreiche Unternehmen vorgestellt, die offenbar kapiert hatten, wie die neue globale Wirtschaft tickte. Solche Unternehmen waren flexibler, nicht so schwerfällig und experimentierfreudiger. Sie veranstalteten Partys und merkwürdige Pep Rallyes zur Einführung neuer Produkte. Wer macht sich schon Gedanken um Kürzungen – wie sie oftmals genau von Beratern wie Peters und Waterman vorgeschlagen wurden –, wenn man doch in einem Klima tätig war, das Spaß und harte Arbeit verband.

Solche Bücher sollten angeblich neue »Managementstrategien« vermitteln, doch wie man sein Team durch einen Leveraged Buyout führte oder Cashflows steuerte – derartige Fragen wurden darin höchstens am Rande berührt. Führungskräfte lernten daraus nicht, wie man eine Unternehmenskultur wiederaufbaute, sondern bestenfalls, wie man ihre müden Reste dürftig zusammenflickte. Solche Strategien verschafften Beschäftigten, wenn überhaupt, dann nur sehr selten echte Autonomie oder Gleichheit. Es gab nach wie vor starre Hierarchien. Und die Nebenleistungen waren weiterhin nur ein blasser Abklatsch früherer Zeiten.

Die neuen Richtlinien, das Teambuilding und der Rummel um das sogenannte neue Management waren vor allem anderen ein Ablenkungsmanöver, das darüber hinwegtäuschen sollte, wie fest der Strick um den Hals der Belegschaft saß.

Wer braucht den Mittelbau im Management, wenn er Risikokapital haben kann?

Wenn Sie in einem Unternehmen arbeiten, sind Sie vom Vermächtnis dieser Vorstellungen von Kultur und Management umgeben, die sich in mehr als hundert Jahren Unternehmenstheorie angesammelt haben. Sie finden sich in Ihrem Großraumbüro wieder – auf das wir in den Folgekapiteln noch näher eingehen –, und ebenso im Pausenraum oder in der Kantine. Sie verbergen sich im Verhalten Ihres Arbeitgebers, der zwar Happy Hours veranstaltet, sich aber über das gesetzlich vorgeschriebene Maß hinaus nicht an Ihrer Altersvorsorge beteiligen möchte. Am deutlichsten und schädlichsten äußern sie sich in der Welt der Start-ups.

In *Auf der Suche nach Spitzenleistungen* klingen die Beschreibungen eines gleichzeitig lockeren und festen Führungsstils aus den 1980er-Jahren oft nach einer Blaupause für die Silicon-Valley-Unternehmen von heute. Bei 3M gab es Managementgruppen, die Fehlschläge nicht nur tolerierten, sondern sogar begrüßten und förderten. Hewlett-Packard und Tupperware propagierten die Möglichkeit, »ihre Arbeitszeit individuell zu gestalten[25]« und setzten auf »Erfolgsmeldungen« und die »intensive Nutzung positiver Verstärkung,[26]«. Bei Caterpillar wurden neue Planierraupen kostümiert und Partys geschmissen. Selbst der sogenannte »Firmencampus« – in der Big-Tech-Branche inzwischen Standard – soll angeblich Unternehmen mit erfolgreichem locker-festen Führungsstil voranbringen, wie bei 3M, Kodak, Dana, Dow, P&G oder Texas Instruments.

Doch die DNA der modernen Start-up-Kultur unterscheidet sich grundsätzlich von der etablierter Branchenriesen, die – ganz gleich wie viel Tamtam neuerdings um Mitarbeiterjubiläen gemacht wird – trotzdem auf loyalen Unternehmensangehörigen aufbauen. Die Unternehmenskultur von Start-ups beruht auf der Prämisse der Ablehnung: Nichts gilt mehr, weder die Etikette der alten Schule noch Kleiderordnung, Abteilungsstruktur oder die klassischen Auffassungen von Innovation und Wachstum. Statt den unternehmerischen Zynismus der 1970er- und 1980er-Jahre zu übertünchen oder abzulegen, konsolidierten ihn die Start-ups als Treiber des »Unternehmergeistes«.

Kein Wunder, dass das Interesse an diesem Thema in den betriebswirtschaftlichen Fakultäten in den 1980er-Jahren boomte. Es galt als neuer Schutz vor der Unberechenbarkeit im Wirtschaftsleben. »Dem Unternehmergeist liegt mangelndes Vertrauen zugrunde«, stellte BWL-Professor Howard Stevenson aus Harvard fest. »Wenn es schon schief geht, dann wollen sie es lieber selber verbocken als sich auf irgendeinen Idioten von der Madison Avenue oder etwas anderes zu verlassen, worauf sie keinen Einfluss haben.«

Erfolgsgeschichten animierten potenzielle Gründer, obwohl sich immer wieder Tech-Blasen bildeten und platzten. Reichweite und Konnektivität des Internets nährten die Überzeugung, dass jeder, der zur richtigen Zeit am richtigen Ort die richtige Idee hatte, nicht nur spektakuläre Erfolge und Reichtümer erringen konnte, sondern ganze Branchen radikal auf den Kopf stellen oder revolutionieren konnte (Stichwort: Disruption) – und zwar mit minimaler Personalausstattung aus der eigenen Garage heraus. Das war die neue verlockende Version von Meritokratie. Zugegeben, mit dem amerikanischen Traum hatte das nichts mehr zu tun. Aber schaffen konnte man es trotzdem. Sollte es noch Zweifel daran gegeben haben, dass der Individualismus das kollektivistische Ethos von ehedem geschluckt hatte, dann räumte der Tech-Boom diese restlos aus.

Diese Vorstellung wurde von den Risikokapitalgebern mitgetragen – einer Gruppe, die sich aus den erfolgreichsten »Disruptoren« zusammensetzte. Nebenbei waren sie auch an der Entwicklung des Phänomens beteiligt, das wir heute als Start-up-Kultur kennen: eine Mischform aus alten, toxischen Elementen der Unternehmenskultur, dem Ethos des Unternehmergeistes und dem Beweihräuchern neuer, bilderstürmerischer Ideen. In der Branche entwickelte sich ein Gründerkult, der vage an die sektenhaften internen Abläufe von IBM erinnerte. Im Liederbuch des Unternehmens war ein Song zu finden, der Unternehmenschef Thomas Watson gewidmet war. Dieser enthielt die Zeile: »Wir kennen und wir lieben Dich und wissen, daß Dir unser Wohl am Herzen liegt.«[25]

Der zentrale Wert war aber eine überwältigende obsessive Hingabe ans Unternehmen – nicht nur an dessen finanziellen Erfolg, sondern an sein übergeordnetes Ideal, seine *Mission*, häufig formuliert in einer utopistischen Sprache. Angesichts des Internets als quasi grenzenlosem Spielplatz und der Millionen, wenn nicht Milliarden Dollar, die auf dem Spiel standen, reichte es nicht, nur eine App zu entwickeln. Man musste die Welt vernetzen wie nie zuvor, ein unlösbares Problem lösen, eine etablierte Branche neu erfinden – den Status quo aufmischen. *Dafür* lohnte es sich, Risikokapital zu investieren. Und das bedeutete, es lohnte sich auch, sich mit Leib und Seele dafür einzusetzen. Doch wer dem Gott des Hochskalierens huldigt, muss auch bereit sein, für sein Unternehmen Opfer zu bringen.

Schon ein flüchtiger Blick auf die Start-up-Kultur offenbart die
Spuren des Organisationsmenschen und seines auf das ungleich
wichtigere Wohl des Unternehmens abgelegten Lehnseids. Tech-
Unternehmer hören das gar nicht gern. Ihre Start-ups begreifen
sich als Gegenbild zum »Big Business«. Sie sind zwar Unternehmen, aber nicht in *diesem* Sinne. Zum Beweis leben viele ganz
bewusst eine Kultur nach dem Motto »feste arbeiten, Feste feiern«.
Ihre Gründer pflegen ihr Image als Berufsjugendliche: Die Tage
werden durchgearbeitet, die Nächte durchgefeiert. Im Extremfall
gab dieses Ethos auch dem letzten Anschein von Work-Life-Balance
den Rest. Wer sich ganz der Sache verschrieb, der lebte quasi im
Büro und dorthin übertrug er auch sämtliche externen Daseins-
elemente wie Partys, Sport und Romantik. Die ersten Silicon-Valley-Unternehmen hatten über Jahrzehnte technische Fachleute
eingestellt, die von ihrer Persönlichkeitsstruktur her dafür prädes-
tiniert waren, sich zu Workaholics zu entwickeln.[26] Doch die Start-
up-Kultur hob das noch auf eine ganz andere Stufe.

Als diese Unternehmen größer wurden, legten sie manche
ihrer juvenilen Elemente ab, nicht aber die alles verzehrende Hingabe und Besessenheit, die in der Kultur durch Geschichten aus
der Anfangszeit aufgewertet wurden – über durchprogrammierte
Nächte und spektakuläre Firmenpartys. Je außenwirksamer und
erstrebenswerter die Start-up-Kultur wurde, desto mehr konsolidierten sich diese Geschichten zu einem eigenen Genre, dem
berüchtigten »Hustle Porn«. Gleichzeitig bildete sich eine sekundäre »Hustle«-Branche heraus, geprägt von »Vordenkern« und
Konferenzen, die die Anleitung dazu liefern sollten, wie die Dis-
ruptionslotterie zu gewinnen war. Zunächst brauchte man eine
Idee und Talent. Anschließend galt es, wie der Teufel Geschäfte zu
machen und zu kämpfen. Die Bezeichnung Arbeitsmoral wird
dem nicht gerecht – es handelte sich vielmehr um die absolute

Sublimierung eines Menschen im Streben nach einer vagen Vorstellung von Erfolg.

Doch die Ablehnung der klassischen Unternehmenskultur bedeutete nicht nur, dass kleine Teams eingeführt und Pingpongtische aufgestellt wurden. Es bedeutete auch die komplette Abschaffung der Hierarchie. Unternehmensinfrastruktur wie eine Personalabteilung – oder auch etwas so Banales wie ein Organigramm – wurde erst eingeführt, wenn es sich partout nicht mehr vermeiden ließ. Das Flugzeug wurde quasi im Flug gebaut – will heißen, dass viele tragende Elemente eines Unternehmens unüberlegt und kurzsichtig eingezogen wurden.

Das alles sollte sich in kultureller Hinsicht katastrophal auswirken. Doch solche strukturellen Schwachstellen offenbarten sich erst nach und nach. Die dadurch verursachten Probleme wurden zumindest eine Zeitlang von den spektakulären Wachstumsraten kompensiert und durch eine zusammengestückelte Ursprungsgeschichte, einen Gründermythos oder ein übersteigertes Sendungsbewusstsein übertüncht. Wer hat schon einen Sinn für mittleres Management, Organigramme oder Personalbeschwerden, wenn gerade die Welt auf den Kopf gestellt wird?

Doch wenn solche Start-ups dann eine gewisse Größe erreicht hatten und im Fokus standen, waren sie wie Google, Facebook, Amazon, Uber und Hunderte andere gezwungen, sich selbst als Unternehmen zu begreifen. Ihre kulturellen Eigenarten wurden festgeschrieben: dass Betriebsführung ein Nachgedanke war, oberflächliche Vergünstigungen an die Stelle echter Nebenleistungen traten, das Personalwesen vernachlässigt und die Produktivität fetischisiert wurde, aber auch die Abhängigkeit von »flexiblen« Auftragnehmern verbreitete sich über Firmencampusse, an deren schicken Sashimi-Bars sich die Belegschaft gratis bedienen konnte und die außerdem über einen Wäschereidienst verfügten, und schlug auf ganz unterschiedliche Winkel der Nicht-Start-up-Welt durch. Heute ist die Start-up-Kultur weder Modeerscheinung noch Neuheit. Sie ist das neue Ideal vieler Unternehmen, ganz gleich, was sie herstellen oder wie ihre Geschichte verlief.

Wie die Pandemie mehr als deutlich gemacht hat, ist diese Kultur schlicht nicht zukunftsfähig – nicht für die Menschen im Büro und anderswo; nicht für unsere Familien, und auch nicht für die Gesellschaft oder unseren Planeten. Vielleicht sprudeln die Gewinne oder explodieren sogar, doch die arbeitende Bevölkerung bricht ebenso zusammen wie die Gesellschaft und ihr soziales Umfeld.

An dieser Stelle sollten wir vielleicht erklären, was wir mit Zusammenbruch meinen. Wir gehen davon aus, dass eine Führungskraft, die diese Zeilen liest, die Formulierung überzogen finden könnte. *Meinen Leuten geht es doch nicht schlecht. Sie hassen mich doch nicht.* Schon möglich. Doch der Zusammenbruch, den wir meinen, hat mit dem Verhältnis zur Arbeit zu tun, das immer untragbarer wird.

Zunächst ist da die schiere Anzahl der Arbeitsstunden. Der Organisation für wirtschaftliche Zusammenarbeit und Entwicklung zufolge arbeitet der Durchschnittsbeschäftigte in den USA mehr als in jedem anderen Land. Doch anders als in vielen westlichen Nationen, in denen Produktivitätssteigerungen und Wohlstand in aller Regel zu mehr Freizeit führen, überarbeiten sich die Amerikaner auch weiterhin, obwohl die Produktivität gestiegen ist. Nach Angaben der OECD »werden in den USA 269 Stunden mehr gearbeitet, als für eine so wohlhabende Volkswirtschaft anzunehmen ist – sie stehen nach diesem Maßstab bei der Überarbeitung an zweiter Stelle aller Länder weltweit«.[27]

Dann ist da die Art und Weise, wie wir arbeiten. Dazu schreibt Anna North von *Vox*: »Von Amerikanern wurde erwartet, zu arbeiten, als hätten sie keine Familie.«[28] Diese, wenn auch unausgesprochene, Erwartung wurde nach dem Zweiten Weltkrieg festgeschrieben, als vor allem im Büro noch überwiegend Männer arbeiteten. 1960 waren nur 20 Prozent aller Mütter berufstätig. 2010 lebten 70 Prozent aller Kinder in Haushalten, in denen alle Erwachsenen in irgendeiner Kapazität erwerbstätig waren.[29] Doch – vor allem in den Vereinigten Staaten – gelang es nicht, die Arbeitsplatzrichtlinien an diese neue Realität anzupassen – ob bei Erziehungszeiten oder Überstundenerwartungen. Der »ideale« Arbeitnehmer hat nach wie vor so wenig familiäre Verpflichtungen wie möglich. Versuchen Eltern – vor allem Mütter – sich so zu verbiegen, dass sie diesem Ideal entsprechen, führt das zu Stress, Erschöpfung, Burnout und manchmal auch dazu, dass sie ganz aus dem Arbeitsmarkt herausfallen.[30]

Manche dieser Erwartungen und Enttäuschungen beziehen sich spezifisch auf die Vereinigten Staaten. Aber die Arbeitnehmerschaft hat auch weltweit zu kämpfen. Im Rahmen des Work Trend Index von Microsoft wurden 2021 über 30.000 Arbeitnehmerinnen und Arbeitnehmer aus 31 Ländern befragt. Von diesen fühlten sich 54 Prozent überarbeitet, 39 Prozent erschöpft und 20 Prozent gaben an, ihrem Arbeitgeber sei das Thema Work-Life-Balance gleichgültig.[31] Doch obwohl der Arbeit so viel Zeit gewidmet wird, stagniert das globale BIP seit 2012.[32] Laut dem Gallup-Bericht *State of the Global Workplace* von 2017 geben 66 Prozent aller Erwachsenen an, sie seien nicht engagiert bei der Arbeit, 18 Prozent sagen sogar, sie hätten sich aktiv distanziert. In dem Bericht heißt es, dass bei Unternehmen, bei denen sich Leistung »am grundlegenden menschlichen Bedürfnis nach psychischem Engagement« orientiere, die Wahrscheinlichkeit am größten ist, dass sie »das Beste aus ihren Beschäftigten herausholen«.[33] Doch offenbar wissen das nur wenige Organisationen. Stattdessen würgen sie

Produktivität und Enthusiasmus durch willkürliche Management-entscheidungen, allgemein mangelnde Autonomie der Beleg-schaft, mehr Stunden und so hohe Erwartungen ab, dass sie ihre Beschäftigten in den Burn-out treiben.

Zugegeben – zusammengebrochen ist die globale Erwerbsbe-völkerung noch nicht. Vielleicht wird sie das auch nie. Doch die vorstehend aufgeführten Trends scheinen allesamt darauf hinzu-deuten, dass etwas Wesentliches faul ist an der Art und Weise, wie wir über unsere Jobs und deren Anforderungen denken. Unser Verhältnis zur Arbeit ist gestört. Unsere Einstellungen sind unge-sund, unsere Anforderungen an Einzelne zu hoch, der Lohn der Arbeit entspricht nicht der dafür aufgewendeten Zeit und viele unserer Richtlinien – vor allem in den Vereinigten Staaten – bie-ten uns nicht den Rückhalt, den wir brauchen, um so weiterzu-arbeiten wie bisher.

Damit sind alle Voraussetzungen für einen möglichen Zusam-menbruch gegeben. Das wird vielleicht nicht auf Makroebene pas-sieren, doch nach unseren Recherchen findet es auf Einzelebene bereits tagtäglich statt. Für Sie als Vorgesetzte(r) oder Führungs-kraft bedeutet das einerseits, dass es nicht (unbedingt) mit Ihnen persönlich zu tun hat. Die Dynamik steckt im System und viele Arbeitnehmer(innen) werden zu Recht feststellen, dass ihr nur mit gewerkschaftlicher Unterstützung beizukommen ist. Es bedeu-tet aber auch: Selbst wenn Ihre Leute mit ihren Rollen und mit Ihnen als Chef(in) zufrieden erscheinen, arbeiten sie dennoch in diesem System. Als Führungskraft sind Sie letztlich für jede Ver-pflichtung zur Neubewertung und Neugestaltung unseres Verhält-nisses zur Arbeit verantwortlich. Und so gesehen sollten Sie das durchaus persönlich nehmen. Es mag sich verstiegen anhören, doch Sie haben die Macht, das Leben der Menschen, die für Sie arbeiten, maßgeblich zu verändern. Die Frage ist nun, was Sie damit anfangen.

Wenn wir wieder in unsere Büros zurückkehren und in den alten Rhythmus des Unternehmenslebens verfallen, als wäre nichts gewesen, wird es einen glücklichen Monat geben, in dem sich alle freuen, dass sie einmal woanders arbeiten dürfen als zu Hause. Doch die Wunden, die das Pandemiejahr geschlagen hat, sind noch nicht verheilt. Bleiben Unternehmen auf kurzfristiges Wachstum fixiert und stützen sich dabei auf eine Flexibilität, die lediglich ein Codewort dafür ist, Risiken und prekäre Arbeitsbedingungen auf Arbeitnehmende abzuwälzen, dann werden Misstrauen und Erschöpfung weiter anwachsen. Die Vorgesetzten werden unter der Last zusammenbrechen, die fortgesetzten Anforderungen des Unternehmens an eine ausgebrannte Belegschaft zu übermitteln. Die Kultur, wie auch immer sie geartet ist, wird sich zersetzen. War das vor der Pandemie noch nicht der Fall, dann dürfte sich das bald ändern.

Doch wir können gegen dieses Szenario angehen. Wir können uns begreiflich machen, dass Unternehmen, wenn sie tatsächlich diese ach-so-verlockende »gute« Unternehmenskultur pflegen möchten, nicht nur neu über die Annehmlichkeiten und Büroräume nachdenken müssen, die sie ihren Beschäftigten bieten, sondern über den gesamten Arbeitsstil und das ganze Ethos der Optimierung und des Präsentismus. Das aber setzt voraus, dass sie sich ernsthaft mit einer Flexibilität auseinandersetzen, wie wir sie im vorangegangenen Kapitel erläutert haben. Es bedeutet aber auch, sich auf zentrale Werte zurückzubesinnen, die über »Wachstum« und »Reichweite« hinausgehen, und zu verinnerlichen, dass sich nachhaltige, hochwertige Produktivität nicht durch Zwang oder Überwachung erreichen lässt. Produktivität ist das Nebenprodukt einer Erwerbsbevölkerung, deren Grundbedürfnisse erfüllt sind.

Dabei geht es nicht darum, Ihrer bisherigen Kultur eine neue, spektakuläre, vorgefertigte Vorstellung aufzupropfen. Es geht darum, zu überdenken, wie Ihre Kultur zu dem wurde, was sie ist, diese Strukturen mit den Kämpfen zu verbinden, die sich angeschlossen haben, und sich gründlich zu überlegen, wie Flexibilität das ändern könnte. Das ist harte, immer wieder schwierige Arbeit. Doch man muss das Feld nun einmal erst bestellen, bevor man die Saat für neues, kräftiges und nachhaltiges Wachstum ausbringen kann.

Wie sieht eine flexible Arbeitskultur aus?

Paul Hershenson hat freitags immer frei – seit acht Jahren schon. Wenn die meisten Angehörigen der arbeitenden Bevölkerung allmählich ungeduldig aufs Wochenende hinfiebern, packt er früh seinen Rucksack und setzt sich ins Auto. Auf der Fahrt von San Diego, wo er wohnt, hinaus in die Wildnis nimmt er vielleicht noch ein oder zwei Anrufe entgegen – aber nicht immer. Das hat er sich ausbedungen. »Für mich ist das Zeit, die ich zum Nachdenken nutzen kann«, erklärte er uns, als wir ihn an einem Freitagmorgen erreichen. Da ist er bereits auf dem Weg ins Grüne.

Paul arbeitet schon dreißig Jahre lang nicht mehr im Büro. Und selbst das trifft nicht wirklich zu. In seinem Beruf als Softwareentwickler kennt er gar nicht, was er als »normalen Job« bezeichnet. Doch seine Firma, Art+Logic, hatte noch nie ein festgefügtes Arbeitsumfeld und schreibt das dem erfolgreichen Aufbau einer Arbeitskultur zu, die für Zusammenhalt sorgt. Dennoch wirkt Paul alles andere als missionarisch. Er räumt ein, dass nicht für *jeden* gut sein muss, was für ihn funktioniert – auch in Bezug auf das Unternehmen, das er mitverwaltet. Aus diesem Grund hat er sich dafür eingesetzt, bei Art+Logic für echte Flexibilität zu sorgen, in der Arbeit absolut und vollkommen asynchron stattfindet.

Pauls Wandertouren sind Teil dieses Konzepts. Weil er am Ende der Woche Zeit hat, in die Natur zu fahren, bekommt er den Kopf frei und baut Stress ab. Die Kinder sind dann in der Schule, sodass er deren Betreuung nicht auf seine Partnerin abwälzen muss. Und er muss auch nicht zur Arbeit. Die Zeit gehört ganz ihm. Etliche der übrigen 65 Beschäftigten des Unternehmens haben ähnlich einzigartige Arbeitswochen. Vor zwei Jahren stellte eine Grafik-Designerin nach der Geburt ihres Kindes ihre Planung komplett um. Sie arbeitet jeweils mittags und dann von 19 bis 22 Uhr abends ein paar Stunden. »Sie hat ihren Tag so strukturiert, dass sie weiter ihren Lebensunterhalt verdienen und der Arbeit nachgehen kann, die sie liebt, aber auch ihrem Wunsch nachkommt, sich primär selbst um ihr Kind zu kümmern, was ihr ebenso wichtig war«, erzählte er.

Ein anderer Entwicklerkollege ist passionierter Golfer und spielt mehrmals die Woche. »Ich weiß eigentlich gar nicht, wann er auf den Platz geht – oder wie oft«, meinte Paul. »Aber ich bin mir hundertprozentig sicher, dass er die Zeit nach seinem Gusto nacharbeitet.«

Gut möglich, dass Sie die Augen verdrehen, wenn Sie diese Zeilen lesen. *Wie schön für Paul und seine 65 Mitarbeitenden, die in diesem Traumland leben!* Vielleicht sind Sie sogar ein bisschen neidisch. *Am Freitag wandern gehen! Der hat's gut!* Vor der Pandemie dachten Sie sicherlich noch, dass eine solche Flexibilität in Ihrem Beruf vermutlich gar nicht möglich war. Doch nach ein paar Monaten im Homeoffice beschlich Sie vielleicht der Gedanke: Wieso waren wir uns eigentlich immer so sicher, dass selbstbestimmte Arbeitszeiten – oder die Möglichkeit, die Arbeitsstunden um Hobbys oder familiäre Verpflichtung herumzubauen – eine Extravaganz sind?

Diese zynische, vernagelte Einstellung aufzubrechen, ist in mehr als einer Hinsicht das Ziel dieses Buches. Das ist jedoch schwer vorstellbar, wenn man es noch nie gesehen hat und nicht weiß, wieso es funktioniert. Art+Logic ist ein Beispiel für eine flexible Kultur, die so funktioniert, dass die Beschäftigten etwas davon haben – bis hin zur Unternehmensspitze. Die Ziele des Unternehmens und seiner Mitarbeitenden werden vorab festgelegt und unmissverständlich kommuniziert – im Rahmen der täglichen Arbeit an dem, was Paul als »Formulierung vernünftiger Erwartungen« bezeichnet. Diese Erwartungen sollen ein Bild davon vermitteln, welche Arbeiten flexibel gestaltet werden und welche – wenn überhaupt – starr bleiben müssen. So wird beispielsweise von den Beschäftigten erwartet, während der üblichen Geschäftszeiten weitgehend verfügbar zu sein. Sie können sich die Zeit aber so einteilen, wie es für sie passt, sofern sie das vorab angemeldet haben und sich daran halten.

Art+Logic-Beschäftigte können asynchron arbeiten, weil sie transparent kommunizieren, was zu erledigen ist und wer sich darum kümmern muss, was wiederum mehr Rechenschaftspflicht zulässt. Ihre Kultur beruht auf Vertrauen: nicht in Form der leeren Phrasen, die in Mottos oder Stellenanzeigen auftauchen, sondern auf echtem Vertrauen, dass die Beschäftigten die an sie gestellten Erwartungen erfüllen. Zu diesem Vertrauen gehört, ihnen die kleinen und manchmal auch großen Entscheidungen darüber zu überlassen, wann eine Aufgabe erledigt werden muss. Das Unternehmen verfolgt aber auch eine langfristige Strategie, dieses Vertrauen zu erwidern und zu akzentuieren. Man ist nicht auf unmittelbares Wachstum fokussiert, sondern auf eine langfristige Vision:

in einer wettbewerbsintensiven Branche wertvolles Humankapital zu binden.

Die Kultur von Art+Logic lässt sich nicht auf jedes Unternehmen übertragen, weil sie kein Patentrezept ist. Kultur funktioniert von Natur aus in verschiedenen Maßstäben unterschiedlich: Was für ein Software-Unternehmen mit 60 Mitarbeitern gut ist, könnte für ein globales Unternehmen mit 250.000 Beschäftigten den sicheren Untergang bedeuten. Doch letztlich spielt Größe für den Erfolg der Kultur von Art+Logic keine Rolle. Dort hat man in Bezug auf den wesentlichen Teil der Unternehmenskultur alles richtig gemacht. Was *vorgeblich* von der Belegschaft gefordert wird, deckt sich mit den *tatsächlichen* Anforderungen.

Wodurch zeichnet sich also eine gesunde, flexible Kultur aus? Tja, durch das Management, und zwar nicht durch oktroyiertes Management, Wegwerfmanagement oder Management der alten Schule, sondern durch ein Management, das den aktuellen Bedürfnissen entspricht. Wir sprechen ein paar Bereiche an, in denen Sie Ihre bisherige Managementkultur auf Veränderungspotenzial abklopfen können, doch verstehen Sie das bitte nicht als Checkliste, sondern eher als Orientierungshilfe, die Sie verwenden können, um Ihren eigenen Weg zu finden. Bedenken Sie dabei aber, dass die Veränderungen, die Ihr Unternehmen benötigt, selten diejenigen sind, die Ihnen auf Anhieb ins Auge stechen. Suchen Sie nach dem Bereich, in dem Sie die größte Schwachstelle und die stärkste Außenwirkung wahrnehmen – den Bereich, in dem es am meisten hapert und in dem die Ermüdungserscheinungen besonders intensiv sind. Dort müssen Sie ansetzen.

Wer ist der Chef?

Melissa Nightingale und ihr Mann Johnathan gehörten zu der ersten Welle Beschäftigter, die Mozilla in den ersten zehn Jahren des 21. Jahrhunderts einstellte. Sie waren jung, noch recht unerfahren, doch wie viele fähige Köpfe, die in einem Start-up ganz unten anfangen, stiegen sie in der Unternehmenshierarchie rasch auf. Sie wurden immer wieder befördert und bekamen mehr Verantwortung übertragen, auch wenn ihnen nicht wirklich klar war, was eigentlich von ihnen erwartet wurde.

Seit 2017 arbeiten die Nightingales als Managementberater einer neuen Generation, die sich auf Wachstumsunternehmen spezialisiert haben. Jeden Tag bekommen sie zu hören, wie schlecht Unternehmen kommunizieren und ihr Personal führen. Immer wieder. Und sie versuchen, Abhilfe zu schaffen.

»Gewöhnlich steckt keine böse Absicht dahinter«, erklärte uns Melissa und bezog sich dabei auf die Betriebsführung der meisten Unternehmen. »Wohl aber Ignoranz. Natürlich gibt es da draußen auch böswillige Akteure – Menschen, die Machtfantasien ausleben. Doch solche taktischen Manöver sind eher die Ausnahme. Die Arbeit im Büro leidet aus denselben Gründen, die auch mobiles Arbeiten unattraktiv erscheinen lassen könnten: weil das Management nichts taugt.«

Als sie noch bei Mozilla arbeiteten, waren die ersten Teams, die die Nightingales leiten sollten, in aller Welt verstreut. Melissa und Johnathan sollten die Arbeit ihrer Teams koordinieren und gleichzeitig darauf achten, dass Aufgaben, die in der jeweiligen Zeitzone der verschiedenen Beschäftigten in die Nacht fallen würden, jemand anderem übertragen wurden. Slack gab es damals noch nicht. »Es war gar nicht so einfach, zusammenzuarbeiten«, erinnerte sich Johnathan. »Wir mussten viel improvisieren«, kommentierte Melissa.

»Und wir bekamen von oben immer mehr aufgetragen. Irgendwann kamen wir dann an einen Punkt, an dem wir uns fragten: Sagt uns eigentlich auch mal jemand, wie wir das machen sollen?«

Im Grunde nicht, wie sie bald merkten. Sie waren auf sich gestellt. Sie versuchten, sich an Kollegen zu orientierten und stellten fest, dass Führungsnachwuchs meist aus den eigenen Reihen kam. Machte jemand seinen Job gut, wurde er gefragt: »Möchtest du ins Management aufsteigen?« Der neue Posten wurde stets als Beförderung und großer Karriereschritt verkauft. Besser bezahlt war er obendrein. Die meisten Auserwählten sagten zu und fanden sich prompt im kalten Wasser wieder. Nur Schwimmen hatte ihnen keiner beigebracht.

»Am Ende wurden aus ihnen schlechte Vorgesetzte, die allen anderen das Leben schwer machten«, so Johnathan. »Doch wie schon gesagt: Sie meinen es nicht böse. Sie wissen es bloß nicht besser. Denn ihnen hat keiner erklärt, wie sie es richtig machen können.«

Diese Praxis beschränkt sich nicht auf eine bestimmte Branche, doch den Nightingales zufolge ist sie in Tech-Unternehmen besonders verbreitet. Sie hatten jahrelang Geschichten über dysfunktionale Start-ups und skandalöses Fehlverhalten im Silicon Valley gelesen und geseufzt, weil sie wussten, dass es für das mutmaßliche Problem eine ebenso einfache wie schwer fassbare Lösung gab. Also gründeten sie in Toronto eine eigene Firma namens Raw Signal und versuchten, dem Problem da draußen auf die Spur zu kommen.

Doch es sah schlimmer aus als gedacht. All dem Gerede von visionärer Führung zum Trotz war es selten die Unternehmensspitze, die vorgab, wie der Arbeitsalltag in einem Unternehmen aussah – also die Kultur, die Chancen und die Enttäuschungen. Es war vielmehr das mittlere Management – also die *direkten* Vorgesetzten, die bestimmten, ob sich das Tagesgeschäft eher nach passiv-aggressiver Kriegsführung anfühlte oder nach konstruktiver, sinnvoller Zusammenarbeit.

Ein gutes Beispiel dafür ist jeder Versuch einer Annäherung an eine Work-Life-Balance während der Pandemie. Ein guter Chef geht mit jeder Telearbeitskraft anders um. Er wird versuchen, die individuellen Bedürfnisse seiner Leute zu erkennen: wie sie außerhalb des Büros am besten arbeiten, welchen Belastungen und welchem Druck sie im Privatleben ausgesetzt sind und wie sie damit zurechtkommen können. Er vermittelt Vertrauen und gibt ihnen Raum, Aufmerksamkeit und Orientierung – je nachdem, was der oder die Einzelne gerade braucht. Kurz, er führt aktiv und dynamisch.

Doch die wenigsten Führungskräfte wurden dafür geschult, auch nur kleinste Störungen zu bewältigen – vom massiven Störfeuer der Pandemie ganz zu schweigen. Ohne entsprechendes Rüstzeug verfallen sie daher oft in eines von zwei Extremen: Entweder wollen sie permanent alle Fäden ziehen, weil Mikromanagement für sie die einzige Möglichkeit darstellt, ihrer Arbeit Außenwirkung und Sinn zu verleihen, oder sie üben Führung so aus wie ihre Vorgesetzten – nämlich als Nachgedanke. Dann warten die Beschäftigten verzweifelt auf Feedback und versenden ihre Slack-Nachrichten vergeblich.

Das alles gab es auch schon vor der Pandemie, als die Menschen noch überwiegend im Büro arbeiteten. Das mobile Arbeiten schuf kein neues Problem, es verschärfte lediglich ein bereits bestehendes. Aus diesem Grund glauben Melissa und Johnathan, dass der Erfolg des flexiblen Arbeitens auch außerhalb der Firma letztlich wenig mit der Einführung neuer Technologie oder mit strategischer Organisationsplanung oder auch mit den Präferenzen des CEO oder des Vorstands zu tun hat. Er steht und fällt vielmehr mit dem Mittelbau einer Organisation.

»Zur mobilen Arbeit höre ich manchmal, ›Wir können auch produktiv sein, wenn wir weniger arbeiten‹. ›Aber ja, das freut mich‹, entgegne ich dann und sage den Leuten auf den Kopf zu, dass sie bei schlechter Führung ohne Weiteres auch mit einer Fünftagewoche aus Vierstundentagen im Burn-out landen«, erzählte Melissa. »Wer ständig in der Angst lebt, seinen Job zu verlieren, wenn er nicht genügend Augenkontakt mit dem Chef hat oder zu wenige Slack-Nachrichten austauscht, dem helfen auch weniger Arbeitsstunden nicht. Ganz im Gegenteil: Er wird nämlich gar nicht weniger arbeiten, sondern die Prekarisierung durch Mehrleistung und Burn-out kompensieren.«

Burn-out ist aber bei Weitem nicht das einzige Problem. Ausbildungsdefizite führen zu erlernter Hilflosigkeit im mittleren Management: Statt als eine Art Bollwerk zum Schutz der Beschäftigen zu fungieren, das schlechte Entscheidungen zurückweist, werden Vorgesetzte zu passiven Vektoren für die Anforderungen (oft ahnungsloser) Topmanager an sie selbst. Mangelt es an Führungsqualität, grassiert die Ungleichheit. Aus Mikroaggressionen werden Makroaggressionen. Doch wie sagt man jemandem, der seinen Job schon seit fünf oder gar zehn Jahren macht, dass er die ganze Zeit über am Ziel vorbeigeschossen hat?

Kann sein, dass ein Chef nichts taugt, weil er es nicht besser versteht. Das entbindet ihn aber nicht von jeder Verantwortung. Führungsdefizite haben verheerende hartnäckige Folgen. »Wir haben schon erlebt, dass Frauen plötzlich gleichen Lohn für gleiche Arbeit erhielten, weil der Chef aufgewacht ist«, berichtete Johnathan. »Sie wurden nicht deshalb schlechter bezahlt als das übrige Team, weil ihr Vorgesetzter insgeheim Freude daran hatte. Es hatte ihm schlicht niemand gesagt, dass es seine Aufgabe war, sich die Zahlen anzuschauen.«

Dazu Melissa und Johnathan: »Wer für eine bestimmte Aufgabe bezahlt wird, sollte sich darum kümmern, dass er auch die nötigen Kompetenzen dafür mitbringt. Man kann nicht einfach mit Menschen herumexperimentieren, bis man den Bogen raushat.« Was das heißen soll? Jedenfalls nicht, dass Sie auf eine eintägige Schulung fahren oder ein zweistündiges Webinar laufen lassen, während Sie durch Twitter scrollen. Ein wichtiger Schritt ist schon die Erkenntnis, dass »Managementaufgaben« in den meisten modernen Organisationen auf die bisherige Stellenbeschreibung aufgesattelt werden – wie bei einem Highschool-Lehrer, der ein paar Euro mehr bekommt, wenn er die Volleyballmannschaft trainiert. Dabei spielt keine Rolle, ob er selbst in seinem Leben erst ein paar Spiele gemacht hat. Irgendjemand muss es machen – und wer freut sich nicht über ein bisschen Extrageld?

Alternativ werden Managementposten vergeben, um Beschäftigte zu honorieren, die sich durch ihre Produktivität hervorgetan haben – ob im Vertrieb, bei der Einwerbung von Finanzmitteln, in der Datenanalyse oder anderswo. Doch laut einer aktuellen Studie des *Harvard Business Review* weisen die mit hoher Produktivität verbundenen Kompetenzen – wie Wissen und Können, ergebnisorientiertes Handeln, Initiative – fast immer Indizien für auf den Einzelnen ausgerichtete Fähigkeiten auf. Führungskompetenz erfordert dagegen Fähigkeiten, die auf andere ausgerichtet sind: Aufgeschlossenheit für Feedback, Unterstützung der Entwicklung von Kollegen, Kommunikations- und Sozialkompetenz.[34] Ein guter Chef ist oft auch produktiv. Doch nicht alle produktiven Führungskräfte sind automatisch auch gute Chefs. Sie steigen in Führungspositionen auf, weil Führungsqualitäten in den meisten Unternehmen nicht wirklich so gewürdigt werden, dass man sich die Zeit nimmt, sie zu erkennen und gezielt Menschen einzustellen und zu binden, die sie mitbringen.

Diese Tendenz, Führungsqualitäten als »Dreingabe« zu betrachten – also nicht als eigentliche Aufgabe, die bestimmte Kompetenzen erfordert – ist, wie die Nightingales festgestellt haben, in Start-ups gang und gäbe, manchmal erst seit Kurzem, in anderen Fällen schon lange. Sie ist aber auch in notorisch finanzschwachen gemeinnützigen Organisationen, an Universitäten (Fakultäten) und in altgedienten Unternehmen verbreitet, die bei der Korrektur ihrer ausufernden, management-lastigen Organigramme aus den 1960er- und 1970er-Jahren übers Ziel hinausgeschossen sind. Damals war ein probates Gegenmittel gegen Führungsdefizite, das Organigramm durch weitere schlecht ausgebildete Manager zu erweitern. Heute ignorieren wir sie einfach.

Viele der betroffenen Unternehmen betrachten ihren organisatorischen Mittelbau als überflüssigen Ballast – als »Bullshit-Job«, wie David Graeber sagen würde. Das liegt daran, dass schlechte Führung tatsächlich darauf hinausläuft. Im Grunde bezahlt man jemandem *mehr* dafür, dass er herumläuft und allen anderen auf die Nerven geht. Und je mehr Menschen derart schlechte Führung erleben und sie für normal halten, desto weniger wissen Führung allgemein zu schätzen. Die Lösung muss daher sein, sich zu überlegen, wie man Führungsqualitäten als eigenständige, wertvolle Kompetenz behandeln kann: als eine Leistung, die zum Gesamtwert und zur Widerstandskraft Ihrer Organisation beiträgt. Sonst kommen sich Führungskräfte auch weiterhin wie Totgewicht vor, ganz gleich wie flexibel die Einstellung ist, auf die sie sich umstellen.

Doch bevor ein Unternehmen die Nightingales hinzuzieht – oder andere Schulungen für Führungskräfte bucht –, lohnt sich ein Blick darauf, wer derzeit Personalverantwortung trägt. Wie viele Vorgesetzte sind wohl darunter, die weder die Voraussetzungen noch die innere Einstellung mitbringen, den Job aber machen, weil sie sonst keine Möglichkeit sehen, sich zu profilieren? Wie viele fühlen sich damit unwohl? Wie viele hätten gern mehr Zeit für Führungsaufgaben, haben angesichts ihrer sonstigen Verpflichtungen aber zu wenig Spielraum?

Anders formuliert: Vielleicht sollten manche Vorgesetzten lieber keine Personalverantwortung tragen. Möglicherweise gilt das auch für *Sie*. Vielleicht sind Sie aber auch keine Führungskraft und haben nie daran gedacht, ein Team zu leiten, hätten aber das Zeug dafür? Personalführung ist schon so lange untrennbar mit Beförderung verknüpft, dass niemand mehr weiß, worum es dabei eigentlich geht. Nicht um Macht jedenfalls. Sondern darum, herauszufinden, wie Sie die richtigen Rahmenbedingungen schaffen, damit Ihr Team Bestleistungen bringt. Von der nötigen Vorarbeit sieht man oft nichts. Ihr Unternehmen täte dennoch gut daran, ihren unschätzbaren Wert zu würdigen.

Wie sieht Personalführung heute aus?

Beschäftigte fühlen sich bei der Arbeit schon seit Jahren allein gelassen, unter Druck und führungslos. Es ist daher höchste Zeit, zu überdenken, was da verpasst wurde und wie sich das in eine vollständig oder flexibel außerhalb des Büros stattfindende Zukunft integrieren lässt.

Corine Tan, Andrew Zhou und Sid Pandiya stolperten beinahe zufällig über diese Erkenntnis. Sie alle begannen ihre berufliche Laufbahn bei verschiedenen Start-ups. Pandiya und Zhou waren für Technik und Produkte zuständig, Tan für Geschäftsentwicklung und Marketing. Selbst als sie noch im Büro saßen, fiel ihnen schon auf, dass sie immer isolierter arbeiteten, überwiegend am Bildschirm. Kollegen wurden zunehmend abstrakt. Sie mutierten von Menschen zu E-Mails, die beantwortet werden mussten. Alle drei interessierten sich für die Antwort auf eine grundlegende Frage: Wenn jeder wüsste, wie der andere am liebsten arbeitete, könnte man dann besser zusammenarbeiten? Also gründeten sie ein Unternehmen, um sich mit mobilem Arbeiten auseinanderzusetzen: Sike Insights.

Im Oktober 2019 nahmen sie per Kaltakquise über LinkedIn Kontakt zu den ersten Tech-Unternehmen auf und stellten ein paar einfache Fragen: Was finden Sie am mobilen Arbeiten gut/ schlecht? Sie sprachen bei Unternehmen wie Uber Eats, Glassdoor, Hubstaff, Evernote und Mozilla mit Beschäftigten aus allen Unternehmensebenen, vom einfachen Angestellten über die Führungskraft bis hin zum Geschäftsführer. Als die Pandemie ausbrach, hatten sie gerade begonnen, ihre Daten zu analysieren.

»Schon verrückt«, erzählte uns Tan. »Da hatten wir eine ganze Bandbreite von Daten. Erst hieß es: ›Mobil arbeiten ist toll!‹, dann ›Mann, die globale Pandemie hat alles verändert – das ist tatsächlich ziemlich stressig‹, und schließlich ›Ich bin jetzt seit sechs Monaten in der Firma und kenne noch keinen Kollegen.‹«

Die von Sike Insights gesammelten Daten zeichnen ein düsteres Bild. Über 90 Stunden Zoom-Calls mit 110 verschiedenen Unternehmen und deren Beschäftigten ergaben, dass die meisten Firmen unter dem Druck der erzwungenen Arbeit im Homeoffice ächzten. Die Leute hatten genug von Zoom, vor allem aber hatten sie Probleme, emotionale Bindungen zu ihren Teams herzustellen. »Einer unserer Gesprächspartner brachte das perfekt auf den Punkt«, meinte Zhou. »Er sagte: ›Wir reden mehr und sagen weniger.‹« Die emotionale Abkoppelung löste nicht nur Ängste aus, sondern verdarb den Beschäftigten auch die kleinen, unterschwelligen Freuden an der Arbeit. Und das lag eindeutig an der Führung und an mangelnder emotionaler Intelligenz.

Sike Insights stellte fest, dass Tele-Vorgesetzten im Schnitt 4,87 Beschäftigte direkt unterstellt waren. Das ist nicht viel, könnte man meinen, doch die meisten Vorgesetzten waren damit überfordert, auf fünf unterschiedliche, emotional komplexe Menschen einzugehen, die alle unter Stress standen und eigene Bedürfnisse und Forderungen hatten. Schlimmer noch, 21,5 Prozent der interviewten Tele-Vorgesetzten hatte noch kein Jahr Erfahrung in Personalführung, als alle ins Homeoffice wechseln mussten. Sie stolperten über dasselbe Problem wie die Nightingales: Beschäftigte mit Personalverantwortung waren unzulänglich geschult, unerfahren, überarbeitet und mit einer belastenden neuen Realität konfrontiert. Die Folge: Alle Beteiligten litten darunter.

»Ein guter Chef braucht emotionale Intelligenz«, erklärte uns Pandiya. »Darauf beruht unser Unternehmen: Ob eine Unternehmenskultur verheerend oder fantastisch ist, richtet sich nach der emotionalen Intelligenz der Führungskräfte. Und ohne persönlichen Kontakt versagt emotionale Intelligenz leicht.« Infolgedessen stellte das Trio fest, dass das mittlere Management auf der einen Seite viel Stress von unten abfing und gleichzeitig Druck von oben spürte, dafür zu sorgen, dass sich jedes Team gut betreut fühlte.

Ein Lösungsansatz für dieses Problem ist Kona, eine Software-Plattform, die die emotionale Gesundheit Beschäftigter im Homeoffice messen soll und Vorgesetzten hilft, eine »Empathiegestützte Kommunikation« aufzubauen. Kona »meldet« sich jeden Morgen bei allen Beschäftigten und bittet sie, ihre Stimmung am betreffenden Tag einzustufen. Die Beschäftigten geben eine Farbe an (grün bedeutet, sie fühlen sich gut, gelb ist ambivalent, rot heißt, sie stehen unter Druck) und können ihren Gemütszustand noch genauer beschreiben. Die Vorgesetzten haben Einblick in das Ergebnis und können sich auf diese Weise verschaffen, was das

Kona-Team als »allgemeinen Eindruck von der Befindlichkeit der Belegschaft« bezeichnet.

Die Führungskräfte können die emotionale Temperatur ihres Teams aber auch über längere Zeit aufzeichnen, um ein Gespür dafür zu bekommen, wie sich ein Projekt oder bestimmte Richtlinien auf ihre Leute auswirken. Die Plattform fordert die Beschäftigten ferner auf, Fragen zum Arbeitsstil zu beantworten und analysiert anschließend, sofern zulässig, mit Hilfe künstlicher Intelligenz die Kommunikation von Mitarbeitenden über Plattformen wie öffentliche Slack-Kanäle. Im Anschluss erstellt Kona ein Persönlichkeitsprofil der einzelnen Beschäftigten, das diese einsehen und auf Wunsch für alle Beschäftigen freischalten können.

Nach eigener Aussage erhofft sich das Team davon, dass Kona Beschäftigten und vor allem Führungskräften helfen kann, in Echtzeit effektiver zu kommunizieren, wenn genügend authentische Daten vorliegen. »Stellen Sie sich vor, Sie tippen eine Nachricht auf Slack oder schreiben eine E-Mail, und es ploppt die Kona-Meldung auf: ›Offenbar sprechen Sie gerade mit Andrew und argumentieren datengestützt auf der Grundlage einer Fülle von Zahlen. Unseren Analysen zufolge reagiert Andrew aber am besten auf emotional orientierte Argumente‹«, so Pandiya. Er beschrieb uns noch andere plausible Szenarien wie Kona-Meldungen, die Sie darauf hinweisen, dass die E-Mail, die Sie gerade beantworten, gar nicht dringend ist und Empfängerin Rebecca ohnehin seit sechs Stunden in Meetings sitzt und heute entsprechend gestresst ist. Vielleicht wollen Sie Ihr die Mail also lieber morgen schicken?

Eine Plattform, die von emotionalen Daten über Beschäftigte gespeist wird, ist ein *ganz* heikles Thema. Sie könnte von manipulativen Kollegen missbraucht werden. Das Durchforsten bestimmter öffentlicher Kommunikation über Unternehmenskanäle wie

Slack oder Kalender-Apps ist mit ernsthaften Datenschutzbeden-
ken behaftet. Manche Beschäftigten scheuen sich nicht, einem
Bot mitzuteilen, wie sie sich am betreffenden Tag fühlen, und
sagen frei heraus, wenn es ihnen schlecht geht. Vielen geht das
aber gegen den Strich und sie finden solche Fragen übergriffig.
Doch genau darum geht es den Gründern zufolge ja: Intranspa-
renz und Kommunikationsdefizite sind die Ursache so vieler
Managementprobleme unserer Zeit. Die meisten Menschen lavieren sich am Arbeitsplatz orientierungslos durch und versuchen,
möglichst niemandem einen Kündigungsgrund zu liefern. Es
bleibt ihnen überlassen, sich die Emotionen ihrer Kollegen und
Vorgesetzten aus wenig aussagekräftigen Textblöcken zu erschließen. Bedeutet flexibles Arbeiten, dass die persönlichen Kontakte
noch seltener werden als zuvor, wie lässt sich dann sicherstellen,
dass die Menschen auch weiterhin alle ihre kleinen Tics, Blicke,
Posen und Schmunzler zum Ausdruck bringen und wahrnehmen – also die inoffizielle Sprache des Präsenzarbeitsplatzes?

»Wir reden ständig über Unternehmenskultur, aber was wir
sagen, bleibt alles vage«, erklärte Zhou. »Stellen Sie sich vor, Sie
könnten die Kultur Ihres Unternehmens wirklich *analysieren*. Stellen Sie sich vor, Sie könnten Führungskräften Berichte und Trends
zur Verfassung ihrer Teams vorlegen und diese an bestimmten
Entscheidungen festmachen, die sie getroffen haben.« Eine wirklich verlockende Vorstellung. Nehmen wir an, ein übereifriger
Vorgesetzter zieht das Lieferdatum für ein Projekt ohne Not um
eine Woche vor, sodass seine Leute alles liegen und stehen lassen
und im Schnelldurchlauf zum Ende kommen müssen. Am Ende
fühlen sich alle schlecht und das Ergebnis leidet. Eine Plattform
wie Kona würde es der betreffenden Führungskraft (und deren
Vorgesetzten) theoretisch ermöglichen, solche Entscheidungen
zu rekapitulieren und daraus zu lernen.

»Das mag noch ein Nischenprodukt sein, doch die Unternehmen werden sich auf diese Art der Personalführung umstellen«, meinte Pandiya. »In zehn Jahren werden alle, die sich nicht auf diesen hybriden Stil einlassen, als Dinosaurier dastehen. So wie die Firmen, die sich Anfang des neuen Jahrtausends gegen das Internet entschieden.«

Doch dieser »hybride Stil«, bei dem effektive Personalführung zu einer Mischung aus Analyse und guter alter menschlicher Erkenntnis wird, ist nur realisierbar, wenn Vorgesetzte ein Umfeld schaffen, in dem bei ihren Leuten nicht der Eindruck entsteht, sie müssten lediglich jeden Tag ihre Gefühlslage mit »grün« kennzeichnen. Die Vorgesetzten müssen auch wirklich zur Kenntnis nehmen, was ihnen die gesammelten Daten verraten – selbst wenn das ihrer eigenen Wahrnehmung widerspricht.

Ein weniger invasives Beispiel ist »Leadership Insights«, das Führungskräften von Unternehmen zur Verfügung steht, die Microsoft Teams einsetzen. Einmal aktiviert, erlaubt die Leadership-Seite Vorgesetzten, zu verfolgen, wie viel Zeit sie jedem Mitglied ihres Teams persönlich gewidmet haben, sowie die Dauer und die Merkmale von Team-Meetings und die Zeiten, in denen sich automatisch »ruhige Stunden« ergeben – also wann ihre Leute von Haus aus nicht online sind oder nicht arbeiten. Ihr Chef kann nicht sehen, wie viele E-Mails Sie verschicken oder woran genau Sie gerade arbeiten – lediglich, dass Sie auf Teams eingeloggt sind und es nutzen.

Solche Informationen können Führungskräften helfen, ihr eigenes Verhalten als Vorgesetzte ehrlicher zu beurteilen: Vielleicht sind Sie ja der Überzeugung, dass Sie fokussierte Meetings leiten, erfahren aber aus der Leadership-Seite, dass Sie in Wirklichkeit zu 75 Prozent der Zeit Multitasking betreiben – einer früheren Microsoft-Studie zufolge ein Hinweis darauf, dass das auch auf das übrige Team zutrifft.[35] Wenn Sie glauben, dass Sie sich regelmäßig und gleich häufig bei allen Ihren Teammitgliedern melden, können Ihnen die Analysedaten verraten, ob das auch stimmt.

Eine Teamleiterin, die in einer Bibliothek arbeitet, erklärte uns, dass ihr die Analysedaten – vor allem zu den ruhigen Zeiten – »die Augen geöffnet« hätten. Früher reservierte sie das Zeitfenster von 17 bis 19 Uhr zum Abarbeiten von E-Mails. Die Analysedaten machten ihr klar, dass ihre Mails ihre Leute immer wieder in den »ruhigen Stunden« störten – in denen sie eigentlich nicht arbeiteten – und wieder an den Schreibtisch holten. Heute schreibt sie ihre Mails immer noch zwischen 17 und 19 Uhr, versendet sie aber erst am nächsten Morgen während der Arbeitsstunden ihres Teams. Es war ihre Entscheidung: Wie so viele Vorgesetzte hätte sie sich weiter einreden können, dass ihre Leute ja wussten, dass sie außerhalb der Arbeitszeit gesendete Mails nicht sofort lesen und beantworten mussten. Sie konnte sich aber auch die Daten anschauen und erkennen, dass ihre Mails trotzdem in dieser Zeit gelesen und beantwortet wurden, und ihr Verhalten entsprechend ändern.

Das Geheimnis einer positiven Kultur und auch einer guten Personalführung ist nicht das eine oder andere Offsite-Wochenende und auch keine raffinierte technische Spielerei. Dazu Tan: »Mit einem Ping-Pong-Tisch oder eine Happy Hour können Sie das Problem nicht lösen.« Analysedaten machen nicht auf Knopfdruck einen besseren Chef aus Ihnen. Doch Sie können sie heranziehen, um sich zu informieren und Ihr Verhalten zu ändern – aber nur, wenn Sie wirklich daran interessiert sind, mit mehr Empathie und Intention zu führen.

Wir müssen alle erst noch herausfinden, wie unsere Jobs in dieser neuen Realität aussehen. Tut das jeder für sich, wird Telearbeit auch künftig an das hektische, endlose Chaos des Pandemiejahrs erinnern. Der Prozess wird ein erhebliches Maß an Experimenten und Nachsicht, Kommunikation und Transparenz erfordern. Wenn wir einander hindurchhelfen möchten, vor allem, wenn wir Führungsverantwortung tragen, so müssen wir begreifen, dass jeder von uns, ungeachtet seiner Position im Organigramm, ein vollwertiger, chaotischer, komplexer, verletzlicher, sich abmühender Mensch ist, der Unterstützung, Bestätigung und Abgrenzung braucht. Diese Einstellung können Sie anderen vermitteln – aber erst, wenn Sie sie selbst verinnerlicht haben.

Tod der Monokultur

2020 waren 92,6 Prozent der CEOs von Fortune-500-Unternehmen Weiße.[36] Eine im selben Jahr unter mehr als 40.000 Beschäftigten von 317 Unternehmen durchgeführte Umfrage ergab, dass weiße Männer nur 35 Prozent der Berufsanfänger stellen, aber 66 Prozent der Topmanager.[37] Auf 100 Männer, die in Positionen mit Personalverantwortung aufrücken, kommen nur 58 schwarze Frauen und 71 Frauen lateinamerikanischer Herkunft. Lediglich 38 Prozent der Befragten auf sämtlichen Führungsnachwuchspositionen waren Frauen beliebiger Hautfarbe.

Sie kennen diese oder ähnliche Statistiken. Ganz gleich, wie viele Workshops über Diversität, Gleichstellung und Inklusion Sie in Ihrem Unternehmen über sich ergehen lassen müssen – solange Ihre Chefs und Vorgesetzten nicht wirklich divers sind, wird die Monokultur fortbestehen.

Der Begriff »Monokultur« stammt aus der Landwirtschaft und bedeutet, dass nur eine bestimmte Feldfrucht angebaut oder Tierart gezüchtet wird. Unternehmen bestellen zwar keine Felder, doch sie ziehen Arbeitskräfte heran. Jede Organisation schafft bewusst oder unbewusst Voraussetzungen, die nur für eine bestimmte Gattung von Beschäftigten optimal sind. In den meisten Unternehmen entspricht das Profil dieser Beschäftigten den Attributen, die in Amerika die besten Erfolgsaussichten versprechen: weiß, männlich, gebildet, aus der Mittelschicht, sympathisch, kontaktfreudig und in der Lage, private Verpflichtungen an andere zu delegieren – ob an Lebenspartner, Eltern oder bezahlte Hilfskräfte.

Sich selbst überlassen, pflanzt sich eine Monokultur durch Selbstaussaat immer wieder fort. Was beispielsweise ein weißer Mann für Merkmale von »Führungsqualität« und »gutem Management« hält, sind Charakteristika, die *er* damit identifiziert – und die sich in allen möglichen Aspekten manifestieren können, von Maßstäben für Professionalität bis zum Tonfall. Naturgemäß wird er Arbeitskräfte, die diese Attribute mitbringen, befördern, auszeichnen oder anderweitig privilegieren und andere, denen sie fehlen, benachteiligen oder ignorieren.

Oft sind sich jene, die eine Monokultur fortschreiben, dessen gar nicht bewusst. Doch genau so entsteht eine Monokultur: Indem Menschen immer wieder andere Menschen befördern, die ihnen ähnlich sind. In der Landwirtschaft laugt jahrelange Monokultur den Boden aus. Dann brauchen die Landwirte immer mehr Düngemittel und Pestizide, um weiterhin hohe Erträge zu erzielen. Der ganze Prozess fügt dem Ökosystem verheerende Schäden zu. Warum trotzdem so weitergemacht wird? Gewöhnlich, weil es billiger und einfacher ist. Die Bauern schauen auf die kurzfristigen Effekte, nicht auf die schlimmen langfristigen Folgen, die sie und ihre Familien irgendwann in den Ruin treiben werden.

Darunter leidet nicht nur der Boden. Auch die Erntemengen gehen zurück. Dem einen oder anderen Unternehmen ist das mit Blick auf seine eigene Version der Monokultur bereits aufgefallen.

Die ersten überlegen sogar schon, ob es vielleicht *gut* wäre – oder sogar belebend und produktiv –, wenn nicht alle im Unternehmen dieselbe Lebenserfahrung teilen. Dass sich dieser Gedanke wachsender Beliebtheit erfreut, können Sie den Berichten von Beratern und den Wirtschaftspublikationen entnehmen, in denen immer häufiger zu lesen ist, Diversität zahle sich aus, die Beziehung zwischen Diversität und geschäftlichem Erfolg habe Bestand und aus betriebswirtschaftlicher Sicht spräche alles für Vielfalt.

Diese Wirtschaftlichkeitsrechnung für Diversität – der »Business Case« – entwickelte sich parallel zu dem gesellschaftlichen Druck, mehr für soziale Gerechtigkeit und gegen Rassismus am Arbeitsplatz zu tun. Viele Unternehmen reagierten darauf mit der Einführung ihrer Variante einer Initiative für »Diversität, Gleichheit und Inklusion« – Unternehmenssprech für alle Bestrebungen, nicht nur bei Neueinstellungen und Belegschaft auf mehr Vielfalt in jedem Sinn des Wortes zu achten, sondern die Arbeitswelt für die betreffenden Beschäftigten weniger unfreundlich zu gestalten. In manchen Firmen gibt es schon einen eigenen Leiter für DEI (Diversity, Equality, Inclusion), andere lagern Workshops und Schulungen an die milliardenschwere DEI-Branche aus. 2020 gründete Bain eine DEI-Beratung mit über zwei Dutzend Mitarbeitern, die jederzeit in Unternehmen gebeamt werden konnten, die bereit waren, für ihren Service zu zahlen. Die Leiterin dieser Abteilung, Julie Coffman, bezeichnete Diversität als »die neue Digitalisierung«.[38]

Diese Anstrengungen zeigten – womöglich nicht so überraschend – gemischten Erfolg. Selbst Unternehmen, denen es gelingt, vielfältige Bewerberinnen und Bewerber einzustellen, haben oft große Probleme, sie auch zu halten. Hinzu kommt, dass Unternehmensberatungen wie Bain Erfolg oft am Erreichen von Kennzahlen festmachen, beispielsweise an einem bestimmten Prozentsatz »vielfältiger« Kandidatinnen und Kandidaten für einen Posten. Diese erfordern keinerlei grundlegende Änderung an der Art und Weise, wie ein Unternehmen arbeitet – vor allem nicht an der Personalführung. Zwei Studien aus den Jahren 2007 und 2016 ergaben, dass Unternehmen, in denen DEI-Schulungen durchgeführt wurden, in Wirklichkeit gar nicht deutlich mehr diverse Führungskräfte einstellten. Die Zahl der schwarzen Frauen im Management nahm sogar ab.[39] Wer Diversität als Extra auffasst, das einer bestehenden Monokultur aufgepropft wird, der läuft Gefahr, dass sich die betreffenden Arbeitskräfte nie so fühlen, als würden sie wirklich dazugehören. Wer DEI als Modul betrachtet, das absolviert werden muss, der kann die Augen davor verschließen, wie sein Unternehmen versäumt, sein Ethos ins normale Tagesgeschäft zu integrieren.

Eine Dame erzählte uns, sie habe an einem DEI-Workshop teilgenommen, bei dem der für die Veranstaltung vorgesehene Raum nicht barrierefrei war. Ein Kollege, der im Rollstuhl saß, wurde gebeten, vor der Tür zu bleiben und von dort aus zuzuhören. Eine andere Dame erinnerte sich an ein Meeting zum Thema DEI im Black History Month, bei dem alle Redner weiß waren. Eine Professorin beschrieb einen DEI-Ausschuss an ihrem College als unterfinanziert und vom Dekan der Hochschule kaum unterstützt. Die Teilnahme an den DEI-Workshops war für das Lehrpersonal freiwillig und entsprechend dürftig. Gewöhnlich kam immer dieselbe kleine Gruppe. Und die ganze Arbeit übernahmen die Frauen im Ausschuss. Das Ganze erinnerte schwer an »funktionelle Augenwischerei«, wie es ein Ausschussmitglied formulierte.

Solche und ähnliche Geschichten gibt es viele. Das sind keine vereinzelten Ausrutscher, sondern vielmehr Belege für eine umfassende Fehlauffassung von DEI, die bewirkt, dass Schulungen und Kennzahlen letztlich weiße Schuldgefühle beruhigen sollen, aber keine Blaupause für einen nachhaltigen Kulturwandel liefern. Solange sich Unternehmen dem Thema unter diesen Voraussetzungen nähern, werden sie weiter Zeit und Geld verschwenden und die Geduld ihrer Mitarbeitenden strapazieren. Auch eine Umstellung auf flexibles Arbeiten außerhalb des Büros wird das Problem nicht vollständig – ja, nicht einmal annähernd – lösen. Sie kann jedoch erste Strukturen aufbrechen, die lange Zeit unantastbar schienen, und sie nach und nach durch neue, unerwartete, inklusivere ersetzen.

Vor dem Pandemiejahr begegnete Stephanie Nadi Olson diese Einstellung regelmäßig auf Meetings in großen Unternehmen wie Werbeagenturen, Tech-Riesen oder Einzelhandelskonzernen, die ihre Probleme mit Vielfalt, Gleichheit und Inklusion lösen wollten.

»Kurz vor dem Lockdown führte mich meine letzte Geschäftsreise zu zwei Tech-Unternehmen«, erzählte sie. »Denen erklärte ich: ›Sie können sich nicht hinsetzen und mir erzählen, Sie legen Wert auf eine diverse, erstklassige Organisation, aber gleichzeitig verlangen, dass jeder, der für Sie arbeiten will, nach Seattle ziehen muss.‹«

Gab Olson vor COVID solche Ratschläge, stießen diese in den Unternehmern entweder auf Ablehnung oder wurden höflich – und folgenlos – abgenickt. Das Zusammenspiel aus Pandemie und erneuten Forderungen nach substanziellen Maßnahmen der Unternehmen in Bezug auf soziale Gerechtigkeit und Personalpolitik hat diese Haltung verändert. »COVID hat das zu Wege gebracht«, so Olson. »Sie wissen jetzt, dass mobiles Arbeiten funktioniert – und eine realistische Möglichkeit darstellt, ihre DEI-Probleme zu lösen.«

Olsons Lösung gleicht einem Cheatcode. Ihre Organisation namens We Are Rosie arbeitet wie eine moderne Version eines

Anbieters lang- und kurzfristiger Leiharbeiter. Sie vernetzt über 6000 Marketingfachleute mit Unternehmen und Agenturen in aller Welt. Manche der »Rosies«, wie die Arbeitskräfte genannt werden, arbeiten nur ein paar Wochen lang an einem »Pop-up«-Projekt in einem Unternehmen. Andere kommen im Wahlkampf zum Einsatz. Wieder andere werden langfristig in etablierten Unternehmen untergebracht, von Bloomberg bis Procter & Gamble.

Doch We Are Rosie ist kein herkömmlicher Personaldienstleister. Das Unternehmen will die bestehende zersplitterte Arbeitswelt für seine Beschäftigten stabilisieren. Rosies können im Homeoffice arbeiten – im Grunde, wo sie wollen. Sie können Teilzeit arbeiten und werden trotzdem gut bezahlt. Ihnen steht ein verlässlicher Online-Support zur Verfügung. Und wenn ein Unternehmen versucht, sich vor vertraglichen Verpflichtungen zu drücken, sie schlecht behandelt oder die Parameter für das Projekt ändert, das sie zum Abschluss bringen sollen, können sie einen externen Vertreter einschalten, dessen Hauptinteresse es ist, die Rosies bei der Stange zu halten – nicht den Kunden.

Das Ergebnis: Die Belegschaft arbeitet zu über 90 Prozent im Homeoffice, über 40 Prozent der Beschäftigten sind Schwarze, Angehörige indigener Bevölkerungsgruppen oder People of Color – also BIPOC. Zu 99 Prozent wird gleiche Arbeit gleich bezahlt. Manche Rosies sind Mütter, die jahrelang eine sinnvolle Beschäftigung gesucht hatten, die sie legitim in Teilzeit ausüben konnten – nicht die »20 Stunden«, die sich regelmäßig zu 40 oder mehr auswuchsen. Manche sind Veteranen mit posttraumatischen Belastungsstörungen, die ihnen eine Vollzeitbeschäftigung außer Haus erschweren. Manche leben auf dem Land und wollen wegen der Gemeinschaft, der Arbeit des Partners oder der Nähe zur Familie nicht wegziehen. Gemein ist ihnen allen schlicht, dass sie von den Monokulturen verschiedener Branchen übersehen oder gering geschätzt wurden. Das hieß aber nicht, dass ihre Arbeit nicht wertvoll war.

We Are Rosie vereint die positiven Attribute des »flexiblen Arbeitens« – insbesondere mit Blick auf Diversität und Inklusion – mit dem Schutz vor Ausbeutung und Instabilität, die so oft damit einhergehen. Zu diesem Zweck hat das Management von We Are Rosie ein Umfeld gefördert, in dem sich Mitarbeitende selbstbestimmt fühlen und Unterstützung erhalten, wenn sie ihre Meinung sagen. Zum einen spiegelt die Vielfalt des Teams die Diversität wider, die We Are Rosie im Kundenkreis attraktiv machen möchte. Der Firmensitz ist in Atlanta, nicht an der West- oder Ostküste. Die Gründerin ist die Tochter eines palästinensischen Flüchtlings, aufgewachsen in einem mehrsprachigen Haushalt mit mehreren Religionen.

»Unser Marketing ist ebenso aktivistisch orientiert wie unser Newsletter und unsere Kommunikation«, erklärte uns Olson. »Das schafft ein Umfeld, indem sich die Rosies trauen, den Mund aufzumachen. So kommt es durchaus vor, dass uns Beschäftigte nach einem Vorstellungsgespräch bei einem Kunden rückmelden: Übrigens, weil ihr immer so für eure Werte trommelt: Nach meiner Erfahrung passt dieser oder jener Kunde oder Mensch ganz und gar nicht dazu.«

Mehrfach hatte das bereits zur Folge, dass We Are Rosie einem Kunden den Laufpass gab. »Dieses Unternehmen ist ein Mechanismus zur Verteilung von Zugangsmöglichkeiten, Chancen und Wohlstand an Menschen, die davon traditionell ausgeschlossen waren«, so Olson. »Wir müssen einfach nur immer das Richtige tun. Und bei manchen großen Unternehmen, in denen Rosies eingesetzt werden, müssen wir immer wieder darüber reden, ob es das Richtige ist.«

Olson sieht das Problem darin, dass viele Führungskräfte solcher Unternehmen nach Kräften versuchen, »diesen Quatsch auszusitzen«. Sie möchten das Rad möglichst schnell wieder zurückdrehen und alles so handhaben wie früher: ortsgebunden, präsenzbesessen, unter Gleichsetzung von Führungsqualität mit »ständiger Erreichbarkeit«. DEI ist für sie ein Thema, das in einem Ausschuss abgehandelt werden kann. Sie würden das nie offen zugeben, doch sie möchten die Monokultur erhalten. Olson weiß, dass sie die Einstellung dieser 63-jährigen weißen männlichen CEOs nicht ändern kann. Doch sie kann es deren Organisationen ausgesprochen einfach machen, sich mit Arbeitskräften zu vernetzen, die sie sonst ausschließen würden.

Es gibt natürlich das erschreckende Szenario, in dem die Monokultur im Büro fortbestehen darf – unter Vollzeitbeschäftigten, die jeden Tag am Schreibtisch sitzen und weiterhin befördert werden –, während die »Vielfalt« auf die Menschen im ganzen Land entfällt, die sich als Subunternehmer verdingen oder, wie es in Callcentern, bei Assistenten der Geschäftsführung und anderen Berufsgruppen weltweit der Fall war, auf Menschen in anderen Ländern, die für deutlich weniger Geld arbeiten. Das soll heißen: Es reicht nicht, wenn eine Organisation ein paar Rosies beschäftigt. Sie müsste vielmehr selbst wie We Are Rosie werden, indem sie auf allen Organisationsebenen bei der Einstellung und Bindung von Personal auf Vielfalt achtet und glaubwürdig vermittelt, dass Werte nicht nur zu PR-Zwecken hinausposaunt, sondern nach Möglichkeit auch gelebt werden.

We Are Rosie wurde 2018 gegründet und von Anfang an auf DEI abgestellt. Die meisten Unternehmen kämpfen gegen eine Monokultur, die seit vielen, ja, manchmal sogar über hundert Jahren besteht. Um solche verkrusteten Strukturen aufzubrechen, muss man sie zunächst genau erfassen. Man muss das tun, was bei

For the Culture unter das Stichwort »See« fällt: die Augen aufmachen. Dieses von vier farbigen Frauen gegründete Unternehmen für Gleichstellung und Kulturwandel ermittelt und artikuliert das bestehende Klima in einer Organisation, damit sich diese anschließend überlegen kann, welche Veränderungen nötig sind.

Doch viele Organisationen wollen gar nicht so genau hinschauen. »Die Leute haben die besten Absichten und möchten wissen, wie sie auf Chaos, Spannungen oder Kulturwandel reagieren sollen«, berichtete uns Nia Martin-Robinson, eine der Gründerinnen von For the Culture. »Sie meinen, es wird schon alles besser werden, wenn sie sich erst einen DEI-Berater gesucht und Schulungen für ihre Belegschaft gebucht haben. Deshalb kommen sie zu uns und sagen: ›Wir möchten nur die Schulung.‹ Darauf antworten wir dann, wir müssen erst einmal mit Ihren Leuten reden, die primären Kohorten finden und feststellen, was Sie eigentlich *brauchen*.«

»Solange DEI nicht als erfolgsentscheidend angesehen wird, bleibt es eine Art Anhängsel der Mission«, beschrieb es Sabrina Lakhani, eine andere Mitgründerin von For the Culture. »Mit Schulungen kommt man da nicht weiter. Ungleichheiten lassen sich dadurch nicht korrigieren.«

Solche Zahlen erinnern an die Statistiken, die wir an den Anfang dieses Kapitels gestellt haben: Wer besetzt Führungspositionen? Wie unterscheiden sich die prozentualen Anteile bei Berufsanfängern, mittlerem Management und Unternehmensspitze? Vergessen Sie die Längsschnittdaten für den Moment: Vielleicht ist es Ihnen ja gelungen, den Anteil »unterrepräsentierter Gruppen« am Management gegenüber dem Vorjahr um 10 Prozent zu steigern. Doch das könnte heißen, dass es jetzt *eine* BIPOC-Person in einer Führungsposition gibt anstelle gar keiner.

Ist die Ausgangssituation ermittelt, müssen Sie stärker ins Detail gehen, was Ihre Auffassung von Diversität anbelangt. Allzu oft wählen Führungskräfte hier den falschen Ansatz und versuchen, einen Beschäftigten aus jeder ethnischen Gruppe »einzusammeln«. Sie sollten sich lieber folgende Fragen stellen: Gibt es in leitenden Positionen keine Menschen mit Behinderungen? Setzt sich die Belegschaft aus Menschen mit Kindern und Kinderlosen zusammen? Aus heterosexuellen und LGBTQ+-Eltern? Entstammt sie überwiegend ein- und derselben Generation? Wie hoch ist der Prozentsatz an Absolventen von Elite-Unis? Und von historisch afroamerikanischen Hochschulen? Vielleicht gibt es in der Chefetage ja schon mehr Frauen als früher. Aber sind diese Frauen alle weiß?

Es geht nicht nur darum, Ihre Diversitätskennzahlen für den Jahresbericht aufzuhübschen oder einem von einem Berater gebilligten Maßstab gerecht zu werden. Und auch nicht darum, krampfhaft alle Beschäftigten mit Vorgesetzten zusammenzuspannen, die einen ähnlichen Hintergrund oder eine ähnliche Lebenserfahrung mitbringen. Es soll vielmehr erreicht werden, dass die Monokultur, die es Neuzugängen zu schwer macht, richtig Fuß zu fassen, weiter aufgeweicht wird. Das bedeutet vielfach, dass man sich von der etablierten Vorstellung verabschieden muss, wie ein Büro auszusehen hat und funktionieren sollte. Wie Martin-Robinson deutlich macht: Unternehmen sind oft ausgesprochen transformationswillig, lehnen sich dabei aber unglaublich gegen den Gedanken auf, dass Transformation bedeutet, *loszulassen* – nämlich alte Hierarchien, alte Karrieresprungbretter und alte Überzeugungen davon, woran man Produktivität erkennt.

Eine Monokultur lässt sich nicht allein dadurch beseitigen, dass Menschen eingestellt oder befördert werden. Das gelingt nur, wenn man weiß, wie sich das Macht- und Steuerungszentrum in der Organisation denjenigen entziehen lässt, die es schon so lange unwidersprochen für sich beanspruchen. Mit Blick auf die Machtdynamik in Unternehmen ist das in gewisser Hinsicht ein radikaler Umbruch, der aller Voraussicht nach zu Spannungen führt. Diese Veränderungen sollten aber keinesfalls eindimensional betrachtet werden – als Griff nach der Macht oder als Umsturz einer alten Ordnung. Wer so denkt, spielt ein Nullsummenspiel, bei dem nichts herauskommen kann. Echte Inklusion geht anders.

Beseitigung der Monokultur – das hört sich an, als solle etwas abgegeben werden. In Wirklichkeit bekommt man aber etwas dazu. Inklusion bedeutet, dass mehr Stimmen Gehör finden, und genau daraus bezieht der Prozess seine Kraft und seinen Wert. Diversität und Inklusion bedeuten nicht, dass einer Gruppe alle Statussymbole und Privilegien entzogen und auf eine andere übertragen werden. Es geht dabei um Ausgewogenheit.

Immerhin ist nicht nur We Are Rosie in der Lage, Leute einzustellen, die durch das Raster der Monokultur gefallen sind, sondern auch »verteilte« Unternehmen wie Doist mit Angestellten in 30 Ländern weltweit und einer Personalbindungsquote von 97 Prozent. Weil dort wirklich flexibel gearbeitet wird und Beschäftigte nicht jeden Tag in einem Büro aufschlagen müssen. Es sind Organisationen wie The 19th (eine gemeinnützige, unabhängige Nachrichtenorganisation aus Texas, Anm. d. Übers.), die begriffen haben, dass man nur dann Journalisten anwerben konnte, die wirklich intersektionell berichten, wenn man ihnen erlaubte, in den Gemeinden zu leben und zu arbeiten, in denen sie zu Hause waren. Wer sein Netz ganz legitim weiter auswirft, der wird mehr Fische finden, die bereitwillig hineinschwimmen.

Damit das so bleibt, muss die Monokultur aber noch weiter ausgeleuchtet und demontiert werden. Das bedeutet, man muss all die ungeschriebenen Normen auf den Prüfstand stellen, die sich in der bisherigen Kultur verknöchert haben: Erwartungen an die Sozialisation am Arbeitsplatz und Methoden, sich Rat zu holen oder in der Organisationshierarchie nach oben zu kommen. Viele dieser Ideen sind inzwischen so normal geworden, dass nur wirklich wahrnimmt, wie ausgrenzend sie sich anfühlen können, wer schon einmal versuchen musste, sich darin einzufügen.

Ein Büro ist beispielsweise von Haus aus ein sozialer Raum. Das muss kein Nachteil sein, doch die sozialen Rhythmen vieler amerikanischer Arbeitsplätze – selbst der progressivsten – weisen in aller Regel noch Spuren der überwiegend weißen, überwiegend männlichen Mittelschichtsbelegschaft der Ära des Organisationsmenschen auf. Geselligkeit, besonders nach Feierabend, fokussiert sich oft auf Alkohol und kommt solchen Beschäftigten entgegen, die keine häuslichen Verpflichtungen haben und sich gut auf Smalltalk verstehen.

Ein Beispiel dafür ist Helen, die uns nach acht Monaten Pandemie gestand, sie sei im Job noch nie so glücklich gewesen. Als Mitarbeiterin eines Tech-Start-ups aus der Bay Area stellte sie fest, dass sich ihre Arbeit nach Ausbruch der Pandemie kaum veränderte. Die Umstellung verlief reibungsloser als erwartet. Was jedoch anders wurde, war ihr Verhältnis zur Unternehmenskultur.

»Ich bin total introvertiert und fühle mich so einfach viel wohler«, berichtete Helen. Vor der Pandemie bereiteten ihr bestimmte Bürotätigkeiten, die zwischenmenschliche Kontakte und Interaktionen erforderten, immer wieder Probleme. Sie war nicht so umgänglich wie andere Kollegen und befürchtete, reserviert zu wirken. Schlimmer noch, an ihr nagte ständig die Angst, sie könnte nicht anerkannt oder übergangen werden. Um nicht außen vor zu bleiben, nahm sie an Abendveranstaltungen teil, die sie hasste, und opferte wertvolle Zeit mit ihrer Familie, um unbeholfene Gespräche zu führen. Und wofür?

Das Unternehmen setzte solche Veranstaltungen ein, um das Bindegewebe zu liefern, für das eigentlich die Führungskräfte zuständig waren. Helen musste sich ständig verbiegen, um den Vorstellungen ihres Unternehmens von Kultur zu entsprechen, und diese Verrenkungen kosteten sie viel Kraft. Doch als die Pandemie alle ins Homeoffice verbannte, richtete sich die Kultur ihres Unternehmens zum ersten Mal nach *ihr*. Statt an gestelzten Gesprächen teilzunehmen, die ihr Angst einflößten, konnte sich Helen virtuell an Teamdiskussionen beteiligen. Prompt fühlte sie sich sicherer. Statt hinter jedem Vorschlag und jeder Frage Hintergedanken zu vermuten, konnte sie Selbstvertrauen aufbauen. Bald gab sie auch in privaten Gesprächen häufiger den Ton an.

Sie wurde in einem Slack-Kanal aktiv, den ihr Büro für berufstätige Mütter eingerichtet hatte. Er war darauf programmiert, die Teilnehmer jeden Donnerstag daran zu erinnern, ein GIF zu posten, das zeigen sollte, wie es ihnen ging. »Klingt albern, oder? Das konnte doch nichts bringen. Doch der Effekt ist ganz unglaublich«, berichtete sie. »Es ist ein wunderbarer Thread für Mütter, der Spaß macht, emotional anspricht und sich zu weit mehr entwickelt hat, als wir gedacht hätten. Für mich ist das wirklich eine Möglichkeit, eine persönliche Beziehung zu Menschen aufzubauen, die ich nicht kenne, ohne dass ich persönlich in Echtzeit mit ihnen in Interaktion treten muss.«

In der ersten Zeit bei unserem früheren Arbeitgeber bestand die soziale Kultur hauptsächlich darin, dass man den ganzen Tag auf einen Computerbildschirm starrte und danach bis spät abends zusammen in der Bar saß. Die inoffiziellen Kneipentouren fanden meist spontan statt. Niemand war gezwungen, daran teilzunehmen, doch in einem kleinen Unternehmen boten sie eine unschätzbare Gelegenheit, Kontakte zu Kolleginnen und Kollegen aufzubauen. Als Neulinge merkten wir schnell, dass der Klatsch nach

Feierabend bei einem Drink die einzige Möglichkeit war, herauszufinden, was im Unternehmen wirklich vorging, welche Führungskräfte launisch waren, wer ein echter Widerling war und wer sich auf dünnem Eis bewegte. Doch dass es dabei nicht um die Arbeit ging und wir uns nicht am Arbeitsplatz befanden, hieß noch lange nicht, dass es nichts mit der Arbeit zu tun hatte.

Wer nicht auf einen überteuerten Gin-Tonic mit in eine schummrige Bar ging, wurde nicht etwa ausgegrenzt, fühlte sich aber wie Helen mitunter benachteiligt oder irgendwie *im Unrecht* – nur, weil die eigene Persönlichkeit nicht der De-facto-Kultur entsprach. »Ich bin kein Fan der Happy Hour«, erklärte uns Helens Kollegin Sheela. »Dass neue Möglichkeiten gefunden wurden, traditionell physische Interaktionen ins Virtuelle zu verlagern, ist eine fantastische Entwicklung.«

Sheela hält sich für eher extravertiert. Im Kollegenkreis bestellten sie schon mal Pakete mit Zutaten für selbst zuzubereitende Mahlzeiten und nahmen in der Gruppe über Zoom an Kochkursen teil. Sie nutzten ein Slack-Tool namens Donut, das nach dem Zufallsprinzip willige Teilnehmer zu persönlichen Gesprächen über beliebige Themen zusammenschaltet, die mit der Arbeit zu tun haben können oder auch nicht. Manche dieser Konzepte können sich anfangs gezwungen oder effekthascherisch anfühlen. Das gilt aber genauso für die implizite Erwartung, sich nach der Arbeit in der Kneipe zu treffen. Und inklusiver sind die besagten Konzepte obendrein. Sie sind auch kein Ersatz für persönliche Begegnungen: Die Happy Hour soll ja nicht *abgeschafft* werden. Sie soll lediglich nicht länger der Vernetzungsmodus schlechthin sein.

Sheela ist sich auch bewusst, wie ihr das Homeoffice hilft, die verschiedenen Komponenten ihrer Identität unter einen Hut zu bringen: Beruf, zweifache Mutter, farbige Frau. »Ich stand immer so unter Druck, weil ich einerseits eine gute Mutter sein und mich andererseits aber auch ganz auf die Arbeit konzentrieren wollte und versuchen musste, von dem einen in den anderen Modus umzuschalten«, erzählte sie. »Im Homeoffice fällt mir das viel leichter. Für mich hat das weniger mit einem ausgewogenen Verhältnis zwischen Arbeit und Privatleben zu tun, sondern mehr mit einem fließenden Übergang.«

Die Monokultur des Unternehmens, für das Helen und Sheela arbeiteten, hatte gewisse persönliche Interaktionen nach Feierabend privilegiert. Die Pandemie hatte dieser Kultur ein Ende bereitet und sie – zumindest teilweise – durch eine andere ersetzt, die ihnen half, ihre Stärken besser zu zeigen. Die Umstellung auf mobiles Arbeiten macht aber auch möglich, dass andere Standards, vor allem die willkürlichen, oft ausgesprochen weißen Cis-Gender-Standards der »Professionalität«, nach und nach verblassen.

Als die Journalistin Chika Ekemezie die ersten Gespräche mit farbigen Frauen führte, die in der Pandemie ins Homeoffice gewechselt waren, wollte sie wissen, inwiefern das mobile Arbeiten schwarze Arbeitnehmerinnen von den (weißen) Professionalitätsstandards im Büro befreit hatte. »Ich war lange überzeugt, dass Professionalität schlicht ein Synonym für Gehorsam ist«, schrieb sie. »Je weniger Sozialkapital man hat, desto stärker ist man auf Professionalität angewiesen. Deshalb kann Mark Zuckerberg jeden Tag im selben T-Shirt zur Arbeit kommen, während schwarze Frauen abgestraft werden, wenn sie Flechtfrisuren tragen.«

Ekemezies Feststellungen decken sich mit den Aussagen der Soziologin Cassi Pittman Claytor, die vor der Pandemie feststellte, dass sich Schwarze im Büro – vor allem in Unternehmen, in denen nur wenige Schwarze arbeiteten – häufig selbst unter Druck setzten, stets vorbildlich und besonders gepflegt aufzutreten. »Ihrer Karriere zuliebe versuchten sie, sich besser ›in Szene zu setzen‹ als weiße Kolleginnen und Kollegen, und legten deutlich mehr Wert auf ihr Erscheinungsbild«, beobachtet Claytor. »Sie sprechen davon, dass sie Businesskleidung trugen, wenn weiße Kollegen in Baumwollhosen kamen. Während sie sorgfältig darauf achteten, stets in sauberer, gut gebügelter Kleidung zu erscheinen, trugen weiße Kollegen auch schon mal zerknitterte Blusen oder hatten ein Loch im Ärmel.«[40]

Laut Ekemezie eröffnete das Homeoffice »schwarzen Frauen eine Gelegenheit, sich ungeachtet der Professionalitätserwartungen zu entfalten – einfach deshalb, weil wir nicht so auffallen und an Standards gemessen werden, die nicht für uns konzipiert wurden«.[41] Manche Frauen erzählten, wie froh sie waren, dass sie sich lässiger kleiden und auf Make-up verzichten konnten. Andere hatten eher den Mut, an Tagen, an denen sie sich nicht aufwendig frisieren wollten, auch mal eine Kopfbedeckung oder eine Perücke aufzusetzen.

Umfragen, die in den ersten zehn Pandemiemonaten durchgeführt wurden, machen deutlich, wie komplex das Verhältnis mancher BIPOC-Beschäftigten zum mobilen Arbeiten ist. Von Slacks Future Forum erfasste Daten belegten, dass schwarze Angestellte länger arbeiteten und mehr Leistungsdruck spürten – ein Zeichen für mangelndes wechselseitiges Vertrauen zwischen Beschäftigten und Vorgesetzten. Doch insgesamt fühlten sich schwarze Mitarbeitende im Homeoffice um 29 Prozent zufriedener und zugehöriger als bei überwiegender Tätigkeit im Büro. Als einen Grund dafür gaben die Befragten an, dass sie sich bei der Arbeit im Homeoffice nicht so oft umstellen oder sich in ihrem Verhalten auf einen Chef oder auf Kollegen ausrichten mussten.

Als Beschäftigte ins häusliche Büro umzogen, hatten allerdings manche den Eindruck, dass sich Professionalitätsstandards plötzlich auch an Urteilen über das private Umfeld orientierten.[42] Was sagen Bücher, Bilder und Dekoobjekte über die berufliche Kompetenz aus? Wem gelingt es, sich zu Hause bei Videokonferenzen professionell zu präsentieren? Und wer versucht, mit geschickter Kameraeinstellung zu vertuschen, dass er beim Zoom-Meeting im Schlafzimmer sitzt? Wer traut sich, zu sagen: »Ist mir doch egal, was man im Hintergrund sieht«? Und wer macht sich darüber zu viele Gedanken?

Je weniger privilegiert und einflussreich Ihre Stellung in einer Organisation ist, desto wichtiger werden solche Dinge. Wenn Sie persönlich nicht glauben, dass es darauf ankommt, befinden Sie sich vermutlich in einer gesicherten Machtposition – einer Stellung mit jeder Menge Sozialkapital, wie es Ekemezie formulierte. Bei einem runden Tisch nach sechs Monaten Pandemie gestaltete Tamara Mose, Soziologieprofessorin am Brooklyn College und DEI-Leiterin der American Sociological Association, ihren Arbeitsplatz gezielt so, dass hinter ihr eine kahle weiße Wand zu sehen war. Sie wollte nicht, dass ihre häusliche Umgebung und was diese über sie aussagen könnte in ihre Interaktionen mit Studierenden und Kollegen hineinspielte.

Doch nicht jeder hat so eine kahle Wand. Eine einfache Lösung: Geben Sie für die Arbeit außerhalb des Büros einen einheitlichen Zoom-Hintergrund vor, ob verspielt oder seriös. Erlauben Sie Ihren Leuten, die Kameras abzuschalten, wenn visuelle Kommunikation nicht erforderlich ist. Und überdenken Sie noch einmal, wann sie wirklich nötig ist. Die Einführung des mobilen Arbeitens kann dazu beitragen, die Monokultur aufzubrechen – aber nur, wenn Sie dabei sorgsam darauf achten, sie nicht auf dem einen oder anderen Wege zu reproduzieren. Andernfalls laufen alle Bemühungen zur Entwicklung einer wirklich inklusiven Arbeitskultur weiter ins Leere.

Inklusivität darf aber nicht bei Alternativangeboten zur Happy
Hour aufhören. Um die Monokultur aufzubrechen, müssen Sie die
Bedürfnisse von Menschen mit unterschiedlichen Fähigkeiten,
familiären Hintergründen und Arbeitsweisen kennen und darauf
eingehen. Menschen mit Behinderungen warten schon seit *Jahren*
darauf, dass Unternehmen diesen Bedarf erkennen. So lange setzen sich ihre Interessengruppen bereits für wirklich flexible
Arbeitsoptionen ein. Nachdem diese der gesamten Erwerbsbevölkerung nun zwangsverordnet wurden, ist es höchste Zeit, zu begreifen, wie »Anpassung« in allen ihren Ausprägungen aussehen kann.

Steven Aquino berichtet seit acht Jahren aus Kalifornien über
die Technologiebranche. Davor war er als Erzieher im Kindergarten tätig, hatte durch seine Zerebralparese aber Probleme, tagtäglich die physischen Bedürfnisse seiner Schützlinge zu erfüllen.
Also suchte er sich eine physisch weniger strapaziöse Tätigkeit, die
er idealerweise von zu Hause aus ausüben konnte. Und er entdeckte die journalistische Arbeit für sich.

Durch die Umstellung auf Arbeit im Homeoffice »habe ich
mich total verändert«, berichtete Aquino. »Ich bin nicht mehr
ständig müde. Und weil ich nicht mehr so erschöpft bin und leide
und dauernd darüber nachdenke, kann ich mich besser auf eine
Arbeit konzentrieren, die mir Freude macht und mich mit Stolz
erfüllt.« Seit Aquino zu Hause arbeitet, belastet ihn auch seine
soziale Scheu nicht mehr so, die sein Stottern noch verschlim-
merte. Dennoch empfand er die aktuelle Rhetorik und die Chancen auf flexibles Arbeiten nach eigener Aussage als verwirrend.
»Wir leben in einer Gesellschaft, in der Diversität und Inklusion
derzeit ein großes Thema ist«, erklärte er. »Das motiviert mich.
Doch es gilt nicht für alle gleich. Wir sprechen über Inklusion,
aber Menschen wie ich stehen dennoch immer weit abgeschlagen
im Abseits.«

»Wenn andere lamentieren: ›Oh je, jetzt bin ich zu Hause ein-
gesperrt, muss mein ganzes Leben umkrempeln, meine Kinder
selbst betreuen und dazu noch lernen, mit Zoom umzugehen!‹,
dann habe ich wenig Verständnis«, meinte Aquino. »Da denke ich
mir: ›Stimmt, das ist *wirklich* hart. Nun siehst du mal, wie es Menschen wie mir seit jeher ergeht.‹« Menschen mit Behinderungen
versuchen seit Jahren, ihren Zugang zur Arbeitswelt zu verbessern – indem sie drängen, flehen, prozessieren oder freundlich
bitten. Und *nun* beschweren sich andere, dass die Technologie,
die Telearbeit ermöglicht, nicht taugt und keiner weiß, wie sich
effektiv Grenzen ziehen lassen?

Andraéa LaVant vertritt die Interessen von Menschen mit
Behinderungen und arbeitet als Inklusionsberaterin. Sie verwendet viel Zeit darauf, eine ganz einfache Botschaft zu vermitteln:
Ein Mensch mit einer Behinderung in Ihrem Team ist kein *Kostenfaktor,* sondern ein *Pluspunkt.* »Davon profitieren alle, weil wir lernen, das Leben aus einem anderen Blickwinkel zu betrachten«,
erklärte LaVant. »Berücksichtigen wir noch weitere intersektio-
nelle Linsen wie meine als schwarze Frau mit einer Behinderung,
erschließen sich dadurch ganz neue Perspektiven.«

»Unternehmen sind absolut überzeugt davon, dass behinder-
tengerechte Anpassungen kostspielig sind, obwohl sie sich vor der
Pandemie auf weniger als 500 US-Dollar pro Person beliefen«,
setzte LaVant hinzu. »Trotzdem denken sie immer an den *Mehrauf-
wand.* Sie denken an physische Anpassungen. Sobald etwas verlangt wird, das nicht der Norm entspricht oder dem üblichen Standard der vorhandenen Ausstattung, denken alle gleich, dass das
ins Geld geht.«

Doch die Entwicklungen im Zuge der Pandemie haben gezeigt,
wie einfach Inklusivität in Wirklichkeit sein kann. Oft bedeutet
das, die Standards für Menschen ohne Behinderungen zu erwei-

tern und Komponenten des universellen Designs zu übernehmen. Nehmen wir beispielsweise die Konferenzen und Netzwerk-Veranstaltungen aus dem Pandemiejahr, die alle online stattfanden – und damit für Menschen *zugänglich* gemacht wurden, die aus allen möglichen Gründen zuvor nicht daran teilnehmen konnten, sei es aufgrund von Mobilitätsproblemen, Betreuungspflichten, Standort oder Kosten. Sicherlich fühlten sie sich weniger intim oder exklusiv an, doch genau darum geht es ja. Echte Barrierefreiheit bedeutet, all die gegenstandslosen Argumente fallen zu lassen, die letztlich nur dem einen Zweck dienen, den Status quo zu erhalten. Verlieren unsere Interaktionen an Substanz, wenn wir sie aus der physischen in die virtuelle Welt verlagern? Vermutlich. Doch dieses Defizit dominiert die Diskussion auf Kosten dessen, was so viele dadurch gewinnen – vor allem all jene, die vordem ausgeschlossen waren.

Universelles Design – ob im physischen Büro, in der Technologie für die Telearbeit, in der Art und Weise, wie wir Kommunikation wahrnehmen – ist das Gegenbild zur Monokultur. Und es ist nicht so teuer, wie viele befürchten, und nicht so disruptiv, wie viele glauben. Es setzt aber bei allen Beteiligten die Überzeugung voraus, dass eine Organisation – und ja, auch jeder Einzelne persönlich – umso besser ist, je mehr Menschen mit am Tisch sitzen können und je mehr diese Menschen tatsächlich *gewürdigt werden*. Besser heißt in diesem Fall, die breite Masse besser zu verstehen, der Ihre Organisation – in welcher Kapazität auch immer – dient, die Personalfluktuation besser zu verringern und Kreativität und Kooperation besser zu fördern.

»Wer profitiert nicht von der Untertitelung von Meetings oder von einem Transkript?«, fragte LaVant. »Das hilft nicht nur Gehörlosen oder Menschen mit neuro-kognitiven Störungen. Universelles Design hat am physischen Arbeitsplatz *eine Menge* Vorteile.

Warum benutzen wohl so viele Menschen lieber die Behinderten-
toilette? Weil sie *besser* ist.«

Manche Unternehmen haben bereits herausgefunden, wie das
ist, wenn man eine vielfältige, gleichberechtigte und inklusive Kultur aufbaut – entweder von Grund auf oder auf den Trümmern
der industriellen Monokultur, die ihr vorausging. Sie argumentieren wie LaVant schlicht damit, dass es einfach *besser* ist.

Eine Firma ist keine Familie

Valerie kommt aus Australien und lebt derzeit in einem Vorort von
London. Nach einer toxischen Erfahrung mit der Unternehmens-
welt gelang ihr der Einstieg in die gemeinnützige Arbeit. Aktuell
ist sie bei einer Wohltätigkeitsorganisation für die Kapitalbeschaf-
fung zuständig. Ihr Arbeitgeber führt vor Ort häufig Kampagnen
durch. Ihr macht die Arbeit Spaß, weil sie, wie sie es formuliert,
sehen kann, »was mit dem Geld erreicht wird, das ich auftreibe«.
Doch Valeries frühere Erfahrungen in der freien Wirtschaft haben
sie gelehrt, wie wichtig es ist, sich nicht zu stark mit ihrer Arbeit zu
identifizieren. Das bedeutet, dass sie sich der Unternehmenskultur widersetzen muss.

»Wie in jeder anderen kulturellen oder gemeinnützigen Organisationen auch besagt die erklärte Kultur, dass wir eine große
Familie sind und alle am gleichen Strang ziehen«, erzählte sie uns.
»Und wie in jeder anderen Organisation bedeutet das in Wirklichkeit, dass von jedem so viel Einsatz erwartet wird, bis er am Ende
vollkommen überarbeitet ist.«

Chera, Professorin aus Virginia, bekam von ihrer Universität
ähnliche Signale. Diese »bezeichnet sich als Familie«, was gewöhnlich heißt, das von allen erwartet wird, mit weniger Mitteln mehr

zu erreichen. Dabei wird »hochkompetenten Menschen ständig Mehrarbeit aufgebürdet, während sich Minderleister erfolgreich durchlavieren«. Shelby, die in einem Architekturbüro in Texas arbeitet, berichtete, dass ihre Firma ihre Belegschaft gern als ihren größten Aktivposten bezeichnete – und natürlich als »Familie«. »Wenn überhaupt, dann sind wir eine ziemlich dysfunktionale Familie«, meinte sie. »Wir müssen erst noch lernen, dass wir kein Old-Boys-Club mehr sind.«

Das Problem: Es ist ein Fehler, wenn Unternehmen ihre Beschäftigten als »Familie« bezeichnen. Viele dieser Organisationen versuchen, zu Beziehungen zu finden und zu animieren, die sich *familiär* anfühlen, und diese zu reproduzieren. Doch Familienbeziehungen sind oft manipulativ, passiv-aggressiv und immer wieder verwirrend. Familienmitglieder können Rassisten sein, andere ausnutzen, sich sexistisch oder transphob verhalten oder andere psychisch misshandeln, doch weil sie *zur Familie* gehören, gilt es oft als unhöflich oder ungehörig, sie darauf hinzuweisen, dass sie andere dadurch verletzen. Wie der Comedian Kevin Farzad auf Twitter schrieb: »Sagt ein Arbeitgeber, ›wir sind hier eine große Familie‹, dann meint er damit, dass er Sie psychisch fertigmachen wird.«

Verstehen Sie uns bitte nicht falsch: Familien können liebevoll, fürsorglich und unendlich nützlich sein. Dasselbe gilt für die Unternehmen, die nach diesem Idealbild streben. Aber Sie haben bereits eine Familie – ob leiblich oder selbst gewählt. Verwendet eine Firma diesen Begriff, stellt sie damit eine geschäftliche Beziehung auf eine emotionale Basis. Das mag sich verlockend anhören, ist aber durch und durch manipulativ. In den allermeisten Fällen dient dieses Narrativ dazu, Menschen schlechter zu bezahlen und ihnen gleichzeitig mehr abzuverlangen. Familie klingt nicht nur nach Nähe, sondern nach Hingabe und bleibender Bindung, zu der auch Opferbereitschaft gehört – nach dem Motto: *Die Familie geht vor.*

Wer eine Organisation wie eine Familie behandelt, ganz gleich wie altruistisch die Zielsetzung, der reißt die Grenzen zwischen Arbeit und Leben nieder – zwischen Erwerbstätigkeit und Privatleben. Zerrt das mächtige Gefühl familiärer Verpflichtungen aber von allen Seiten an Ihnen – in Ihrer *wirklichen* Familie, aber auch im Kreise Ihrer Vorgesetzten und Kollegen –, dann wird es noch schwieriger, Prioritäten zu setzen. Und in solchen Situationen leidet stets Ihre eigentliche Familie, die häufig mehr verzeiht, flexibler ist und sich eher auf Ihre Bedürfnisse einstellt.

Der Begriff der »Betriebsfamilie« hat sich in den letzten 50 Jahren entwickelt, soll aber oft eine nostalgische, romantische Vorstellung vom Geschäftsleben heraufbeschwören. Dr. Sarah Taber, die schon über 20 Jahre lang als Beraterin in der Landwirtschaft tätig ist, behauptet, dass die Agrarindustrie dazu beigetragen hat, das falsche Stereotyp vom Familienbetrieb aufrechtzuerhalten, indem familienbetriebene Bauernhöfe als utopisches landwirtschaftliches Ideal dargestellt wurden. »Wir gingen mit der Vorstellung hausieren, dass das Leben noch so verkorkst sein kann, die Lösung aber stets darin besteht, wieder so zu leben wie früher, und dass es die Büros sind, die der Work-Life-Balance den Todesstoß versetzt haben«, erklärte sie uns. »Das stimmt aber nicht.«

In Wirklichkeit werden in landwirtschaftlichen Familienbetrieben dieselben hierarchischen und patriarchalischen Strukturen gelebt und Arbeitskräfte ausgebeutet. Sie verweist auf das Buch der Historikerin Caitlin Rosenthal, *Accounting Slavery*, das nachzeichnet, wie viele der Betriebsführungs- und Buchhaltungspraktiken, die bis heute das Unternehmensleben prägen, auf den ersten Sklavenplantagen entwickelt wurden. Die Landwirtschaft war in ihrer Frühzeit absolut gnadenlos. Auch bestand sie aus Familien-

betrieben und die Abschaffung der Sklaverei hat das Machtun-
gleichgewicht in dieser Branche keinesfalls auf wundersame Weise
eliminiert – auch nicht auf Familienhöfen. »Wer auf der Farm der
eigenen Familie arbeitet, der arbeitet zu Hause«, so Rosenthal.
»Und da gibt es gewaltige Unterschiede in Bezug auf Wohlstand,
Status und Macht.«

Man könnte auch sagen, dass kein Arbeitsumfeld gegen Missbrauch gefeit ist, auch nicht in Branchen, in denen nicht in neon-
röhrenbestückten Hallen malocht wird. Die Betriebsfamilie soll
Zusammenhalt und Gemeinschaft herstellen. In Wirklichkeit fun-
giert sie oft als Mittel, um Arbeitskräfte abzulenken oder unter
Druck zu setzen, damit sie nicht merken, wie sie ausgebeutet werden, oder zumindest nicht dagegen aufbegehren. Es ist ein subti-
les Instrument, um Forderungen nach mehr Geld oder freien
Tagen oder Beschwerden über das Verhalten von Kollegen abzu-
schmettern und von Fehlleistungen im Management abzulenken.
Es vereitelt jeden Versuch, Grenzen zu ziehen. Und es wird verwendet, um unentschuldbare Missstände zu rechtfertigen wie
sexuelle Belästigung, ein großes Vergütungsgefälle oder die Tatsache, dass leitende Positionen grundsätzlich mit Weißen besetzt
werden. Sie können und sollten als Arbeitgeber eine Arbeitsatmo-
sphäre fördern, in der sich die Menschen aufgefangen und gewürdigt fühlen. Eine Familie können Sie aber niemals sein.

Wie dieser Dynamik beizukommen ist? Durch Distanz und
durch Grenzen. Genau das kann die wirklich flexible Zukunft der
Arbeit bieten: nämlich eine Möglichkeit, eine Trennlinie zum
Arbeitsleben zu ziehen und den Raum, neben der Erwerbstätigkeit die eigene Persönlichkeit, Beziehungen und Gemeinschaft zu
entwickeln. Organisationen jeder Größe und Form versuchen
stets, die interessantesten, effektivsten Nebenleistungen ausfindig
zu machen, die ihr Budget hergibt. Dabei haben sie die einfachste

direkt vor der Nase: Sie können ihrer Belegschaft das unermess-
lich wertvolle Geschenk machen, sich ihre Zeit und Arbeit flexibel
einzuteilen, ihnen so ein Leben neben der Arbeit zu ermöglichen
und ihnen die psychische Belastung der betrieblichen Zweitfami-
lie von den Schultern zu nehmen.

Eine gesunde Arbeitskultur schafft ein Umfeld, in dem alle
Beschäftigten ihr Bestes geben. Eine nachhaltige, robuste Kultur
berücksichtigt hingegen auch, dass diese ein Privatleben haben,
und ermuntert sie aktiv dazu.

KAPITEL 3
Bürotechnologie

Anfang der 1990er-Jahre beschloss das japanische Stahlunternehmen Nippon, in den Computermarkt einzusteigen. Statt ein Desktop-Modell zu entwickeln, um mit den Branchenschwergewichten IBM und Apple zu konkurrieren, entschied sich Nippon, auf dem noch jungen Laptop-Markt anzutreten. Das Notebook Librex 386SX war ungefähr so groß wie ein moderner Laptop – allerdings 5 Zentimeter dick, und es wog über 3 Kilo. Wie bei vielen Laptops damals war der Bildschirm immer für eine Überraschung gut: Er verfügte über 16 Grautöne, doch man wusste nie genau, was man zu sehen bekam, wenn man ihn aufklappte. Der Listenpreis dafür betrug 3.299 US-Dollar, was heute 6.100 US-Dollar entsprechen würde.

Wer konnte sich so einen Computer leisten? Die meisten Haushalte kauften einen Desktop-Computer, den die ganze Familie nutzte. Laptops wurden daher direkt an die begehrten Firmenkunden vertrieben. In einer Librex-Werbung sitzt ein Mann Mitte

40 in Dockers-Schuhen, T-Shirt und Baseball-Mütze auf einem Adirondack-Liegestuhl. Im Hintergrund geht am Horizont die Sonne über einer Bergkulisse unter. In der rechten Hand hält der Mann einen »Knochen« von Mobiltelefon. Auf der linken Stuhlseite balanciert er den fetten Librex. Der berufstätige Vater der Zukunft konnte an die Arbeit gehen. Dass der Akku nur 90 Minuten durchhielt und dann ganze fünf Stunden aufgeladen werden musste, blieb unerwähnt.

Damals kam es schon seit zehn Jahren immer häufiger vor, dass Menschen zu Hause arbeiteten – in Form der sogenannten Telearbeit. 1975 war ein ganzes Drittel der 2,6 Millionen Menschen, von denen es hieß, sie »arbeiteten zu Hause«, in der Landwirtschaft tätig.[1] 1994 gab es in Amerika schätzungsweise 7 Millionen Telearbeitskräfte. Unternehmen wie Hewlett-Packard beschäftigten spezielle »Manager für alternative Arbeitsoptionen«. Das *PC Magazine* berichtete, 50 Prozent der potenziellen mobil Arbeitenden hätten bereits eigene PCs angeschafft oder beabsichtigten, Modems und Software zu kaufen, um die Datenübertragung zu ermöglichen.[2]

Die allmähliche Verbreitung des Heimcomputers veränderte die Situation – zumindest für all jene, die es sich leisten konnten, im Flugzeug erster Klasse zu fliegen. So stellte man sich in einem Werbespot für den Kodak Diconix in den 1990er-Jahren jedenfalls den Nutzer dieses mobilen Druckers vor. »Dass Passagiere im Flugzeug am Rechner sitzen und tippen, ist inzwischen gang und gäbe«, schrieb der Herausgeber des *PC Magazine* im Leitartikel einer Ausgabe über Laptops, die auch ein Faltblatt mit einem »Road Warriors Guide« enthielt, inklusive der Telefonnummern, unter denen man sich in Großstädten mit CompuServe verbinden konnte (also mit dem Internet), sowie einfache Anleitungen zum Einloggen in eine Mailbox oder einen E-Mail-Dienst.[3]

Solche Arbeitskräfte konnten vom Büro nach Hause und von zu Hause ins Hotel wechseln, wo sie Geschäftstermine wahrnahmen. Wie in den Vorkapiteln bereits angesprochen, hat diese Art »Flexibilität« auch ihre Schattenseite: Arbeit, die man überall hin mitnehmen konnte, konnte folglich jeden Lebensbereich infiltrieren – sogar den Ausflug in die Natur, der das vordem unmöglich gemacht hätte. Die Librex-Werbung mit dem Adirondack-Stuhl wirkt gleich ganz anders, wenn man sie unter diesem Aspekt betrachtet: Der berufstätige Vater ist nämlich nicht etwa aus dem Büro befreit, sondern darin gefangen. Nur eben draußen im Grünen.

Genauso erging es auch uns, als wir nach Montana zogen. Die Zeit, die wir zuvor aufwenden mussten, um nach Manhattan zu pendeln – und die wir eigentlich für Wanderungen, Kajakfahrten und Langlauf vorgesehen hatten –, wurde einfach durch *mehr Arbeit* aufgefressen. Und wenn Sie dieses Buch lesen, ist die Wahrscheinlichkeit groß, dass Sie ebenfalls in dem Paradox berufstätiger Eltern leben: im technologischen Fegefeuer, gefangen zwischen utopischen Versprechungen und dystopischen Gefahren. Jeder von uns hat inzwischen einen kleinen Supercomputer in der Tasche, der der Festplatte des Librex haushoch überlegen ist. Wir können uns selbst an den entlegensten Orten das Internet quasi vom Himmel holen. Die Arbeit verfolgt uns auf Schritt und Tritt: In der U-Bahn. Im Sessellift. Beim Joggen. Im Bad. Das ist das goldene Zeitalter der Konnektivität – sprich, der *Effizienz*.

Unsere Geräte eliminieren vermeintlich die chaotischen Ineffizienzen des Alltags, indem sie elegante Lösungen für ständige Ärgernisse entwickeln – wie eine App, die das Verkehrsaufkommen überwacht, um Ihnen den schnellsten Weg nach Hause zu verraten. Mehr Effizienz bedeutet, dass mehr von unserem kostbarsten Gut übrig bleibt: der Zeit. Doch wofür eigentlich? Gewöhnlich, um *noch mehr zu arbeiten*.

Trotz der fantastischen technischen Möglichkeiten, die sich uns bieten, genießen die wenigsten von uns die Freiheit, die uns seinerzeit die Werbung suggerierte. Und das gilt in erster Linie für unser Berufsleben. Die moderne Bürotechnologie hat sämtliche Formalitäten, Ängste und die bedrückende Normalität des Unternehmensalltags in sich aufgesogen und überträgt sie in jeden Winkel unseres Lebens. Dass wir auf wundersame Weise Kollegen in aller Welt von Angesicht zu Angesicht sehen können, schlägt allmählich in Zoom-Müdigkeit um. Die lebendige, kooperative Sofortnachrichten-App wird zum Instrument permanenter Überwachung, das sich auf den Servern des Unternehmens verewigt. Ein gemeinsamer digitaler Kalender ermöglicht anderen, so viel unserer Zeit und Aufmerksamkeit in Anspruch zu nehmen, dass für uns nichts mehr übrig bleibt. Je effizienter wir werden, desto überforderter kommen wir uns vor.

Dieses Paradoxon ist nicht neu. Solange Menschen erwerbstätig sind, versprechen neue Technologien bereits, zu rationalisieren, wie und wo gearbeitet wird. Manche werden in bester Absicht eingeführt, andere aus skrupellosen oder zynischen Beweggründen. Doch fast alle – auch die nicht digitalen – haben unbeabsichtigte Folgen. Vom Großraumbüro bis zum Aeron-Stuhl – neue Konzepte für die physische Gestaltung von Büros haben nicht nur unser Arbeitsumfeld verändert, sondern auch unser Verhältnis zur Arbeit. Innovationen, die Büros eigentlich *humaner* gestalten sollten, werden hinzugewählt, laufen durch die Kosteneffizienzrechner und sorgen am Ende dafür, dass unsere Arbeitsplätze immer mehr einem raffinierten Käfig gleichen.

Teil des Problems ist der Sparwahn: Das optimale, inklusivste Design *kostet Zeit und Geld* – Ressourcen, von denen sich kein Unternehmen gern trennt. Doch selbst die weitläufigen Unternehmenscampus im Silicon Valley, für die nichts zu teuer ist, weisen denselben grundlegenden Webfehler auf wie die schlichte, neonbeleuchtete Bürozelle. Mit wenigen utopischen Ausnahmen sind all diese Konzepte auf Effizienz und Produktivität getrimmt – und zwar nicht, damit wir weniger Arbeit haben, sondern in der Hoffnung, dass die Arbeit in unserem Leben allgegenwärtig ist.

In Wirklichkeit zielte Bürotechnologie – und auch der Effizienzkult, der bewirkt, dass die neueste Technik unverzüglich eingeführt wird – nie darauf ab, dass wir unsere Arbeit in weniger Stunden erledigen. Zumindest nicht seit den träumerischen Tagen zu Anfang des 20. Jahrhunderts, als Wirtschaftstheoretiker und Gewerkschaftsvertreter in der Technologie eine Möglichkeit sahen, letztlich die 34-, 20- oder sogar 10-stündige Arbeitswoche zu erreichen.[4] Dieser Traum ist längst geplatzt. Stattdessen bestand das immer ehrgeizigere Ziel von Bürotechnologie und -planung darin, im Leben der Erwerbstätigen Raum zu schaffen, um darin unverzüglich die Saat für noch mehr potenzielle Produktivität auszubringen.

Aus diesem Grund erscheint unsere Zeit so aussichtsreich und so unglaublich tückisch zugleich. Wir befinden uns im Fegefeuer der Effizienz, gefangen zwischen den befreienden und beengenden Effekten von Bürotechnologie und -design. Sogar aus der bedrückenden Düsternis der Pandemie heraus konnten wir die schwachen Konturen einer Zukunft erahnen, die das großartige Versprechen der Bürotechnologie erfüllt: Dass sie uns nämlich nicht nur vom Arbeitsweg oder von der Tyrannei des Großraumbüros befreit, sondern auch davon, dass die Arbeit unser komplettes Privatleben mit Beschlag belegt.

Wären technische Hilfsmittel, die tatsächlich dafür sorgen könnten, dass wir ganz legitim *weniger* arbeiten, nicht eine reizvolle Vorstellung? Was, wenn die Zeit, die wir durch die Eliminierung von Ineffizienz gewinnen, tatsächlich uns gehören würde?

Bürotechnologie und -design sind nicht grundsätzlich schlecht. Wir müssen uns lediglich dazu disziplinieren, sie als Mittel einzusetzen, um unserem Leben mehr Dimensionen zu geben, statt ihm diese zugunsten des Jobs zu entziehen. Um diese Vorstellung zu verwirklichen, müssen wir zunächst durchschauen, auf welche Weise Technologie und Design uns in der Vergangenheit erfolgreich hinters Licht geführt haben. Wir müssen erkennen können, wann eine schicke Technologie, eine tolle Büroeinrichtung oder ein neuer Kommunikationsweg de facto nichts anderes darstellt als eine verkappte Aufforderung, *noch mehr zu arbeiten*. Wir müssen damit anfangen, Produktivität und Effizienz als Mittel zu einem bestimmten Zweck zu verstehen, nicht nur zu *mehr Arbeit*.

Im Moment steht viel auf dem Spiel. Wenn wir nicht aufpassen, riskieren wir, diese Chance auf eine echte Veränderung der Art und Weise, wie wir Arbeit angehen, zu verpassen. Dann mutieren die Instrumente, die Telearbeit ermöglichen, zu noch effektiveren Überwachungs- und Kontrollmechanismen. Wie schon bei früheren Weiterentwicklungen in Technologie und Design wird nicht auf Anhieb erkennbar sein, ob diese Tools uns das Leben in Wirklichkeit schwerer machen. Es wird sich kein Topmanager insgeheim im Gedanken an höhere Gewinne hämisch die Hände reiben. Es wird uns lediglich so vorkommen, als verblassten unsere schönsten Hoffnungen zu einem zähen endlosen Mittwoch.

Wir sind nicht dazu verurteilt, die Fehler der Vergangenheit zu wiederholen. Tun wir es dennoch, sind wir aber womöglich nicht mehr in der Lage, sie zu korrigieren. Dann wird auch noch die letzte schwache und bereits stark torpedierte Bastion fallen, die unser Privatleben von der Arbeit abschottet. Dann werden die schlimmsten, ätzendsten Aspekte der Arbeit im Homeoffice während der Pandemie zum Alltag. Wenn das für Sie wie ein Albtraum klingt, dann sollten Sie sich dringend dagegen wappnen: mit dem

Wissen, wie wir Technologie und Design korrumpiert haben, und mit einem konkreten Plan, wie wir das in Zukunft vermeiden können.

1981 besuchte die junge Betriebswirtschaftsprofessorin Shoshana Zuboff aus Harvard im Rahmen der Arbeit an einem Buch über die Zukunft der Arbeit eine alte Zellstofffabrik. Die Bleicherei der Anlage war unlängst umgestaltet und mit modernster Technik ausgerüstet worden, darunter digitale Sensoren und Monitore, die Signale an eine schicke, zeitgemäße Steuerungszentrale sandten, in der Computer mit brandneuen Mikroprozessoren brummten. Auf eine Betriebsfremde wirkte das sehr beeindruckend. Doch die Begeisterung der Belegschaft hielt sich in Grenzen, wie Zuboff schnell auffiel.

Besonderen Anstoß erregten die Türen. Damit die erhebliche Wärme und potenziell schädliche Dämpfe aus der Bleicherei nicht in die Steuerungszentrale eindringen konnten, hatte der Betrieb eine Luftschleuse installiert: Wer hinein- oder hinauswollte, drückte einen Knopf und betrat die Schleuse. Hinter ihm schlossen sich gläserne Schiebetüren. Erst dann öffnete sich die vordere Tür.

Die neuen Türen boten mehr Sicherheit. Für die Beschäftigten waren diese zusätzlichen Vorkehrungen aber lästig und frustrierend. Jahrelang hatten sie ungehindert von einem Raum in den anderen gehen können. Also nahmen sie die Angelegenheit selbst in die Hand: Wer durchgehen wollte, nahm Anlauf, quetschte seine Finger in die Gummidichtung, die die Türe mittig versiegelte, und stieß die Tür mit der Schulter gewaltsam auf. Es kam, wie es kommen musste: Bald schloss die Dichtung nicht mehr richtig.

Für Zuboff war die Reaktion der Beschäftigten eine »lebende Metapher« für die Zwiespältigkeit der Automatisierung aus Sicht der Belegschaft. In ihrem 1988 erschienen Buch *In the Age of the Smart Machine* schrieb sie: »Sie wollen zwar vor giftigen Dämpfen geschützt werden, lehnen sich aber zugleich hartnäckig gegen eine Struktur auf, die nicht mehr die Kraft oder die Kompetenzen erforderte, die sie verinnerlicht haben.«[5]

Was Zuboff da beobachtete, war nicht nur der beiläufige Frust einiger Arbeitskräfte, sondern eine Grundangst in einem Zeitalter des gewaltigen technologischen Wandels. Das Wesen der Arbeit wandelte sich grundlegend. Plötzlich war es möglich, Dinge zu quantifizieren, zu analysieren und in Daten- und Berichtsströme umzuwandeln, die man bisher schwerlich oder gar nicht messen konnte. Mit diesen Daten bewaffnet, konnten Unternehmen – häufig zum ersten Mal – erkennen, was wo verschwendet wurde, wo es Möglichkeiten zur Effizienzsteigerung gab und wie die Beschäftigten tatsächlich ihre Zeit einteilten.

Theoretisch hätten all diese neuen Daten den Beschäftigten die Arbeit erleichtern können. Händische Tätigkeiten wie das Mischen von Chemikalien oder die manuelle Bedienung von Ventilen in einer Zellstofffabrik sind körperlich anstrengend. Diese aus einer sicheren Steuerungszentrale heraus zu erledigen, wäre für alle Beteiligten einfacher. Doch die Automatisierung hatte die unvorhergesehene Konsequenz, dass zuvor handfeste Aufgaben mit einem bestimmten haptischen Rhythmus abstrakter wurden. Zuboff formulierte das folgendermaßen: Es »fühlte sich an, als würde man aus einer Welt herausgerissen, die deshalb so vertraut werden konnte, weil sie zu spüren war«.[6]

Die Technologie entzog den Arbeitskräften, was vordem für ihre Arbeit hochgeschätzte physische Kompetenzen waren. Sie wussten genau, wie man ein Zahnrad löste, dass ein bestimmtes Messgerät nicht richtig funktionierte und stets fünf Grad mehr anzeigte oder welches Geräusch eine Maschine von sich gab, bevor sie kaputt ging. Dieses Wissen, das man sich über Jahre auf einem bestimmten Posten angeeignet hatte, gab den Beschäftigten Verhandlungsmacht gegenüber dem Management: Weigerte sich ein Betrieb, sich mit der Gewerkschaft zu einigen, brauchte er Wochen, wenn nicht Jahre, um Ersatz für gestandene Mitarbeiter zu finden. Die Drohung, zu streiken, hatte noch echte Wirkung, weil die Kompetenzen der Arbeitskräfte kostbar waren.

Sensoren und Computer nahmen der Arbeit das Können, das sie verlangte, und quantifizierten und automatisierten dieses – ein Prozess, der auch oft als »Entqualifizierung« bezeichnet wird. Das Wissen einer Arbeitskraft war damit obsolet. Gleichzeitig verfügten Vorgesetzte über eine neue quantitative Autorität über das Arbeitsleben ihrer Beschäftigten. Sie hatten die Daten und waren in der Lage, diese nach ihren Wünschen einzusetzen. Das war gleichbedeutend mit Macht. So entriss die technische Innovation den Beschäftigten die wertvollsten Elemente ihrer Arbeitswelt und reichte sie prompt ans Management weiter. Kein Wunder, dass das nicht gut ankam.

Topmanager und große Unternehmen stellen das natürlich ganz anders dar: Diese Instrumente eröffneten nicht nur Möglichkeiten, Produktivität und Profit zu steigern, sondern hatten Vorteile für die Beschäftigten. Dass weniger manuell gearbeitet wurde, bedeutete, dass die Arbeit nicht mehr so anstrengend und gefährlich war. Für manche Arbeiter, die sich in Fabriken oder an Schmelzöfen abplackten, war das wirklich eine Erleichterung. Doch diese brachte neue Probleme mit sich: Ein erfahrener Maschinist sagte 1985 zu dem MIT-Forscher Harley Shaiken, bei der Arbeit mit einer computerisierten Maschine fühle er sich wie »eine Ratte im Käfig«. Ein anderer Arbeiter, der eine Roboterschweißanlage bedienen sollte, erklärte: »Man hat nicht mal mehr Zeit, sich eine Zigarette anzustecken. Ich würde meinen alten Job als Schweißer jederzeit mit Kusshand zurücknehmen.«[7] Ein dritter Arbeiter, der zur Überwachung einer numerischen Steuerung (NC) eingesetzt wurde, meinte: »Ich bin Arbeiter von Beruf, nicht Dasitzer. Ich habe gern etwas zu tun. Dann vergeht der Tag schneller und mein Kopf ist aktiver. Bei NC kriegt man eine weiche Birne.«

Dabei war automatisierte Arbeit nicht immer auch effizienter, wie Shaiken feststellte – und auch nicht unbedingt zuverlässiger. Den Arbeitskräften wurde sie jedoch als einzig gangbarer Weg verkauft. Als General Electric Anfang der 1980er-Jahre begann, seine Geschirrspülmaschinenfabrik zu modernisieren und ein »elektronisches Nervensystem« einzuführen, das ein komplexes Gewirr von Robotern und »24 Computer Lieutenants an kritischen Punkten in der Fabrikhalle« beaufsichtigte, traten sie mit dem üblichen Argument vor Gewerkschaftsvertreter, Vorarbeiter und andere Arbeitskräfte: Wir müssen modernisieren, sonst sind wir alle unseren Job los. »Ohne diese Technik überlebt kein Unternehmen auf dem Markt«, erklärte ein altgedienter VP von GE der *New York Times*. »Sie ist Voraussetzung für die Zukunft.«[8]

Im gesamten produzierenden Gewerbe wurde Automatisierung als Patentlösung betrachtet: als Möglichkeit für amerikanische Unternehmen, den Boden wieder gutzumachen, den sie an den Weltmarkt im Allgemeinen und an Japan im Besonderen verloren hatten. Die Automatisierung würde die Produktivität steigern und Produktivität wäre die Lösung für alle Probleme Amerikas. Diese Vorstellung setzte sich auch im Büro durch, das im Verlauf des 20. Jahrhunderts immer mehr als eine andere Art von Fabrik begriffen wurde – eben eine, die Papiere produziert und diese von Schreibtisch zu Schreibtisch weiterbefördert.

Bereits 1925 hatte William Henry Leffingwell, Anhänger der Optimierungsschule von Frederick Taylor, Pläne für den »linearen

Arbeitsablauf« entworfen. Er gestaltete das Büro in eine Art Papier-
fließband um, sodass Beschäftigte Dokumente weitergeben konnten, »ohne auch nur vom Stuhl aufstehen zu müssen«.[9] Das übergeordnete Prinzip lautete: Jedes Mal, wenn ein Angestellter sich
vom Stuhl erhob, verlor er wertvolle Produktivitätssekunden. Doch
diese tayloristischen Reformen der Büroarbeit stießen auf ähnlichen Widerstand wie in der Fabrik: Die Beschäftigten fanden sie
furchtbar. Andere Effizienzbestrebungen kamen besser an, insbesondere solche, die nach technischem Fortschritt klangen: Auf-
züge, Neonbeleuchtung, Stellwände und Klimaanlagen, die im
Verlauf des 20. Jahrhunderts populär wurden, waren allesamt Mittel zur Produktivitätssteigerung. Dasselbe galt für das Großraumbüro, das erstmals von dem deutschen Brüderpaar Eberhard und
Wolfgang Schnelle 1958 angedacht wurde. Anstelle von Tischrei-
hen und Eckbüros schwebten den Schnelles dynamische Cluster
und bewegliche Trennwände vor: eine *Bürolandschaft*.

Als die Idee von der Bürolandschaft aufkam, fand man sie skan-
dalös: in etwa so wie das Homeoffice Anfang der 1980er-Jahre. Als
der namhafte Innenarchitekt John F. Pile auf den Seiten einer
geachteten architektonischen Fachzeitschrift erstmals darauf
stieß, hatte er sie nach seinen Worten »so schockierend [gefun-
den], dass ich dahinter britischen Humor vermutete«.[10] Doch die
Bürolandschaft sollte ein für deutsche Büros typisches Organisa-
tionsproblem lösen: Die Beschäftigten waren vollkommen unlo-
gisch verteilt und saßen mit Leuten aus anderen Abteilungen im
Zimmer, die alle unterschiedliche Aufgaben erfüllten. Die Beschäftigten lenkten sich gegenseitig ab, wetteiferten ohne Grund, und
wenn sie sich mit anderen aus ihrem Team treffen mussten, mussten sie dazu ein anderes Stockwerk oder manchmal sogar ein
anderes Gebäude aufsuchen. »In einem solchen Umfeld wird die
nötige Kommunikation verzögert und erschwert, Konkurrenz-

kampf und Rivalität greifen um sich und es bürgert sich all die
Verschwendung und Dummheit ein, die wir mit Bürokratie assozi-
ieren«, schrieb Pile.[11]

Die Bürolandschaft war so konzipiert, dass sie den natürlichen
Kommunikationslinien folgte, Ineffizienzen ausmerzte und als
zusätzlichen Bonus noch die Kosten senkte: Wenn es keine echten
Hierarchien gab, konnte man sich auch die Ausgaben für teure
Büromöbel für das Management sparen. Ein großer Raum war
überdies leichter zu heizen, zu kühlen, zu beleuchten und mit
Strom zu versorgen. Doch so gut gemeint der Plan in der Theorie
auch war, in der Praxis hatte er verheerende Folgen. Viele Unternehmen begeisterten sich für die kostensparenden Elemente großer Räume für ihre Beschäftigten – in denen es laut zuging, was
jeder Form von Konzentration oder Privatsphäre entgegenstand –,
schreckten aber davor zurück, den höheren Chargen tatsächlich
ihre Büros zu entziehen. Einerseits wollte man unbedingt Kosten
sparen, andererseits ebenso dringend den Status quo erhalten.

In Deutschland, Skandinavien und den Niederlanden machte
man so schlechte Erfahrungen mit Großraumbüros, dass die
Betriebsräte in den 1970er-Jahren effektiv ihre Abschaffung vor-
schrieben. Anders in den Vereinigten Staaten. Dort modelten die
Amerikaner den Plan in ihrer charakteristischen Art und Weise in
»etwas Billigeres, Geordneteres« um. Die »kurvenförmige Infor-
malität« des Konzepts der Schnelle-Brüder wurde in Arbeitsplätze
mit Regalen, Schränken und Trennwänden umgewandelt, aus
denen sich am Ende die Bürozelle entwickelte.[12] (Dieser Entwicklung leistete – wie so vielen in der amerikanischen Geschichte – das
Steuerrecht Vorschub: Der 1962 verabschiedete Revenue Act sah
eine Steuergutschrift von 7 Prozent auf Vermögenswerte mit einer
Nutzungsdauer von acht Jahren vor. Die Kosten einer gemauerten
Wand konnte man nicht absetzen – die einer Stellwand jederzeit.)

So eine Bürozelle bietet lediglich die *Illusion* von Privatsphäre. Mit der Realität hat das wenig zu tun. Man hört trotzdem die Gespräche in den Nachbarzellen mit, Vorgesetzte haben trotzdem jederzeit vollen Einblick in alles, was Sie gerade tun, und Sie sitzen trotzdem viele Meter vom nächsten Fenster oder einer natürlichen Lichtquelle entfernt. Doch solche Büros wurden nicht gebaut, damit sich Arbeit für die Beschäftigten besser anfühlt oder erträglicher wird. Vielmehr sollten sie den Anforderungen der »flexiblen« Organisation genügen, indem sie je nach Marktnachfrage jederzeit erweiter- und verkleinerbar waren, wenn Arbeitskräfte nach Bedarf entlassen oder zusätzlich eingestellt wurden.

Für Frank Duffy, der eines der ersten Bücher über die Einführung der Bürolandschaft im Vereinigten Königreich schrieb, stellten die grauen Nadelfilzzellen »das gleichmäßig verteilte Elend« dar, »in dem jeder jederzeit beliebig austauschbar war«.[13] So eine Bürozelle ist billig, weist kaum Spuren ihres Nutzers auf und ist leicht zu demontieren: die perfekte Struktur, wenn man rein wirtschaftlich denkt und Beschäftigte immer mehr mit einer Wegwerfmentalität betrachtet.

Das Großraumbüro wurde mit Blick auf die Effizienz der Beschäftigten gepriesen und umgesetzt: als Mittel zur erleichterten Kommunikation und zur Freisetzung von Informationsflüssen, durch das Konflikte und Wettbewerb im Büro abgebaut werden sollten. Und, wie Nikil Saval in *Cubed* schreibt, selbst die verfälschte amerikanische Version erleichterte manche Formen der Kommunikation. Man konnte sich immerhin noch unterhalten, trotz aller Hintergrundgeräusche. Konzentration und Kontemplation wurden dadurch jedoch nahezu unmöglich. »Mit dem hektischen Einzug des Großraumbüros in aller Welt« in den 1970er- und 1980er-Jahren, so Saval, »gingen entscheidende Werte für den Arbeitserfolg verloren«.[14] Darunter widersinnigerweise auch genau die

Effizienz und Produktivität, die dieses Konzept eigentlich herbeiführen sollte: Eine 1985 durchgeführte Studie über Büros ergab, dass das Maß an Privatsphäre ein primärer Indikator für Arbeitsfreude *und* Arbeitsleistung war.[15] Man könnte auch sagen, dass die Bürogestaltung, die mit Blick auf die Effizienz konzipiert worden war, immer ineffizientere Beschäftigte hervorbrachte.

Führt man ein neues Bürodesign ein und hat dabei nur im Auge, was dadurch alles *möglich* wird, nicht aber, was dadurch *verloren* geht, schafft man sich damit nur eine neue Kategorie von Problemen. Dasselbe gilt für Strategien zur Minderung der Steuerlast oder des Immobilienfußabdrucks: Verspricht eine Technologie, die Kosten rasch und erheblich zu senken, so ist die Wahrscheinlichkeit hoch, dass diese Einschnitte noch nicht wahrnehmbare Folgen haben, die von Ihrer bereits überlasteten Belegschaft aufgefangen werden müssen. Neue Bürotechnologien, einschließlich der Räume, in denen Beschäftigte nach unseren Erwartungen arbeiten sollten und die bestimmen, wie sie bei der Arbeit mit anderen interagieren, sind niemals nur »gut« oder nur »schlecht«. Doch ihre Effekte waren bisher nie neutral – und das werden sie auch künftig niemals sein.

In Bezug auf des Produktivitätsideal war das Bürodesign nur begrenzt erfolgreich. Auch die besten Typisten konnten sogar in streng nach wissenschaftlichen Prinzipien gestalteten Büros nur eine bestimmte Anzahl von Wörtern pro Minute schaffen. Im Laufe des Tages arbeiteten sie immer ungenauer und es dauerte länger und länger, bis ein fehlerfreies Dokument erstellt war. Textverarbeitungssysteme – in Kombination mit dem Kopierer, dem Diktafon und dem Bürodrucker – versprachen, die menschlichen Grenzen für die Effizienzziele zu sprengen.

Im gesamten Bürouniversum wurde den Arbeitskräften vorge-
schwärmt, die neuen Technologien würden ihnen das Leben leichter machen. Und ja, es war toll, dass ein- und derselbe Brief nicht
mehr in dreifacher Ausfertigung getippt werden musste. Doch
viele der Maschinen befanden sich an Standorten, die schlicht
nicht dafür vorgesehen waren: Kopiergeräte in unbelüfteten Räumen, Textverarbeitungssysteme an Orten ohne richtige Beleuch-
tung. Tausende von Beschäftigten litten nach eigenen Angaben
unter Migräne, einer starken Überbeanspruchung der Augen,
grauem Star, Bronchitis und Allergien.[16] Die Automatisierung
machte Bürokräfte buchstäblich krank.

Auch psychisch ging es ihnen schlecht. Shoshana Zuboff unterhielt sich für *In the Age of the Smart Machine* stundenlang mit Arbeitskräften aus Industriebetrieben, verbrachte aber auch viel Zeit mit
Büroangestellten. Wie ihre gewerblichen Kollegen fühlten sich
diese infolge des raschen technologischen Wandels ihrer Berufe
verunsichert. Verwaltungskräfte in Zahnarztpraxen und Schaden-
bearbeiter von Versicherungen mussten zusehen, wie ihre einst-
mals sozialen Tätigkeiten zu hochstilisierten Dateneingabeposten
mutierten. Die Bürozellen trennten sie sichtbar von ihren Kollegen, die dadurch zu einem störenden Rauschen aus Wortfetzen,
Telefonklingeln und klackernden Tastaturen wurden. Da sie durch
ihre Tätigkeit immer stärker an ihren Schreibtisch gefesselt waren,
entfremdeten sie sich von ihren Vorgesetzten, von denen sie
immer mehr als Drohnen betrachtet wurden.

»Früher sah man sich noch und unterhielt sich miteinander«,
erklärte eine Schadenssachbearbeiterin Zuboff. »Natürlich haben
wir manchmal nur darüber gesprochen, was wir abends kochen
wollten, doch dabei haben wir stets gearbeitet.« Ein Kollege
beschrieb das Gefühl, den Kontakt zur Außenwelt zu verlieren,
folgendermaßen: »Berührung zur Realität haben wir nur noch im

Gespräch mit einem Kunden.« Die schockierendsten Ergebnisse brachten Zuboffs Recherchen, als sie die Beschäftigten bat, sich in ihren neuen Jobs zu zeichnen. Die Probanden bildeten sich in erschütternden Kinderbildern ab: »An den Schreibtisch gekettet, von Aspirinschachteln umgeben, in Sträflingskleidung, mit Scheuklappen, unter dauernder Beobachtung durch ihre Vorgesetzten, von Mauern umgeben, eingeschlossen, ohne Tageslicht oder Nahrung, mit vor Erschöpfung getrübtem Blick, einsam, mit gerunzelten Stirnen.«[17]

Doch wie schon in den Fabriken hörte man auch im Büro selten auf die Menschen, die tatsächlich mit der Technologie arbeiten sollten. Führungskräfte vermuteten in der Zurückhaltung der Beschäftigten ursprünglich Angst davor, ihren Job zu verlieren. Es würde eine Anlaufzeit geben, doch dann würden sich die Beschäftigten schon mit der Technologie anfreunden und merken, wie toll sie war, und alle würden sich nach und nach auf die neue Normalität einstellen. Manager wedelten mit Statistiken, die bewiesen, dass Automatisierung nicht zu Entlassungen führte – nur zu Produktivitätssteigerungen. Amerika würde wieder wettbewerbsfähig. Was gab es da zu fürchten?

Anfänglich befürchteten die Beschäftigten möglicherweise tatsächlich, nicht mehr gebraucht zu werden. Doch in Wirklichkeit betraf die Angst, die sie umtrieb, ihre ureigene Arbeitserfahrung und die Tatsache, wie das Produktivitätsevangelium ihre Führungskräfte alle sonstigen Bedenken effektiv ausblenden ließ. In einer Folge des *The MacNeil/Lehrer Report* aus dem Jahr 1980 fragte der Journalist Lewis Silverman einen Anwalt, der unlängst Automatisierungstechnologie in seiner Kanzlei eingeführt hatte, ob er sich keine Sorgen darum mache, wie das die Arbeitserfahrung »entmenschlichte«.

»Ich glaube nicht, dass das bei dieser Art der Automatisierung ein Faktor ist«, entgegnete der Anwalt. »Was wir erleben werden, ist meiner Ansicht nach, dass uns die Fähigkeit, Dokumente schneller zu erstellen, Zeit für andere Dinge verschafft. Statt gleich viele Dokumente in der halben Zeit zu erledigen und dann die halbe Zeit Däumchen zu drehen, werden wir doppelt so viele Dokumente produzieren wie bisher und an doppelt so vielen Transaktionen arbeiten.« Das heißt nichts anderes, als dass Produktivität den Output erhöht – und den potenziellen Gewinn. Den Angestellten erleichtert das aber nicht die Arbeit. Sie haben weder mehr Zeit, sich auszuruhen, noch verdienen sie besser. Es setzt lediglich neue Standards für das schiere Arbeitspensum, das sie an einem beliebigen Tag bewältigen sollen. Der Nutzen fließt nur in eine Richtung: nämlich weg vom Arbeitnehmer.

Ein Gegenargument erhoffte sich Silverman von Karen Nussbaum, Leiterin des nationalen Verbands berufstätiger Frauen (National Association of Working Women), einer Organisation für Büroangestellte, die zuvor 9to5 hieß. Sie ratterte schnell die Liste der Argumente herunter, dass die Automatisierung den Beschäftigten das Gefühl gab, weniger Einfluss auf ihre Arbeit und weniger Verbindung zu Kollegen zu haben und dass die Technologie ihrer Gesundheit schade. Teil des Problems seien die Geräte als solche, meinte sie. Ein noch größeres Problem sei aber die von ihnen geforderte Produktivität: Wird mit höchster Effizienz gearbeitet, bleibt kein Raum für die menschlichen Aspekte der Arbeit. Außerdem sorgte die Automatisierung dafür, dass es normal wurde, für weniger Geld mehr zu arbeiten.

Doch das Topmanagement sah auch das erwartungsgemäß anders. Jack Walsh, damals Leiter für Telekommunikation und Bürodienstleistungen bei Avon, behauptete, dass sich manche Sekretärinnen durch die neue Technologie selbstbestimmter fühlten und sogar zusätzliche Kompetenzen erwarben. Das Unternehmen führte eine Studie durch, die ergab, dass 10 Prozent der Arbeit einer Führungskraft an eine Sekretärin delegiert werden konnte, was deren Rolle »aufwertete«.

Darauf hatte Nussbaum eine bissige Antwort: »Technologie kann die Arbeit optimieren, doch für die meisten Büroangestellten ist das nicht der Fall«, erklärte sie. »Mich würde interessieren, ob Mr. Walsh den Sekretärinnen, die jetzt manche Arbeiten von Führungskräften übernehmen, auch die Gehälter erhöht hat.« Das war und ist die dystopische Realität, die der Umgestaltung und Automatisierung des Büros zugrunde liegt. Der Auftrag lautete nie: »Ihr habt einen Weg gefunden, eure Arbeit effizienter zu erledigen, also könnte ihr früher nach Hause gehen.« Stattdessen hieß es immer: »Ihr habt einen Weg gefunden, eure Arbeit effizienter zu erledigen – also müsst ihr jetzt für dasselbe Gehalt zusätzliche Aufgaben übernehmen.«

Uns Beschäftigten halfen Technologien stets in gewisser Weise weiter. Mit der Zeit wurden diese Hilfsmittel raffinierter, doch wir als ihre Nutzer sind nach wie vor nur Menschen, und es gibt Grenzen dafür, wie viele Produktivität ein Körper oder ein Geist aushalten kann. Anfang der 1980er-Jahre begannen Arbeitnehmende, die Grenzen auszutesten, wurden aber von der anhaltenden Volatilität der amerikanischen Konjunktur in den Überlebensmodus gezwungen. Es spielte keine Rolle, ob das Büro nervte, krank machte oder Widerwillen gegen die Kollegen auslöste. Anläufe zur gewerkschaftlichen Organisation wie der unter Federführung von Nussbaum und Working Women stießen auf heftigen Widerstand durch gewerkschaftsfeindliche Stimmung und Gesetzgebung. Man musste den Eindruck haben, dass es keine Möglichkeit gab, gegenzusteuern oder sich zu wehren. Die Folge war, dass eine ganze Generation von Beschäftigten das Streben ihrer Arbeitgeber nach Produktivität als ihr eigenes verinnerlichte, sich mit schlechterer Bezahlung und weniger Sicherheit abfand und wieder an die Arbeit ging.

1983 kamen drei Beschäftigte der Werbeagentur Chiat/Day auf eine Idee, die zu einer der berühmtesten Super-Bowl-Werbeaktionen aller Zeiten werden sollte. Eine Läuferin im Tank Top, auf dem ein Apple-Macintosh-Rechner prangt, vernichtet Big Brother und rettet die Menschheit vor einer Zukunft der Überwachung und Konformität. Der Spot wurde als Meisterwerk gepriesen und zementierte Chiats Stellung als eine der einflussreichsten Werbeagenturen des späten 20. Jahrhunderts, die Kampagnen entwickelte, durch die so banale Marken wie Energizer-Batterien und die NYNEX White Pages in unsere Köpfe eindrangen und uns im Gedächtnis blieben.

Zehn Jahre später hatte der Mitgründer Jay Chiat eine kreative Offenbarung, angeblich beim Skifahren in Telluride, im Bundesstaat Colorado, – doch diesmal nicht für eine Werbekampagne. Er fand es an der Zeit für eine Bürorevolution. Er wollte nicht nur die Zellen loswerden, sondern jeden privaten Raum in der Hoffnung, dadurch einen Ort der »kreativen Unruhe« zu schaffen.[18] In einem neuen Büro, das im kalifornischen Venice nach Entwürfen von Frank Gehry erbaut worden war, sollte es keine Bürozellen, keine Aktenschränke und keine festen Schreibtische mehr geben. Alle Beschäftigten würden beim Betreten des Gebäudes ein Power-Book und ein Mobiltelefon in Empfang nehmen und sich dann einen Arbeitsplatz für den Tag suchen – auch zu Hause oder am Strand, wenn sie das wollten. Das Büro konnte an jedem Ort sein, wo man nachdenken konnte.

Für jeden, der in den letzten zehn Jahren ein Start-up besucht hat, klingt das alles ziemlich normal. Doch damals war Chiats

Vision vom ersten »virtuellen« Büro genauso aufregend wie das ursprüngliche Konzept vom Großraumbüro. Den Empfangstresen umrahmten die Konturen grellroter Lippen. Ein Bild von einem pinkelnden Mann wies den Weg zur Herrentoilette. Der Boden war von Hieroglyphen in allen Regenbogenfarben bedeckt. Für Besprechungen gab es ein Clubzimmer, die Student Union, ein Spielzimmer und etliche Konferenzräume voller Autos aus alten Volksfest-Fahrgeschäften.

Zunächst wurden die Büros von Chiat/Day als Werk eines kreativen Visionärs gefeiert: Die *New York Times* pries das vom italienischen Architekten Gaetano Pesce entworfene Büro in Manhattan als »erstaunliches Kunstwerk«.[19] Doch die Beschäftigten reagierten ähnlich wie auf das erste Großraumbüro: Sie fanden es von vornherein furchtbar. Damalige Angestellte erinnern sich daran, dass sie sich gleichzeitig entwurzelt und ständig überwacht vorkamen. Auf der verzweifelten Suche nach einem eigenen Arbeitsplatz ließen sich viele in den Konferenzräumen nieder. Daraufhin streifte Chiat durchs Büro und fragte nach, wer am Vortag schon am selben Platz gesessen hatte. Das Unternehmen hatte bei der Planung die tägliche Nachfrage nach PowerBooks unterschätzt, sodass sich an den Ausgabestellen lange Schlangen bildeten. Weil sie keinen eigenen Arbeitsplatz mehr hatten, gingen Beschäftigte dazu über, ihre Akten im Kofferraum ihres Autos aufzubewahren.[20] »Die Leute gerieten in Panik, weil sie dachten, sie könnten nicht funktionieren«, räumte Chiat später ein. »In den meisten Fällen hielt ich das für eine Überreaktion. Aber wir hätten damit rechnen sollen.«

Chiat verkaufte das Unternehmen 1995 und die neuen Eigentümer begannen praktisch unverzüglich damit, die ausgefallensten und untragbarsten Komponenten des Konzepts zurückzunehmen. Im Dezember 1998 verlegten sie das Westküstenbüro in einen ebenso gehypten Neubau in Playa del Rey. Dort gab es zwar

wieder Schreibtische und Telefone, die jedoch in von Zimmer-
pflanzen gesäumten »Nestern« und »Klippenbehausungen« plat-
ziert waren, welche in »Viertel« unterteilt waren. Die Botschaft
dieses Büros lautete, wie es *Wired* formulierte: »Bleib ein Weilchen.
Oder auch die ganze Nacht. Mann, hier kannst du einziehen. In
einem Geschäft, das von Menschen zwischen 20 und 30 lebt, die
auch gern mal die Nacht durcharbeiten, offensichtlich keine
schlechte Idee.«

Im Rückblick hatte das Chiat/Day-Büro das »Hot Desking« –
die zeitversetzte Nutzung von Arbeitsplätzen durch verschiedene
Beschäftigte – der sogenannten Gang-Büros aus der Zeit vor der
Pandemie vorweggenommen. Doch Chiat hatte es nicht richtig
verstanden, seine Leute tatsächlich von ihren Schreibtischen zu
lösen und ihnen Produktivitäts- und Kreativitätsimpulse zu geben.
Das gelang nämlich weder durch Kunstwerke noch durch Kirmes-
Fahrzeuge oder schrilles Grafik-Design. Man musste lediglich
dafür sorgen, dass sie die ganze Zeit über dort sein wollten.

Chiat/Day war längst nicht das einzige Unternehmen, das es darauf anlegte, ein Bürokonzept zu entwickeln, aus dem seine bilder-
stürmerische Mission sprach. Ein Unternehmen, das wirklich
innovative Produkte erzeugte, sollte logischerweise auch an einem
wirklich innovativen Ort tätig sein. Wie der Chiat/Day-Campus in
Venice wurden solche Arbeitsumgebungen als Wettbewerbsvorteile konzipiert: Sie sollten cool aussehen und natürlich fähige
Köpfe anziehen. Doch die Räumlichkeiten sollten auch produktiv
sein – die perfekte Mischung aus Geselligkeit, Zusammenarbeit
und absoluter Konzentration.

Natürlich senkte keines dieser Unternehmen seine gnadenlosen Produktivitätsansprüche an die Arbeit, und natürlich war die
Arbeit um keinen Deut weniger transaktional. Wenn überhaupt,

dann prekarisierten die Organisationen das Leben ihrer Beschäftigten im Streben nach Wachstum und Shareholder Value. Doch es gab da eine äußerst kostensparende, reibungslose Möglichkeit, Mitarbeitende von diesem Umstand abzulenken: Man gruppierte sie einfach in einer ansprechenden Atmosphäre, die den vom Unternehmen projizierten kulturellen Werten der »Dynamik« und der »Gemeinschaft« entsprach. Anders gesagt, im Büro als Stadt – oder noch besser, als Campus.

In den 1970er-Jahren hatten Großunternehmen im mittleren Westen wie 3M oder Caterpillar auf dem Land ausgedehnte Büroparks für ihre Tausenden von Beschäftigten errichtet und die ersten Silicon-Valley-Unternehmen wie Xerox schauten sich diese Campus-Struktur in den 1970er-Jahren bekanntlich begeistert ab. Aus wirtschaftlicher Sicht waren diese frühen Campus-Umgebungen durchaus sinnvoll: Sie ermöglichten es den Unternehmen, teure städtische Immobilien aufzugeben, und der Standort ließ sich Stellenbewerbern, die sich in den Vororten niederlassen wollten, als Vorteil verkaufen.

Doch wie William Whyte, Autor von *The Organization Man*, erläuterte, steckte eine tiefere, hintersinnige Absicht hinter dem Konzept – vor allem mit Blick auf frische Uniabsolventen: »Der Ort ändert sich, die Ausbildung geht weiter, denn zur gleichen Zeit, als die Colleges ihre Lehrpläne auf die Bedürfnisse der Wirtschaft ausrichteten, reagierten die Unternehmen, indem sie einen eigenen Campus und Hörsäle einrichteten«, schrieb er. »Inzwischen ist beides so miteinander verschmolzen, dass sich kaum noch sagen lässt, wo das eine aufhört und das andere beginnt.«[21]

So ein Unternehmenscampus war nicht wirklich eine Festung, aber doch privat, bewacht und als möglichst autark konzipiert. Und wie in einem kleinen liberalen geisteswissenschaftlichen College sollte die Kultur insular, loyal und leicht zu steuern sein. Die

Innovationsfähigkeit der Beschäftigten ergab sich zumindest zum Teil aus dem alles andere als subtilen Verwischen der Grenzen zwischen Beruf und Privatleben: Der Unternehmenscampus prägte den Organisationsmenschen. Damals wurden aus den Vororten, wie es Whyte formulierte, »Gemeinden nach dem Ebenbild [des Organisationsmenschen]«. Die Beschäftigten schliefen vielleicht nicht auf dem Campus, doch die Büronormen hatten auch noch weit außerhalb des Unternehmensgeländes Geltung – in den sozialen Strukturen, die aufgebaut worden waren, um dem Rhythmus des engagierten Arbeitnehmers entgegenzukommen und diesen zu verstärken.

Die Bürokomplexe und Campusanlagen der letzten 30 Jahre leisteten dieser Vorstellung noch Vorschub. Sie wirken noch schicker, sind enorm fotogen, aber auch von führenden Architekten nach allen Regeln der Kunst so geplant, dass sie den »gesellschaftlichen Zusammenhalt« fördern. Sie zielen nicht nur auf Produktivität ab, sondern, wie es der Architekt Clive Wilkinson 2019 in seinem Buch *The Theatre of Work* formulierte, auf etwas weit Höheres, Erhabeneres: In diesen Räumen sollte »menschliche Arbeit endlich von jeglicher Schinderei befreit werden, inspirieren und beleben«.[22]

Wilkinson, der Googles über 45.000 Quadratmeter großen Campus Googleplex im kalifornischen Mountainview entworfen hat, hatte nach eigenen Worten 1995 die erste diesbezügliche Offenbarung. Bei der Sichtung alter Studien und Umfragen über Arbeitsgewohnheiten stieß er auf eine Untersuchung, die ausgewertet hatte, wie Büroangestellte die Zeit zwischen 9 und 17 Uhr verbringen. Dabei stach ihm sofort ins Auge, wie viel »nicht belegte« Zeit die Beschäftigten fern vom Schreibtisch verbrachten – also nicht in Besprechungen oder anderen expliziten Arbeitsfunktionen. Wilkinson fand schwer zu glauben, dass so viele

Arbeitskräfte Stunden auf der Toilette zubrachten oder einfach gemeinsam das Büro verließen. Und sie befanden sich tatsächlich im Büro – sie standen in Fluren herum, plauderten im Foyer oder versammelten sich am Schreibtisch einer Kollegin, die gerade eine Geschichte erzählte.

»Ich konnte es kaum fassen«, erzählte uns Wilkinson. »Unser Team erkannte, dass Büroplanung einen grundlegenden Fehler hatte.« Ihm war klar: Lange Zeit hatte sich das Bürodesign nur um die Platzierung von Schreibtischen und Büros gedreht. Die Zwischenräume wurden als Flure und Gänge betrachtet. Doch diese »Übergewichtung des Schreibtischs«, erinnerte sich Wilkinson, »hatte dem Arbeitsleben geschadet und uns in die Falle dieser starren Formalität gelockt«.

Also machte er sich daran, das zu beheben, und verlagerte den Fokus bei seiner Planung auf Arbeit, die *nicht* am Schreibtisch stattfand. In der Praxis bedeutete das, wo einst schummrig beleuchtete Korridore waren, Tribünen und Ecken vorzusehen und Schreibtischgruppen so locker zu stellen, dass sie zu mehr Bewegung zwischen den Teams einluden. Ein kinetisches Büroumfeld, so der Gedanke, konnte spontane Begegnungen fördern, die wiederum Kreativität auslösen würden. Das Konzept ließ auch private Bereiche zu – vielfach mit bequemen Sofas und weichen Ottomanen, die heimelig wirken sollten. Dort konnte man abseits der lauten Bürozellen konzentriert arbeiten.

Die Google-Gründer Larry Page und Sergey Brin waren von dieser neuen Bürogattung besonders fasziniert. Nach Wilkinsons Erinnerung waren die Vorstellungen der beiden bei den ersten Gesprächen stark von ihrer Zeit in Stanford beeinflusst, als sich die Ingenieure gern in kleinen Gruppen in entlegenen Winkeln des Campus zu Programmierorgien oder zum gemeinsamen Lernen zusammenfanden. Sie stellten sich eine Mischung aus klassischem Büro und Universitätsumfeld vor – einen Raum, der sich sowohl zur Teamarbeit als auch zu selbstbestimmtem Arbeiten anbot.

Wilkinson entwickelte also einen Plan, dessen verbindendes Ziel – wie bei einem Collegecampus – Autarkie war. Das hieß, man brauchte flexible Arbeitsräume, die sich für Teams eigneten, deren Zusammensetzung sich ständig änderte, und für immer neue Projekte, aber auch weitläufige Grünflächen, kleine Bibliotheken, Treffpunkte und »Bereiche für Fachgespräche«, die Wilkinson später als »Flächen entlang öffentlicher Wege« bezeichnete, »wo quasi ständig Seminare und Veranstaltungen zum Wissensaustausch stattfinden würden«.[23]

Im Dienste dieses laufenden Wissensaustauschs wurde das Googleplex mit einem atemberaubenden Angebot an Annehmlichkeiten ausgestattet. Über den Campus verstreut gibt es Volleyballfelder, Hauspersonal, Biogärten, Tennis- und Fußballplätze. Darin befindet sich auch ein privater Park, der ausschließlich von Google genutzt werden darf. Im Googleplex haben Beschäftigte Zugang zu verschiedenen Fitnessstudios und Massageräumen, Cafés, Cafeterien und Selbstbedienungsküchen. Anders als klassische Unternehmenskantinen, in denen die Speisen oft geringfügig subventioniert werden, ist bei Google alles gratis. 2011, als das Unternehmen rund 32.000 Beschäftigte hatte, wurde das Catering-Budget auf rund 72 Millionen US-Dollar im Jahr geschätzt.[24] Seither hat sich Googles Belegschaft mehr als vervierfacht.[25]

Wilkinson zufolge sollte das Googleplex so gestaltet werden, dass »alle grundlegenden Bedürfnisse des Arbeitslebens« auf begrenztem Raum erfüllt werden können. Wie er es damals sah, sollte die Unterstützung der Arbeitskräfte durch ein erholsames soziales Umfeld – und erhebliche Nebenleistungen wie Mahlzeiten und Wellnessprogramme – echte Gemeinschaft und nachhaltige Kreativität fördern. Vor allem aber verkörperte es einen humanen, rücksichtsvollen Umgang des Unternehmens mit seinen Beschäftigten, die viele Stunden arbeiteten und Produkte entwickelten, um die Welt zu verändern.

Im Rückblick ist Wilkinson von dieser Vision nicht mehr so überzeugt. In den letzten 20 Jahren schlugen seine brillanten innovativen Entwürfe in der Welt der Architektur Wellen, da große Tech-Unternehmen ebenso wie kleinere Start-ups Elemente der dynamischen Arbeitsplätze seines Teams für ihre Standorte abkupferten. Dabei ist sich Wilkinson zunehmend bewusst, wie heimtückisch die angebotenen Nebenleistungen sein können. »Wird das Arbeitsumfeld heimeliger und gemütlicher, ist das meiner Ansicht nach gefährlich«, erklärte er uns Ende 2020. »Es ist clever, verlockend *und* gefährlich. Es umschmeichelt die Beschäftigten, denn es sagt ihnen, ihr bekommt hier alles, was ihr wollt – fühlt euch zu Hause. Die Gefahr liegt darin, dass die Grenzen zwischen Heim und Büro verwischen.«

Und genau diese Gefahr, auf die Wilkinson anspielt, trat ein. Das neue Campus-Design hatte eine tiefgreifende Wirkung auf die Unternehmenskultur. Diese Wirkung war zum Teil unbestreitbar positiv: Es wurden Räume geschaffen, in denen sich die Menschen wirklich wohlfühlten. Doch dieses Gefühl wird zu einer Anziehungskraft, die die Beschäftigten immer länger im Büro hält und ihre bisherigen Auffassungen und sozialen Normen verzerrt.

Stellen Sie sich folgendes Szenario vor: Sie sind ein aufstrebender Ingenieur mit wenigen Jahren Berufserfahrung. Es fällt Ihnen nicht schwer, schon sehr früh im Büro zu sein und abends lange zu bleiben, weil Sie ja jederzeit absolut kostenlos ein Gourmet-Dinner vorgesetzt bekommen, ohne einen Finger krumm zu machen. Diese Mahlzeiten nehmen Sie häufig im Kollegenkreis ein. Dabei wird über Vieles gesprochen, aber hauptsächlich über die Arbeit.

Um Dampf abzulassen, finden Sie sich in einer der vielen Sport-
hallen des Unternehmens zu einem 3-gegen-3-Basketballspiel ein
oder spielen Frisbee im unternehmenseigenen Park. Bietet die
Firma einen interessanten Vortrag an, gehen Sie hin. Wenn Sie
gerade im Programmierrausch sind, hängen Sie mit anderen in
den gemütlichen Ecken ab, die dafür bereitstehen. Nach Feierabend gönnen Sie sich auf dem Campus noch ein Bierchen, bevor
Sie mit dem betriebseigenen Shuttlebus nach San Francisco in
Ihre Wohnung fahren. Während der Fahrt chatten Sie über die
WiFi-Verbindung des Shuttles mit Freunden und checken Ihre
E-Mails.

Nach und nach sind Ihre Kollegen Ihre besten Freunde – und
irgendwann Ihre einzigen. Es ist einfacher, auch das soziale Leben
an den Arbeitsplatz zu verlegen, denn dort sind ja schon alle. Das
Leben fühlt sich rationeller, effizienter an. Es macht sogar Spaß!
Manchmal albert man einfach herum und vertreibt sich gemeinsam die Zeit – wie damals im Studentenwohnheim. Ein andermal
arbeitet man zusammen – wie seinerzeit nächtelang in der Bibliothek. Mitunter ist der Arbeitsalltag eine vage Mischung aus beidem, aber dennoch produktiv. Es ist die Neuauflage der Hingabe
zum Unternehmen, wie sie schon der Organisationsmensch
lebte – nur dass der Country Club inzwischen auf den Campus
umgezogen ist.

Wir haben zwar nie für ein Big-Tech-Unternehmen im Silicon
Valley gearbeitet, doch während unserer Arbeit bei einem Medien-
Start-up in New York um 2015 haben wir eine Ahnung davon
bekommen, wie das sein muss. Als Mitarbeitende der ersten Stunde
nahmen wir bald die Nebenleistungen in Anspruch, die uns länger
im Büro hielten. Jeden Donnerstag gab es Bier für alle, dazu wurde
Pizza spendiert und im Anschluss zogen wir gemeinsam durch die
Kneipen. Schon bald waren unsere Kollegen unsere engsten

Freunde. (Wir beide haben uns übrigens ebenfalls auf diese Weise kennengelernt.)

Die Anziehungskraft der Unternehmenskultur bewirkte, dass wir immer weniger Zeit für Freunde hatten – und dafür, Beziehungen zu pflegen, die nichts mit der Arbeit zu tun hatten. Es war grundsätzlich viel einfacher, gleich vom Büro aus in den geselligen Teil des Abends überzugehen, als erst durch die halbe Stadt zu fahren, um sich mit anderen zu treffen. Jeder kannte jeden, alle verstanden sich mit wenigen Worten. Während der Happy Hour im Kollegenkreis konnte jeder Blödsinn, den wir verzapften, rasch in ein Gespräch über berufliche Dinge umschwenken. War das Arbeit? Aber sicher. Bloß wäre keinem von uns eingefallen, es auch so zu nennen.

Wir mögen unsere früheren Kolleginnen und Kollegen. Wir waren auf so mancher Hochzeit, haben ihre Kinder aufwachsen sehen und halten bis heute privat Kontakt. Es sind echte Freundschaften entstanden, was wir nicht bedauern und nie bedauern werden. Als wir aus New York wegzogen, merkten wir jedoch, dass diese Arbeitsfreundschaften wie ein trojanisches Pferd funktionierten, über das die Arbeit unser Leben infiltrieren und schließlich vollständig erobern konnte. Durch solche Beziehungen wurde die Work-Life-Balance nicht etwa schwieriger, sondern Arbeit und Privatleben verquickten sich so stark, dass an ein Gleichgewicht gar nicht mehr zu denken war: Wir verbrachten quasi jeden wachen Moment in irgendeinem Bezug zu unserer Firma, und das kam uns überhaupt nicht seltsam oder problematisch vor. Es war einfach ganz normal.

Die meisten Angestellten genießen keine Privilegien wie täglichen Catering-Service oder sonnendurchflutete Atrien mit ergonomischen Sitzgelegenheiten für spontane Brainstorming-Sitzungen.

Doch nur weil sie kein Volleyballfeld haben, heißt das nicht, dass sie nicht ebenfalls in der Gestaltung und der Technologie ihrer Büros gefangen sind. Denken Sie nur an die lange Historie Ihres Posteingangs.

Auch der Weg der E-Mail ins Verderben ist wie bei den meisten Technologien mit guten Absichten gepflastert. 1971 verwendete der ARPANET-Ingenieur Ray Tomlinson das inzwischen so berühmte @-Symbol, um eine Nachricht an eine sehr kleine Zahl superteurer vernetzter Rechner zu leiten. Damals gab es noch nicht überall Anrufbeantworter und es war nicht so einfach, jemandem eine Nachricht zu hinterlassen, der keine Sekretärin oder keinen Auftragsdienst beschäftigte. Aber vielleicht konnte man ja einem bestimmten Nutzer eine Nachricht auf einem Computer hinterlegen.

Als Tomlinson knapp 20 Jahre später die Tragweite seiner Lösung begriff, war die flächendeckende Einführung der E-Mail in der Erwerbswelt bereits in vollem Gang.[26] Die Argumente für die Einführung am Arbeitsplatz waren ganz einfach: Statt in einer Papierflut zu versinken, konnten Bürokräfte ihre Arbeit auf den Rechner verlagern. Es wurde nicht mehr manuell gedruckt, vervielfältigt oder gefaxt und auch nichts mehr händisch zugestellt. Man drückte einen Knopf und ab ging die Post. Doch statt die Kultur der innerbetrieblichen Memos und Korrespondenz zu demontieren, absorbierte die E-Mail schlicht ihre gesamten Formalitäten, die damit verbundenen Ängste und die bedrückende Banalität und sorgte im Anschluss dafür, dass sie rund um die Uhr zugänglich wurden.

Die Verbreitung der E-Mail führte im Grunde zu immer mehr E-Mails. So viele, dass eine eigene Industrie entstand: in Form von Ratgebern und Büchern mit Titeln wie *The Executive Guide to E-Mail Correspondence* oder *E-Mail: A Write It Well Guide*. Die Autorinnen dieser Bücher beschrieben über Hunderte von Seiten akribisch Vorlagen für jede Lebenslage, zum Beispiel dazu, wie man eine »Anfrage zur Zusammenarbeit« als E-Mail formulierte. In einem Buch gibt es ein Kapitel mit der Überschrift »Heikle Situationen«. Es enthält Anleitungen für E-Mails, um »Fehler anderer zuzuschieben«, »um Sonderbehandlung zu ersuchen«, wegen »verlegter Unterlagen« oder »Teilnahmeverweigerung«.[27] Es gab jede Menge Blaupausen für schlechtes Betragen, wie aus dem folgenden Abschnitt aus *The Executive Guide to E-Mail Correspondence* hervorgeht: »Die Nachricht ›Nächste Woche bin ich im Urlaub.‹ ist eine schlechte. Sie haben Urlaub? Soll das heißen, Sie arbeiten NICHT? … Selbst wenn Sie sich ein paar wohlverdiente freie Tage nehmen, sollten Sie das lieber nicht an die große Glocke hängen. (Am besten lassen Sie es gänzlich unerwähnt.)«[28]

Das Problem sollte inzwischen vertraut sein: Sie führen eine Technologie oder Designlösung ein, weil sie effizienter ist oder Einsparungen ermöglicht, ohne über ihre holistischen Effekte auf das Büro und seine Kultur nachzudenken. Prompt finden Sie sich mit einer ganz neuen Kategorie von Problemen wieder. E-Mails mochten direkt und schnell sein, doch eines stand quasi von vornherein fest: Das Versprechen, das Papier aus der Arbeitswelt zu verbannen, würden sie nicht halten können. Eine Studie, die Forscher Mitte der 1990er-Jahre durchführten, ergab, dass die Einführung der E-Mail in einer Organisation im Durchschnitt zu einem um 40 Prozent höheren Papierverbrauch führte.[29] Wie die Kognitions- und Computerwissenschaftler Abigail J. Sellen und Richard H. R. Harper in *The Myth of the Paperless Office* feststellten, das 2001 erschien: »Wie es scheint, müssen sehr viele Informationen aus dem Internet ausgedruckt werden, damit wir sie lesen und verstehen können.«[30]

Das heißt, es gab immer noch ganze Berge von Papier und *zusätzlich* eine wachsende Flut von E-Mails. Anfang des 21. Jahrhunderts wuchs sich das zu einem solchen Problem aus, dass ein Ingenieur bei Google namens Paul Buchheit versuchte, eine schnelle Lösung zu finden, um die Technologie vor sich selbst zu retten. Wenn man den Posteingang effektiv *durchsuchen* konnte, so sein Gedanke, konnte man E-Mail auf eine ganz neue Art einsetzen: Statt gestresst Nachrichten zu löschen oder zu speichern, konnte man sie für immer aufheben und ein riesiges, jederzeit durchsuchbares Archiv vergangener Korrespondenz erstellen. Google nannte diesen Dienst, der 2004 auf den Markt kam, Gmail und bot jedem Nutzer kostenlos ein Gigabyte Archivkapazität an – damals eine Menge Speicherplatz. Natürlich »bezahlten« die Nutzer Google durch die Hintertür, indem sie dem Unternehmen Zugriff auf ihre Daten gaben, doch wie so oft, wenn es auf Kosten des Datenschutzes geht, erschien das den einzelnen Nutzer zumindest vorerst vernachlässigbar.

Fast 20 Jahre später gibt es weltweit rund 1,5 Millionen Gmail-Konten. Universitäten und Organisationen in aller Welt haben den Dienst als offizielle E-Mail-Anwendung eingeführt und Googles schärfste Konkurrenten – Yahoo und Hotmail – haben ihre Leistungen nach und nach an das Gmail-Angebot angepasst. E-Mails waren damit längst nicht mehr so förmlich, aber dafür allgegenwärtig. Weil der Posteingang im Grunde grenzenlos Platz bot, versuchten wir gar nicht mehr, ihn einzudämmen. Filter-Tabs sorgten für einen aufgeräumten Posteingang, verschoben E-Mails aus unserem Blickfeld und senkten die Öffnungsraten für E-Mail-Marketing, wodurch die Menge an Werbemails zunahm.

Google hatte versucht, eine einfache Lösung für das E-Mail-Problem zu finden, konnte aber nicht verhindern, dass die E-Mail von unseren schlimmsten Impulsen und Unsicherheiten korrumpiert wurde. Als der *Time*-Journalist Harry McCracken 2014 versuchte, Buchheit per E-Mail zu erreichen, erhielt er eine Abwesenheitsnotiz: Buchheit machte E-Mail-Pause. Als ihn McCracken schließlich erreichte, übte Buchheit schonungslos Kritik an dem, was Gmail da verbrochen hatte. »Es gibt eine Kultur der ständigen Erreichbarkeit, in der alle davon ausgehen, dass jede E-Mail sofort beantwortet wird – auch um 14 Uhr am Samstag. Die Leute sind inzwischen die Sklaven ihrer E-Mails. Das ist kein technisches Problem. Es lässt sich nicht durch einen Computer-Algorithmus lösen. Es ist vielmehr ein gesellschaftliches Problem.«

Statt das gesellschaftliche Problem anzugehen, das zuließ, dass die E-Mail unser ganzes Leben durchdrang, versuchten wir, es in den Griff zu bekommen, zu steuern, auszuschalten oder zumindest an die Kette zu legen. Wir erfanden Produktivitätstools, um Produktivitätstools zu managen, und saßen irgendwann immer tiefer im Loch – auf der verzweifelten Suche nach einer Lösung, die uns endlich daraus zu befreien versprach.

2012 war McKinsey einer solchen Lösung auf der Spur: Man wollte eine Möglichkeit finden, wie sich die Belastung von Beschäftigten durch E-Mails verringern und ihre Produktivität beim Kunden steigern ließ. In einem Bericht aus dem besagten Jahr stellten die McKinsey-Analysten fest, dass der durchschnittliche Wissensarbeiter 28 Prozent seiner Arbeitswoche damit zubrachte, E-Mails zu verwalten und fast 20 Prozent damit, interne Informationen zu suchen oder einfach Kollegen zu finden, die ihm bei bestimmten Aufgaben zur Hand gehen konnten. Sie waren überzeugt, mit einer Art Team-Chat – also einer »Technologie für soziale Kontakte« – die Produktivität von Wissensarbeitern um 20 bis 25 Prozent steigern zu können.[31]

Knapp zehn Jahre später haben die vom McKinsey-Bericht angedachten Technologien in der einen oder anderen Form an jedem Arbeitsplatz Eingang gefunden. Ob Microsoft Teams (für »die nahtlose Zusammenarbeit im Team«), Workplace from Meta (»vernetzt Beschäftigte mit vertrauter Videokommunikation und Tools für die Zusammenarbeit«), Google Hangouts (»macht Gespräche lebendig«) und Slack (»eine neue Methode, mit Ihrem Team zu kommunizieren«) sowie Dutzende von Videokonferenz-Tools, viele mit Chat-Funktionen, deren Verwendung seit Ausbruch der Pandemie förmlich explodiert ist (Zoom, Webex, Blue-Jeans, Chime, Skype und so weiter).

In den meisten Büros werden diese Technologien in einer beliebigen Kombination verwendet. Der Paradigmenwandel kam aber mit Slack. 2013 verführte Slack als erstes Produkt das Silicon Valley mit dem Versprechen, der E-Mail den Garaus zu machen.[32] Die Idee war ebenso einfach und elegant wie seinerzeit bei Gmail: Statt zu Hunderten ihren Posteingang zu durchforsten und Anhänge, Entwürfe oder alte Google Chats zu suchen, sollten einfach alle Beschäftigten an einem Ort vernetzt werden, wo sie sich Nischen für Spiele und Zusammenarbeit einrichten konnten.

Slack funktionierte. Brainstorming-Threads, die einst unkontrolliert durch Posteingänge zirkulierten, landeten in einem bestimmten Slack-Raum. Dasselbe galt für Gespräche über Ideen und Ausführung. Die Plattform war benutzerfreundlich und machte durch individuelle Emojis und die Integration in GIPHY mitunter sogar Spaß. Die Nutzung nahm organisch zu, oft auf Empfehlung: Beschäftigte, die von Freunden in anderen Unternehmen von Slack gehört hatten, beknieten die eigene Personalabteilung, die Technologie einzuführen. Sogar die Zauderer ließen sich letztlich überzeugen, als sich das Gros der Kommunikation von E-Mail-Ketten in Chatrooms verlagerte. Ein Analytik-Unternehmen berichtete, dass Beschäftigte von Großunternehmen, die Slack eingeführt hatten, im Schnitt über 200 Slack-Nachrichten pro Woche versandten, während sogenannte »Power User« über 1000 pro Tag abschickten.[33]

Einer Analyse von RescueTime zufolge – eine App, die verfolgt, welche Apps Sie wie lange nutzen – konnten Slack und andere soziale »Chat«-Apps die E-Mail-Nutzung tatsächlich verringern. Im Zeitraum von 2013 bis 2019 reduzierte sich der Anteil der auf E-Mail entfallenden Bildschirmzeit von Beschäftigten von knapp 14 auf 10,4 Prozent. In Wirklichkeit verbrachten sie ihre Zeit aber stattdessen in Chat-Apps, deren Nutzung von 1 auf 5 Prozent zunahm.

Die Daten von RescueTime sind nicht wirklich präzise. Haben Sie das Tool beispielsweise auf Ihrem Rechner installiert, misst es nicht, wie viel Zeit Sie für E-Mails oder Slack-Nachrichten aufwenden, die Sie mit dem Handy verschicken. Dennoch demonstriert diese Studie einen ärgerlich einfachen Sachverhalt: Technologien wie Slack *verringern* gar nicht die Zeit, die Nutzer für die Online-Kommunikation aufwenden, sie bieten ihnen dafür lediglich eine weitere, noch ausgeklügeltere und ablenkendere Möglichkeit.[34] Nach und nach führt das zu Erschöpfung und Frust. »Ich kam mir immer unproduktiver vor – stets auf Habacht und von Slack einfach überfordert«, schrieb die Programmiererin Alicia Liu 2018 in einem Medium-Blogbeitrag. »Und je länger ich Slack nutzte, umso größer wurde das Problem. Ständig wurde ich von Slack-Benachrichtigungen abgelenkt.«

Solche Störungen sind mit erheblichen Kosten verbunden: Forscher haben festgestellt, dass bereits kurze Unterbrechungen von maximal 20 Minuten Beschäftigte stärker stressen.[35] Doch weil sie denken, sie würden aus wichtigem Grund gestört – oder befürchten, nachlässig zu wirken, wenn sie nicht sofort reagieren –, fällt es Beschäftigten oft schwer, die Benachrichtigungen zu ignorieren, vor allem über längere Zeit. Stattdessen weben wir sie in unseren

Arbeitstag ein und erzeugen so einen ständig wachsenden Teppich aus Arbeit, Störung, Störung und dann wieder Arbeit, bis uns das irgendwann ganz normal vorkommt. Nur, dass sich diese Normalität gar nicht gut anfühlt.

Wenn Sie genauer hinhören, merken Sie, dass sich jede Kritik an Slack ganz ähnlich anhört wie der letzte Vers eines jahrzehntelangen Klagelieds über neue Konzepte, neue Tools und neue Apps. Wir sind in einem verbissenen Kreislauf gefangen, die richtige technische Lösung zu finden, und übersehen dabei einen klaren Zusammenhang: Wird Kommunikation billiger und einfacher, dann nimmt die Anzahl der Interaktionen zu – und damit auch die für ihre Verarbeitung erforderliche Zeit.[36] Wir ignorieren die Warnungen all jener, die zusehen mussten, wie sich ihre noch so gut gemeinten Ideen vor ihren Augen ins Gegenteil verkehrten: Erinnern Sie sich noch an die Worte des Gmail-Erfinders? » Das ist kein technisches Problem. Es lässt sich nicht durch einen Computer-Algorithmus lösen. Es ist vielmehr ein gesellschaftliches Problem.«

Gesellschaftliche Probleme sind notorisch *schwer lösbar.* Sie lassen sich nicht mit einer guten Idee und ein paar Jahren engagierter Programmierarbeit aus der Welt schaffen. Sie erfordern kollektives Gegensteuern an vielen Fronten, einen großen Vorrat an Einsicht und Geduld und vor allen Dingen *Willenskraft* – eine potente Mischung aus Unzufriedenheit mit dem Status quo, gekoppelt mit einer Vision, wie es auch anders gehen könnte.

Anfang der 1980er-Jahre erkannte Karen Nussbaum genau so ein Moment für Büroangestellte in den gesamten Vereinigten Staaten. Nach Jahren stiefmütterlicher Behandlung, Diskriminierung und sinkenden Löhnen brachte die Automatisierung das Fass zum Überlaufen. Die Büros machten die dort arbeitenden Menschen krank, sie waren mit ihren Kräften am Ende und nun kam der Chef und verlangte, dass sie für weniger Geld mehr arbeiten sollten.

»Uns war klar, dass uns ein Zeitfenster von fünf bis zehn Jahren zur Verfügung stand, um uns mit den Folgen der Automatisierung auseinanderzusetzen«, erklärte uns Nussbaum. »Sie stellte einen maßgeblichen Störfaktor für die Arbeitsstruktur dar und es bot sich Gelegenheit, die Beschäftigten in dieser Phase zu erreichen, in der sich ihre jeweiligen Berufsbilder drastisch veränderten.« Doch Nussbaum wusste: Sie mussten schnell sein. »Sobald sich Beschäftigte in ein neues Aufgabengebiet eingefunden und an die neuen Normen gewöhnt hatten, wäre der richtige Moment für die Frage, welche Standards die richtigen wären, verstrichen.«

Nussbaum und die National Association of Working Women hatten den Willen und die Vision, zur Organisierung von Angestellten und Bürokräften beizutragen. Doch sie liefen gegen eine kulturelle Wand aus gewerkschaftsfeindlicher und antifeministischer Einstellung und einem überwältigenden amerikanischen Lokalpatriotismus im Kalten Krieg. Heute ist diese Wand etwas anders beschaffen, aber nicht minder undurchdringlich: In Ländern in aller Welt wird es heißen, der Fokus sollte auf dem Wiederaufbau der Wirtschaft nach der COVID-Krise liegen, darauf, sich im internationalen Wettbewerb durchzusetzen, auf Innovation und darauf, irgendwie den Sprung in eine neue Bürozukunft zu schaffen. Doch wie die bisherigen mehreren tausend Wörter deutlich gemacht haben, gibt es nicht das *eine* Bürodesign, die *eine* technische Innovation, die das *gesellschaftliche Problem* des bisherigen Arrangements der Büroarbeit lösen kann.

Im folgenden Kapitel gehen wir noch näher auf die verschiedenen Ansätze zur Bewältigung dieses Problems ein. Vorerst aber hier unsere besten Ratschläge dazu, wie wir fehlgeleiteten Utopismus, Irrwege und Ablenkungen, die sich aus der Technologie in

Ihrem Büro sowie aus dessen Gestaltung ergeben haben, Schicht um Schicht abtragen können und wie wir uns in diesem flüchtigen, wilden Moment, in dem alles im Fluss ist, einen anderen Weg in die Zukunft ausdenken und proaktiv einschlagen können.

Hören Sie auf, vom Büro der Zukunft zu träumen

Möglicherweise ist man in einem Büro irgendwo in Kopenhagen bereits Anfang der 1990er-Jahre dem Geheimnis auf die Spur gekommen, wie sich unser Produktivitätsteufelskreis durchbrechen lässt. In welchem Büro das war? Wir wissen es nicht genau. Wir kennen nicht einmal den Namen des Unternehmens. Die Forscher, die die Fallstudie durchgeführt haben, bezeichnen es kurz als DanTech – für »dänisches Technologieunternehmen«. Die Geschichte von DanTech, die Abigail J. Sellen und Richard H. R. Harper in *The Myth of the Paperless Office* nachgezeichnet haben, ist absolut einzigartig. Nicht etwa wegen seiner Produkte, seiner hohen Gewinne oder seiner Belegschaft, sondern weil es dem Unternehmen gelang, ein Büro zu modernisieren, ohne einfach alle Fehler und Probleme der Vergangenheit in die Zukunft fortzuschreiben.

Die Geschichte von DanTech beginnt in den 1980er-Jahren. Damals geriet das Unternehmen in seiner Branche in Rückstand und sah sich mit einer ungewissen Zukunft konfrontiert. Da entschloss sich das Topmanagement zu einem drastischen Schritt: Es wollte die Organisationsstruktur komplett verändern und dann von Grund auf neu anfangen. Beschäftigte wurden für zwei oder mehrere Aufgaben ausgebildet, damit Teams nach Gutdünken zerschlagen und anders zusammengesetzt werden konnten. Um die innerbetriebliche Organisation zu erleichtern, zog das Unternehmen um und gestaltete die Büroflächen physisch um. Es wurden allgemein nutzbare Schreibtischgruppen aufgestellt, damit Teams bei Bedarf zusammenarbeiten konnten, aber problemlos auch wieder jedes Mitglied für sich. Die Menge Papier, die jeder Beschäftigte verwenden oder am Arbeitsplatz aufbewahren durfte, wurde streng begrenzt. Stattdessen wurden alle aufgefordert, elektronische Ablagemöglichkeiten und die ersten PCs zu nutzen.

Diese Änderungen erscheinen aus heutiger Sicht gar nicht so revolutionär, doch damals war das ungefähr so, als hätte man allen Beschäftigten ein Oculus-Headset in die Hand gedrückt und sie angewiesen, fortan alles in der virtuellen Realität zu erledigen. Nicht alles, was DanTech ausprobierte, gelang. Eine elektronische Datenbank war so kompliziert, dass sie die Beschäftigten nicht richtig bedienen konnten, was bedeutete, dass am Ende wichtige Dokumente im digitalen Nirwana landeten. Mit der Zeit entwickelten die Angestellten aber ein System, das für sie funktionierte: Sie überließen die Archivierung einer Handvoll Kollegen, die sich bereits mit dem System auskannten. Das war vermutlich weniger effizient, als jeden Angehörigen des Unternehmens entsprechend zu schulen, doch viel praktischer. Nach etwa 18 Monaten war dem Unternehmen gelungen, was die meisten Arbeitgeber damals noch für undenkbar hielten: Es arbeitete weitgehend papierlos und wurde zu einem der ersten digitalen Büros seiner Zeit.

Für Sellen und Harper, die Papier als primäre Bürotechnologie des 20. Jahrhunderts genau studiert hatten, war DanTech ein seltenes Beispiel für echte Veränderung. Seit Mitte der 1970er-Jahre hatten Zukunftsforscher und Wirtschaftsfachleute prophezeit, dass der Siegeszug des papierlosen Büros unmittelbar bevorstehe. Doch so sehr sie sich auch bemühten, die IBMs und Xeroxe dieser Welt verwendeten auch in den 1990er-Jahren noch jede Menge Papier. Im Zuge der verheerenden Chiat-Sanierung 1993 hätte der

Anblick eines Blatts Papier E-Mails nach sich gezogen, um die Beschäftigen zu rügen, man arbeite doch in einem »papierlosen Büro« – obwohl ein Großteil der kreativen Werbeagenturarbeit noch auf Storyboards ausgeführt wurde und Verträge mit anderen Unternehmen nach wie vor ausgedruckt und unterzeichnet werden mussten.[37] Das Büro der Zukunft war immer noch stark auf den Drucker angewiesen.

Dennoch war dieses Team in Dänemark offenbar beinahe zufällig in eine papierlose Zukunft gestolpert. Das war ihm gelungen, weil es Wandel unter dem Aspekt der *Nachhaltigkeit* betrachtete. Wie Sellen und Harper verraten, hat sich DanTech nie explizit zum Ziel gesetzt, Papier komplett abzuschaffen. Stattdessen fokussierte sich das Unternehmen darauf, wie man der Belegschaft beibringen und sie dazu motivieren konnte, *anders* über die Verwendung von Papier zu denken. Prompt wurde es nach und nach immer seltener verwendet. »Verspricht jemand ein papierloses Büro, so sind Enttäuschung und Misserfolg programmiert«, schrieben Sellen und Harper. »Werden aber kleine, realistische Veränderungen versprochen, und Ziele sind leichter erreichbar, dann erhöht das aller Wahrscheinlichkeit nach die Zufriedenheit aller.«[38]

Diese Geschichte und die Lehren, die sich daraus ziehen lassen, drehen sich aber eigentlich gar nicht um Papier oder darum, ob ein papierloses Büro unbedingt besser ist als eines, in dem auf altmodische Art gearbeitet wird. Das fragliche dänische Büro lehrt uns, wie sich in einer Organisation bleibender Wandel herbeiführen lässt. DanTech plante langfristig. Das Unternehmen steuerte die Erwartungen seiner Beschäftigten. Es drängte auf kühne, potenziell schmerzhafte Veränderungen, doch wenn diese Verwirrung stifteten oder negative Folgen hatten – wie bei dem Ablagesystem –, war es bereit, einzugreifen und Sachverhalte neu zu bewerten. Und schließlich, so Sellen und Harper, fokussierte sich die Generalüberholung von DanTech auf »echte fundamentale Probleme«. Papier war nie wirklich das Problem gewesen. Doch bei DanTech hatte man begriffen, dass Modernisierung eine Möglichkeit darstellte, die echten strukturellen Probleme zu beheben, die sie im Wettbewerb zurückgeworfen hatten. »Organisationen müssen sich die Mischung aus Menschen, Artefakten und Prozessen zur Brust nehmen, um zu bewerten, wo Probleme angesiedelt sein könnten und wie sie sich lösen lassen«, erklärten Sellen und Harper. »Sie müssen in aller Breite und der Tiefe ausloten, was bereits vorhanden ist.«

Das fühlte sich in der Praxis vermutlich ziemlich langweilig an – oder zumindest längst nicht so gewagt oder beflügelnd wie der Gedanke, Papier ganz abzuschaffen oder plakative Proklamationen von sich zu geben. Das aber war der fatale Fehler an den Plänen so vieler Designer und Innovationsspezialisten: Sie stellten sich eine Zukunft vor, die sie dann ganz neu entwarfen, ohne darauf zu achten, wie sie bestehende Spannungen verschärfen oder grundlegende Bedürfnisse unbefriedigt lassen würde. Genau so war es bei Chiat/Day. Und am Ende stand man dort vor einem spritzlackierten Sumpf, in dem Beschäftigte Ausdrucke, Akten und Verträge verstohlen im Kofferraum ihres Autos verschwinden ließen.

Doch manche Unternehmen wie DanTech dachten sich das Büro der Zukunft aus, indem sie versuchten, das Büro der Gegenwart zu durchschauen. In solchen Fällen erinnerten die Pläne, wie Sellen und Harper feststellten, nur selten an die Umsetzung konventioneller Digitaltechnologien. Die dauerhaftesten Formen von Innovation eignen sich nicht so gut für vollmundige Pressemitteilungen, denn sie gehen schrittweise und periodisch vonstatten, legen auch mal eine Pause ein oder lassen zu, dass Pläne revidiert werden, und wirken zumindest auf Außenstehende mühsam. Sie machen sich ehrlich in Bezug auf die Defizite einer Organisation, halten nicht krampfhaft an Traditionen fest, sind aber dennoch leidenschaftlich und empathisch, wenn es um Lösungen geht.

Wir sind inzwischen so besessen von unseren eigenen techno-utopischen Visionen – vom Großraumbüro, vom papierlosen Büro oder vom Homeoffice –, nehmen uns aber nur selten die Zeit, den richtigen verschlungenen Weg zu finden, auf dem wir sie tatsächlich realisieren können. Aus diesem Grund ist die Geschichte des Büros im Wesentlichen ein einziges endloses Schlag-den-Maul-wurf-Spiel der Technologie und des Designs: Kaum hat man ein Problem gelöst, tauchen an seiner Stelle gleich mehrere neue, nicht minder hartnäckige Probleme auf. Wer dagegen die echten, grundlegenden Probleme behebt – die nicht unbedingt so aufregend und innovativ klingen –, wird wie DanTech vielleicht feststellen, dass sich ganz beiläufig echte innovative Vorteile einstellen.

Die Pandemie hat gezeigt, dass flexible Büroarbeit außerhalb des Unternehmens tatsächlich auch im großen Stil möglich ist. Doch Technologie allein kann nicht dafür sorgen, dass diese Zukunft nachhaltig ist. Effizientere Tools und mehr Produktivität – das Endziel der meisten technischen Hilfsmittel in unserer Arbeitswelt – sind keine Lösung, weil Produktivität nicht das Problem ist. Wer sich in einem beliebigen Büro umschaut, wie es vor der Pandemie aussah, oder in einem nach der Pandemie eingerichteten Slack-Raum, der wird schnell merken, dass die Menschen nicht frustriert oder demoralisiert sind, weil es ihnen an Möglichkeiten mangelt, produktiv zu arbeiten. Die Probleme liegen tiefer, sie sind verzwickter und viel menschlicher. Wenn wir uns ein »Büro der Zukunft« wünschen (vor allem aber, wenn dieses zum *Erfolg* werden soll), müssen wir aufhören, Blaupausen für eine farbkorrigierte, gefacetunte Sci-Fi-Fantasie zu entwerfen. Stattdessen müssen wir uns den ungeschminkten, drögen, grundlegenden Problemen der Gegenwart stellen und auf dieser Grundlage etwas Nachhaltiges aufbauen.

Gleiche Ausgangsbedingungen für Büroangestellte schaffen

Für die Arbeit nach der Pandemie gilt, dass die meisten von uns früher oder später in irgendeiner Form ins Büro zurückkehren werden. Vielleicht löst dieser Satz bei Ihnen ja Freude aus, vielleicht versetzt er Sie auch in Angst. Doch wenn wir heute einen realistischen Blick in die Zukunft werfen, erscheint klar, dass zumindest auf kurze Sicht viele von uns wieder an einem bis fünf Tagen die Woche an unserem gewohnten Schreibtisch unter der sirrenden Neonleuchte sitzen werden.

Viele Unternehmen haben eigene Bürogebäude oder mieten diese langfristig. Wenn der Raum vorhanden ist und dem Unternehmen Kosten versursacht, dürfte das Management höchstwahrscheinlich Anreize für Beschäftigte schaffen, ihn auch zu nutzen. Und nach über einem Jahr, in dem wir uns zu Hause vor einem tödlichen Virus versteckt haben, hungern wir nach sozialer Interaktion. Viele der kleinen Ärgernisse, über die wir uns früher als Pendler oder am Arbeitsplatz beklagten, erscheinen uns inzwischen als Luxusprobleme. Manchen fehlen die Kollegen. Andere haben genug von ihren Häusern oder Wohnungen – und ja, auch von ihren Partnern und Kindern. Bleibt die Frage, wie sich das ändern soll.

Mit diesem Problem beschäftigt sich Jennifer Christie nun schon über ein Jahr. Als Personalchefin von Twitter ist sie eine der Architektinnen der Arbeitsstrategie des Unternehmens – sie gehört also zu denjenigen, die sich überlegen müssen, wie es für mehr als 6000 Beschäftigte nach COVID weitergehen soll. Im Mai 2020 gab Twitter Pläne bekannt, Mitarbeitenden auf Wunsch Telearbeit in Vollzeit zu ermöglichen. Die Nachricht löste eine Flut von Kommentaren in verschiedensten Formaten aus, die alle darauf hinausliefen, dass der Moment gekommen sein könnte, an dem die Revolution des Homeoffice tatsächlich beginnt. Aus diesem Grund verfolgen auch so viele genau, was Christie und ihr Unternehmen vorhaben: Twitter und eine Handvoll anderer Organisationen sehen sich in einer Vorreiterrolle. Sie stehen unter enormem Druck, Erfolg zu haben – oder schnell zu scheitern, damit alle anderen wieder weitermachen können wie zuvor.

Als wir uns Anfang 2021 mit Christie unterhielten, erklärte sie uns, was jeder Manager und Berater weiß, mit dem wir gesprochen haben: Mobiles Arbeiten ist nicht das Problem – und Präsenzarbeit eigentlich auch nicht. Schwierig wird es bei hybriden Angeboten, die uns ermöglichen, uns unsere Zeit flexibel einzuteilen. Und das Grundproblem mit einem hybriden Arbeitsplan ist wieder einmal, dass sich auf der Grundlage physischer Präsenz ungewollt eine neue Hierarchie herausbildet. Probleme mit Nähe sind im Büro natürlich nichts Neues: Vor COVID konnte alles Mögliche, von der Anordnung der Schreibtische bis zur Einladung zu Meetings mit dem Chef darüber bestimmen, wer als wertvolle, fleißige Arbeitskraft gewürdigt wurde und wer durchs Raster fiel oder wessen Beiträge für selbstverständlich genommen wurden.

Hybride Arbeitsformen drohen, diese Gräben zu vertiefen. Alleinerziehende, Arbeitnehmer mit pflegebedürftigen Familienangehörigen, Beschäftigte mit Behinderungen und alle, die nicht so gern nahe am Arbeitsplatz wohnen möchten, laufen Gefahr, von denjenigen aus dem Feld geschlagen zu werden, die jeden Tag ins Büro kommen. Selbst die aufmerksamsten Vorgesetzten sind nicht gegen aktualitäts- und nähebedingte Voreingenommenheit gefeit. Ehrgeizige, wettbewerbsorientierte Beschäftigte werden auf die Flexibilität des mobilen Arbeitens verzichten und ständig anwesend sein, während Telearbeitskräfte, um nur ja nicht unproduktiv zu erscheinen, in Angst vor dem Chef leben und das durch mehr Leistung kompensieren werden. So treiben sich beide Seiten gegenseitig ins Elend.

Das ist Christies Albtraumszenario und steht bei vielen der ersten Planungen Twitters für hybride Arbeit im Fokus. Die Lösung? Schluss mit der FOMO (FOMO = fear of missing out – die Angst, etwas Interessantes zu verpassen, Anm. d. Übers.) und her mit gleichen Bedingungen für alle, indem das Büro gezielt unattraktiver gemacht wird. »Wir müssen uns von der Vorstellung verabschieden, dass wir etwas verpassen, wenn wir nicht im Büro sind«, erklärte sie uns. Aus diesem Grund versucht man bei Twitter, herauszufinden, wie sich Beschäftigte aktiv davon abhalten lassen, wieder ganz ins Büro zurückzukehren. »Die längste Zeit drehte sich alles darum, dass das Büro möglichst viel bieten sollte, um die Leute im oder am Haus zu halten«, erzählte sie. »Tech-Unternehmen haben das nach allen Regeln der Kunst zelebriert: Komm ins Büro, hier wirst du verpflegt und versorgt.«

Diese ganze Campus-Philosophie der Rundum-Versorgung müsse sich ändern, meint Christie. Das beginnt bei der Gestaltung des Büros und bei den Erwartungen der Menschen, die dort arbeiten. Bei Twitter soll jeder, der einen Konferenzraum betritt, künftig aufgefordert werden, sich über seinen Laptop auch online in das Meeting einzuklinken, um sicherzustellen, dass Teilnehmer im Homeoffice auch alle Gesichter deutlich sehen und sogar diejenigen gut verstehen können, die weit weg vom Konferenzmikro sitzen. Das Unternehmen will Teambereiche im Büro zurückbauen und ganz auf »Hot Desking« setzen – also die zeitversetzte Nutzung von Arbeitsplätzen durch verschiedene Beschäftigte. Dabei sollen manche Bereiche für konzentriertes Arbeiten genutzt werden, während andere lauter und geselliger sind.

Eines der Hauptziele ist dabei, sicherzustellen, dass Absenzen nicht auffallen: Bei fester, teambasierter Zuteilung eines Schreibtischs würden Privilegien durch Nähe automatisch denjenigen zukommen, die willens oder in der Lage sind, regelmäßiger ins Büro zu kommen. Das soll aber nicht heißen, dass keine Gruppenarbeit in Präsenz mehr stattfindet: Twitter schafft schlicht Anreize für Teams, zu koordinieren, wann sie im Büro sind, um »episodisch« Teamwork-Momente zu erzeugen.

»Bei uns soll es nicht heißen, Homeoffice oder Präsenz im Büro geht vor«, schob Christie nach. »Wir möchten gleiche Bedingungen für alle. Das bedeutet, dass wir im Büro künftig manches nicht mehr machen dürfen, was eigentlich gut funktioniert hat – wie unser aktueller Catering-Service. Wir versuchen, dieser Erfahrung gewisse Reize zu nehmen, die Leute ins Büro locken könnten. Wir wollen ihnen das Leben ein bisschen unbequemer machen.«

Für viele Manager und Führungskräfte hört es sich möglicherweise kontraintuitiv oder regelrecht abwegig an, bewusst Störfaktoren in eine funktionierende Arbeitswelt einzubauen. Doch zumindest für den Anfang hat Twitter offenbar begriffen, dass es der Funktionalität schadet, wenn für die aktuellen Beschäftigten das mobile Arbeiten einfach draufgesattelt wird. »Diese Veränderung muss die gesamte Kultur durchlaufen. Da können Sie keine halben Sachen machen«, so Christie.

Es wird nicht einfach werden, ein Gleichgewicht zwischen Präsenzarbeit und Homeoffice herzustellen – selbst für die umsichtigsten Unternehmen. Gut denkbar, dass es Menschen, die mehr Zeit im Büro zubringen, nicht gefällt, wenn mobile Arbeitskräfte Privilegien genießen. Ebenso wird es Beschäftigten im Homeoffice sauer aufstoßen, wenn die Kollegen im Büro mehr Zugang zum

Chef haben. Dieses Spannungsfeld ist der Grund, aus dem sich das in San Francisco ansässige Cloud-Computing-Unternehmen Dropbox schon im Oktober 2020 dazu entschlossen hat, sich in eine überwiegend virtuelle Organisation umzuwandeln.

Zu Anfang der Pandemie half Melanie Collins, Personalchefin bei Dropbox, interne Daten zu den Produktivitätsmustern des Unternehmens zu erfassen. Wie bei vielen Software-Unternehmen hatte die Umstellung auf mobiles Arbeiten bei Dropbox keine Auswirkungen auf den Produktlebenszyklus. Die Ingenieure übertrafen ihre Leistungsziele und die internen Kennzahlen und Umfragen belegten, dass die Belegschaft die Veränderungen beibehalten wollte. Die große Mehrheit der Beschäftigten äußerte sogar den Wunsch, Arbeitszeiten und -orte noch stärker zu flexibilisieren. Doch statt Telearbeit dauerhaft als Option anzubieten, entschloss sich Dropbox zu einem drastischeren Schritt: Das Unternehmen wollte die gesamte Einzelarbeit ins Homeoffice verlegen und Teams die Möglichkeit bieten, sich bei Bedarf sporadisch zusammenzusetzen und zu arbeiten. Zu diesem Zweck wollte das Unternehmen neuartige Büroräume gestalten und bauen, die sogenannten »Studios« – in vier Städten, in denen das Unternehmen zuvor offizielle Niederlassungen unterhielt. In anderen Städten, in denen mehr Dropbox-Beschäftigte lebten, gab das Unternehmen Pässe für Co-Working-Büros aus.

Als wir im April 2021 mit Collins sprachen, erzählte sie uns, Dropbox denke bei der Gestaltung der Büros an Meetings und andere Teambuilding-Aktivitäten. Beschäftigte sollten keine eigenen Schreibtische oder andere Bereiche bekommen, die sie dazu animieren würden, sich dort häuslich niederzulassen und inoffizielle Büros einzurichten. Die Räume sollten der Zusammenarbeit dienen und nicht als verkappte Büros fungieren. All das kann sich aber jederzeit ändern.

»Um einen Raum für Teamwork zu gestalten, muss man die Leute mit Fragen löchern«, erklärte uns Collins. »Wir haben eine Hypothese, auf die sich unsere Planung stützt. Aber wir werden noch viel dazulernen, wenn unsere Leute erst eingezogen sind. Dass Vertrieb und Technik andere Bedürfnisse haben, wissen wir schon. Aber wir werden Fragen stellen müssen wie: ›Wie nutzen die Menschen den Raum? Wie stark ist er ausgelastet? Sind Räume für zehn Personen auch voll besetzt oder sitzt da nur einer drin? Werden Räume, die zum Teambuilding gedacht sind, auch dafür verwendet? Oder umfunktioniert?‹ Dann müssen wir entsprechende Änderungen vornehmen.«

Collins betonte, dass kein Unternehmen sagen könne, wie diese Pläne in zwei oder drei Jahren aussehen werden – auch Dropbox nicht. Das Unternehmen möchte künftig iterativ, flexibel und bereit sein, einzuräumen, wenn etwas nicht funktioniert, und dranzubleiben, bis die richtige Konfiguration gefunden ist. Bei aller Flexibilität ist eines gewiss: Eine Rückkehr zum klassischen Achtstundentag wird es nicht geben. Für viele Beschäftigte bedeutet das, dass sie künftig bestimmte Kernzeiten einhalten müssen, in denen sich alle US-amerikanischen Zeitzonen überschneiden, und ihre Arbeitszeiten ansonsten frei wählen können.

Dass diese Veränderungen nicht bei allen Beschäftigten gut ankommen werden, ist Dropbox durchaus bekannt. »Unsere Entscheidung, der Virtualität Vorrang einzuräumen, ist eine bewusste Abkehr von den im Büro angebotenen Sonderleistungen und Vergünstigungen hin zur Work-Life-Balance«, erklärte uns Collins. »Uns ist klar, dass das nicht alle Beschäftigten bei ihrer Einstellung im Sinn hatten. Wir wissen und erwarten, dass es eine gewisse Fluktuation geben wird, während wir an der Zukunft bauen.« Obwohl es Kündigungen geben wird, rechnet Dropbox auf lange Sicht mit Zuwächsen beim potenziellen Bewerberpool und mit zunehmender Attraktivität für Bewerber, die gern flexibler arbeiten möchten. In Collins' Worten: »Wir sind darauf vorbereitet, dass die anstehenden Veränderungen auch Schattenseiten haben.«

Bei Dropbox und bei Twitter hat man offenbar verstanden, dass nicht auf Anhieb alles einigermaßen rund laufen wird. In unserem Gespräch sprach Christie viele lästige Probleme an, mit denen ein global tätiges Unternehmen wie Twitter rechnet: Arbeitsgenehmigungen, Einwanderung, Visa, Steuerstruktur, Sicherheit und IT-Fragen, Lizenzen, Lohnabrechnung, steuerliche Veranlagung et cetera. »Wer glaubt, er muss nur einen Schalter umlegen und schon ist es passiert, der irrt«, so Christie. »Man kann das Büro nicht einfach ins Homeoffice verlegen. Dann gehen die Beschäftigten vor die Hunde.« Anders formuliert: Alles muss wohlüberlegt werden.

Das gilt vor allem für solche Gruppen, die im Planungsprozess gewöhnlich außen vor bleiben. Führende Stimmen von Verbänden für Menschen mit Behinderungen sehen die Umstellung auf Telearbeit mitunter skeptisch. Flexibles Arbeiten – ein Entgegenkommen, das von Menschen mit Behinderungen schon jahrzehntelang gefordert und ihnen verweigert wurde –, war nie so leicht zu haben wie heute. Dennoch besteht die durchaus realistische Sorge, dass die Möglichkeit, zu Hause zu arbeiten, letztlich dafür sorgen könnte, dass Büros weniger inklusiv werden.

»Ich sähe ungern, wenn alle Beschäftigten mit Behinderungen künftig ins Homeoffice verbannt würden, weil die neuen Büroräume noch weniger barrierefrei sind als bisher«, erklärte uns Maria Town, Präsidentin und CEO der American Association of People with Disabilities. Die Vorstellung, dass Unternehmen zwar hybrides Arbeiten anbieten, aber Beschäftigte mit Behinderungen fest als Telearbeitskräfte einstufen und so der Trennung der Belegschaft in Menschen mit und ohne Behinderungen Vorschub leisten, liegt nahe.

»In einer Welt, in der es immer weniger zentrale Büros gibt, haben die Beschäftigten logischerweise noch weniger Umgang mit Menschen, die anders sind«, meinte Town. »Dass es am Arbeitsplatz Menschen mit sichtbaren Behinderungen gibt, hat viel kulturellen Wert.« Sie führt sich selbst als Beispiel an. Wie sie sagt, fällt ihre Zerebralparese dann besonders auf, wenn sie sich durch einen Raum bewegt. »Während der Pandemie ist meine Behinderung quasi unsichtbar geworden. In der kleinen Zoom-Box sieht man ja nur meinen Kopf.«

Wie Town im Gespräch mit uns betont, kommt es darauf an, Beschäftigten mit Behinderungen die Gelegenheit zu geben, gesehen zu werden und sich in eine Gemeinschaft einzubringen. Diese Bedenken müssen sorgfältig gegen die Notwendigkeit abgewogen werden, mehr Telearbeit für all jene zuzulassen, die darauf angewiesen sind. Das bedeutet, dass Barrierefreiheit in jeder Technologie und in jeder Raumgestaltung für ein Arbeitsumfeld verankert werden muss, das primär für mobile oder hybride Arbeit konzipiert wird. Zu diesem Zweck müssen Organisationen verschiedene Beschäftigtengruppen in den Prozess der Entwicklung ihrer Strategien für mobiles und flexibles Arbeiten einbeziehen – nicht nur die Personaler und das Topmanagement.

Der Grund dafür: Zumindest auf kurze Sicht gibt es bei den physischen Büros keine Fortschritte. Dror Poleg, Co-Vorsitzender des Tech and Innovation Council am Urban Land Institute sammelte für sein 2019 erschienenes Buch *Rethinking Real Estate* schon Jahre vor Ausbruch der Pandemie Daten zur Entwicklung der Bedürfnisse von Beschäftigten und Arbeitgebern. Poleg zufolge gibt es schon seit einiger Zeit Hinweise auf eine »bevorstehende Krise« des Büromarkts: Bei Büros überwögen nicht mehr die Vorteile, die Kosten für Büroraum explodierten und das Büro trüge wenig zu vermeintlicher oder tatsächlicher Produktivität bei.

Das bedeutet, dass Unternehmen bereits vor der Pandemie nach Lösungen für das Problem suchten, das ihre Bestandsimmobilien darstellten. Dass plötzlich überwiegend im Homeoffice gearbeitet wurde, verstärkte diesen Wunsch noch. Dennoch ist Poleg zuversichtlich, dass es auch weiterhin Büroraum in der einen oder anderen Form geben wird. Standorte und Nutzung werden sich jedoch drastisch verändern. »Das Gros der Bürotätigkeit wird sich nicht nach Hause oder in die Cloud verlagern«, schrieb er in der *New York Times*. »Wahrscheinlicher ist eine Umverteilung innerhalb und zwischen Großstädten, wodurch verschiedene neue Beschäftigungszentren entstehen, die es vielen Menschen ersparen werden, zur Stoßzeit in die Bürodistrikte von Ballungszentren zu pendeln.«[39]

Wie wird das in der Praxis aussehen? Das könnten Co-Working-Arbeitsplätze sein, aber auch kleinere Satellitenbüros, die sich daran orientieren, was Bürokräfte abhängig vom jeweiligen Fachgebiet tatsächlich vom Büro erwarten: umfassende Druck- und Versandkapazitäten, Räume für die Arbeit im Team, öffentliche Bereiche mit Rückzugsmöglichkeiten für Kundengespräche oder ein Aufnahmestudio für Podcasts oder YouTube-Videos.

Ein Patentrezept gibt es nicht. Stattdessen müssen wir laufend hart daran arbeiten, alles abzuschaffen, was nicht funktioniert, und die Zukunft auf der Gegenwart aufzubauen. Wer diese Mühe scheut, wird vermutlich feststellen, dass ihm andere den Rang ablaufen, die keine solchen Vorbehalte haben. »Wir haben diesen Kurs nicht etwa wegen COVID eingeschlagen«, erklärt Twitter-Personalchefin Christie. »Wir haben uns dafür entschieden, weil sich die Welt bereits vor COVID verändert hat und wir dachten, wir müssen auf diesen Zug aufspringen, wenn wir fähige Köpfe anziehen und binden wollen. Unternehmen, die meinen, dass das nur eine Phase ist und im Büro bald wieder alles beim Alten sein wird, irren sich gewaltig. Wer diese Gelegenheit verpasst, wird nicht mehr lange an der Spitze mitmischen.«

Was fehlt Ihnen wirklich?

Das letzte Mal, dass wir vor der Arbeit an diesem Kapitel ein physisches Büro betreten hatten, war am 20. Dezember 2019. Wie vermutlich viele von Ihnen festgestellt haben, eröffnet einem eine solche Distanz ganz neue Perspektiven.

Muss man jeden Tag an einem bestimmten Ort sein, betrachtet man das als logistisches Problem. Ein Büro ist nichts Abstraktes, es ist ein Ort, an dem man sich gerade befindet. Doch nach und nach haben Sie sich vielleicht tiefgründigere Fragen zu diesem Ort gestellt, an dem Sie früher Ihre Zeit verbrachten: *Welchen Sinn hat es, 40 Stunden die Woche im Büro zu sitzen? Wieso saßen wir alle in einem Kubus? Oder waren untergebracht wie in der Offenstallhaltung? War ich im Büro produktiver? Oder eher nicht?*

All diese Überlegungen laufen auf eine übergeordnete Frage hinaus: *Was macht ein Büro eigentlich aus?* Das erinnert an die grundlegenden philosophischen Fragen, über die gern im Wasserpfeifendunst diskutiert wird. Die Antwort ist aber dennoch wichtig. Sind es die Menschen? Ist es der Raum? Oder die Nähe? Alles zusammen? Oder nichts davon?

Wir haben der Warnung vor techno-utopischem Denken in diesem Buch viel Raum gegeben. Doch an dieser Stelle ist die Frage, ob das Büro – oder dessen sinnvolles Erleben – auch denkbar wäre, ohne täglich zu pendeln und ohne all das, was mit der Präsenz an einem physischen Ort zusammenhängt, durchaus legitim. Wenn dem aber so ist, sollten wir es dann nicht ausprobieren?

Es ist schwer, sich auf das virtuelle Büro einzulassen. Viele von uns vermissen das Büroleben – die murmelnden Stimmen, die Dynamik, die zahllosen sozialen Interaktionen im Großen und im Kleinen. Das virtuelle Büro, das sich auf irgendeiner Chat-Platt-form manifestiert, ist in aller Regel ein müder Abklatsch, ganz gleich wie viele Gruppen oder themenbezogenen Bereiche Sie einrichten. Aber alle Versuche, das Konzept voranzutreiben – gewöhnlich durch eine Art Videospielansatz à la *Sims* mit indivi-dualisierbaren Avataren –, kommen uns unwillkürlich kitschig, unheimlich oder geradezu dystopisch vor. Es drängt sich förmlich der Eindruck auf, wir sollten gar nicht erst versuchen, das analoge Büro möglichst realitätsgetreu nachzubilden, und Homeoffice einfach Homeoffice sein lassen. So dachten wir zumindest – bis wir mit Dayton Mills sprachen.

Unser erstes Treffen mit Mills sollte in seinem Büro stattfinden. Doch wir liefen uns bereits draußen über den Weg, auf einem frisch gemähten Rasen, umgeben von ordentlich manikürten Sträuchern. Wir begrüßten uns freundlich. Dann bat er uns in einen modernen Raum mit Holzfußboden. Für ein Start-up-Büro war Mills' Zimmer spartanisch eingerichtet, verfügte aber über die für Start-ups typischen Design-Elemente: ein paar Sukkulenten auf dem Tisch, diverse Sitzsäcke und sogar einen unbenutzten Bil-lardtisch in der Ecke. Er bat uns, auf einer grauen Couch Platz zu nehmen, die von einem Strahler in violettes Licht getaucht wurde. Wir setzten uns folgsam.

Im Büro ist Mills kein normaler Unternehmensgründer, son-dern ein violetter Farbklecks mit schiefem Grinsen. Das suggeriert jedenfalls sein Avatar. In Wirklichkeit ist Mills ein 19-Jähriger mit großer rechteckiger Brille, braunem Lockenschopf und freundli-chen, menschlichen Augen – was wir erfuhren, als er nach ein paar Chat-Minuten seine Webcam einschaltete. Sein »Büro« war nämlich nicht real – jedenfalls nicht im *physischen* Sinne. Trotzdem ist es der Vollzeitarbeitsplatz seines Unternehmens Branch.

Branch vermarktet sich selbst als Plattform für »Gesprächs-räume« und kombiniert die Team-Chat-Elemente einer Plattform wie Slack mit Video und einer 2-D-Super-Nintendo-Ästhetik. Loggen Sie sich in einem Büro ein, werden Sie zu einem Farbfleck mit Smiley-Gesicht. Sie sehen das ganze Büro aus der Vogelperspektive und können Ihren Avatar durch verschiedene Räume steuern, die alle flexibel gestaltet werden können. Es gibt Besprechungszimmer, Kantinen, Einzelbüros, Gruppenräume, Spielzimmer und sogar der ungeliebte Kopierraum aka Poststelle hat seinen Auftritt. Sie können Ihre Webcam nach Gutdünken ein- und ausschalten. Ist sie eingeschaltet, erscheint Ihr Gesicht in einem kleinen Kreis oben auf dem Bildschirm – neben allen anderen, die sich in Hörweite befinden. Es fühlt sich ein bisschen an wie eine Unternehmensausgabe von *Pokémon* oder eine Frühversion von *Zelda*, bei dem das Ziel des Spiels lautet, ein Konferenzgespräch zu überstehen.

Auf die Idee für Branch kam Mills 2019, als er noch in der Firma seines Schwiegervaters arbeitete. Weil er sich mit Computern auskannte, betraute man ihn mit der Modernisierung des Vertriebsteams der Organisation, das sich damals aus Dutzenden von Beschäftigten an Standorten im ganzen Land zusammensetzte. Der Prozess war undurchsichtig und stützte sich stark auf schriftliche Rechnungen, Faxgeräte und Ausdrucke. Als Mills in dem Team Slack einführte, hatte das durchschlagende Effekte. Viele Beschäftigte hatten sich seit mehreren Jahren nicht getroffen oder miteinander gesprochen. Rasch merkten sie, dass sie sich über die Jahre oft doppelte Arbeit gemacht, dieselben Leads genutzt oder aneinander vorbeigeredet hatten. Viele gestanden, sie hätten sich jahrelang isoliert und abgekoppelt gefühlt. Slack war zwar hilfreich, doch ein echtes Gefühl der Nähe wollte noch nicht aufkommen.

Mills wusste genau, was ihnen fehlte und was dagegen zu tun war. Als Heranwachsender in einer ländlichen Kleinstadt in Missouri hatte er sich in *Minecraft* stets wohler gefühlt als in der Schule. In der Mittelstufe verbrachte er mehr Zeit online als offline. Kaum aufgewacht, loggte er sich schon auf Skype ein, scrollte sich durch die Liste seiner Freunde und verbrachte den ganzen Tag in Chats. »Die halbe Zeit spielten wir gar nicht«, erzählte er uns. »Wir liefen herum, unterhielten uns und nahmen Anteil am Leben des anderen. Es kamen echte Bindungen zustande. Manche meiner engsten ältesten Freunde habe ich noch nie persönlich getroffen.« Spontan hatte er schon sein Leben lang soziale Beziehungen im digitalen Raum geführt. Er sah keinen Grund, das nicht auch im Job zu versuchen.

Während wir in Mills' Büro saßen und den künstlichen Farbfleck anstarrten, der uns mit Mills echter Stimme dessen Geschichte erzählte, beschlich uns Skepsis. Doch dann führte er uns durch das Büro. Das interessanteste Feature von Branch ist die Näherungssensorik des Audiosystems – ein Merkmal, das er von beliebten Online-Umgebungen wie dem Survival-Spiel *Rust* abgeschaut hat. Hält sich ein Avatar in einem bestimmten Radius eines anderen auf, hört man die Stimme des Betreffenden – zunächst als leises Flüstern. Kommt man näher, hört man ihn immer lauter – mehr oder minder wie im richtigen Leben.

Man könnte diesen Effekt natürlich als Spielerei abtun, doch er hat eine erstaunlich ansprechende, ja, sogar berührende Wirkung. Als wir Mills in die Kantine folgten, hörten wir leises Stimmengewirr, das lauter wurde, als wir den Raum betraten. Wir waren auf eine Gruppe von Branch-Beschäftigten gestoßen, die sich nach einem Business-Lunch noch unterhielten. Dabei handelte es sich nicht um eine Demo zu unserer Unterhaltung. Es waren echte Branch-Mitarbeiter bei der Arbeit: Sie hielten sich den ganzen Tag auf der Plattform auf, arbeiteten, trafen sich mit anderen und alberten herum. Als Mills uns vorbeiführte, grüßte uns ein Farbfleck, die anderen sprachen weiter. Mit jedem Schritt wurden ihre Stimmen leiser. Wir hatten seit zwölf Monaten nichts erlebt, was einer echten alltäglichen Interaktion im Büro nähergekommen wäre.

Branch kann die Spontaneität des Büroalltags ein Stück weit replizieren – vor allem das kurze Vorbeischauen, das einer endlosen Reihe von Zoom-Calls und Kalender-Terminen wich. Das soll nicht heißen, dass das Zoom-Meeting durch eine E-Mail ersetzt werden soll. Eigentlich muss es manchmal nur ein kurzes Klopfen und ein freundliches »Hallo! Hast du mal eine Sekunde?« sein. Es sind diese so menschlichen Interaktionen, die das physische Büro ermöglicht und die sich durch keinen roten Leuchtpunkt einer Slack- oder Team-Nachricht ersetzen lassen.

Managementdefizite lassen sich durch ein paar niedliche Farbklecks-Avatare nicht spielerisch wettmachen. Und eine toxische Überarbeitungskultur könnte durch eine App, die Menschen auch nur hintergründig zur Präsenz animiert, noch verschlimmert werden. Missbräuchlich verwendet, könnte Branch den bedrückenden, verzehrenden Charakter des Büros und den ständigen Leistungsdruck Ihres Jobs übertragen – was uns bereits an Slack aufgefallen ist. Doch es sind auch ohne Weiteres Möglichkeiten erkennbar, wie eine virtuelle Welt eine inklusivere Kultur fördern könnte. Einem selbsterklärten Introvertierten wie Mills ermöglicht die virtuelle Arbeitswelt, ein Unternehmen zu führen, ohne ständig in Angst davor zu leben, vor anderen auftreten zu müssen.

»Ich kann aussehen, wie ich will. Niemand schaut mich an«, meinte Mills. »Man kann besser steuern, wie man sich der Welt präsentiert. Man kann sein, wer man sein möchte.« Und man kann sich ausloggen. Viele Branch-Beschäftigte verbringen eine Menge Zeit auf der Plattform, doch wenn sie sie verlassen, dann heißt das ganz klar: Ihr Arbeitstag ist vorüber. Sie sind erst wieder erreichbar, wenn sie sich einloggen. Eine automatische Leitplanke.

Möglicherweise rollen Sie jetzt genervt die Augen. Sicher, ein virtuelles Büro könnte ein nettes, leicht skurriles Experiment sein, doch aus Ihrem Job ein Computerspiel zu machen, ginge dann doch ein bisschen zu weit. Noch mehr Zeit vor dem Bildschirm zuzubringen, ist außerdem so ungefähr das Letzte, was Sie wollen. Alles legitime Einwände. Doch es spricht vieles dafür, dass wir auch im physischen Büro die meiste Zeit über am Schreibtisch sitzen und … auf den Bildschirm starren. Schließlich werden E-Mails ja nicht dadurch aufgehalten, dass sich alle im Büro versammeln. Und Slack-Nachrichten ebenso wenig.

In Wirklichkeit wird unsere persönliche Anwesenheit im Büro in einer Tour von den so bequemen textgestützten Nachrichtentools gestört. Das überwiegend sprachbasierte Branch dagegen fühlt sich vermutlich intimer an und eher nach menschlicher Präsenz als ein Vibrieren oder Pingeln, gefolgt von ein paar Zeilen Text. Die Unterbrechungen und frenetischen Sprünge von einer Aufgabe zur anderen, die unseren beruflichen Alltag prägen, wird Branch kaum drastisch verringern. Doch es könnte den *Tenor* verändern.

Ob die Kollegen wohl nicht so oft hereinplatzen würden, wenn sie ihr Anliegen sprechen müssten? Wären sie weniger nervös, wenn ihre digitalen Interaktionen über ein freundliches, sprach- und videogestütztes Medium eingingen? Wir können diese Fragen noch nicht eindeutig beantworten, doch Tools wie Branch animieren uns dazu, sie zu stellen.

Die schnelle technische Lösung für alle Probleme am Arbeitsplatz gibt es nicht, so viel steht fest. Was für Mills und sein Team

junger, stark online-orientierter Beschäftigter am besten funktioniert, ist für Linda oder Mark aus der Buchhaltung eines regiona-
len Autoteileanbieters vermutlich weniger geeignet. Doch Branch
macht perfekt deutlich, was das Büro für Sie tatsächlich bedeutet.
Denn was vielen von uns am Büro wirklich fehlt, ist – neben der
Möglichkeit, der klaustrophobischen Enge des Homeoffice zu ent-
kommen – gar nichts besonders Praktisches. Es ist vielmehr, was
Tech-Manager und Essayist Paul Ford als seine »heimliche, grundlegende Geografie« beschreibt: zu wissen, wo man sich am besten
ein Tränchen verdrückt, für sich sein kann oder zur Toilette geht.[40]
Was wirklich fehlt, ist ein Gefühl. In manchen Büros ist dieses
Gefühl Spielfreude. In anderen ist es abgeschottete Konzentration. Für Mills ist es eine ihn umgebende empathische Präsenz.
»Man kann allein durch Anwesenheit auch ohne Worte Bindung
erzeugen«, erklärte er uns. »Alle wissen: Wenn sie etwas sagen, ist
da jemand, der zuhört.«

Ob das nun langfristig die richtige Lösung ist oder nicht – die
Erkenntnisse aus den Experimenten mit einer App wie Branch
könnten den Preis für die Lizenz wert sein. Auf welches Gefühl
möchten Sie beim Aufbau einer hybriden Zukunft setzen? Und
welche Traditionen und Praktiken würden Sie getrost über Bord
werfen?

Bürotechnologie funktioniert dann am besten, wenn sie deutlich macht und rationalisiert, was wirklich wichtig ist. Am untaug-
lichsten und anstrengendsten ist sie, wenn auf das Wesentliche
immer noch eine App, ein weiteres Passwort und eine endlose
Zahl von Benachrichtigungen draufgesattelt wird. Dann verliert
man nicht nur seine Kollegen und die Ziele der Organisation aus
den Augen, sondern auch die eigenen Gewohnheiten und die Faktoren, die dafür sorgen, dass man sich bei der Arbeit wohlfühlt,
dass diese gut von der Hand geht und produktiv ist. Wenn wir die

Erwerbsbevölkerung auf eine hybride Zukunft umstellen möchten, müssen wir uns nicht nur fragen, was wir von unserer bisherigen Arbeitsweise aufgeben sollten, sondern auch, was davon erhaltenswert ist und was uns diese Aspekte bedeuten. Um das herauszufinden, sollten vielleicht auch Sie ruhig einmal aussagekräftige Erfahrungen als bunter Farbklecks sammeln.

Schluss mit dem LARPing

Haben Sie schon einmal zu unchristlicher Zeit eine E-Mail verschickt, die ohne Weiteres bis zum nächsten Morgen Zeit gehabt hätte? Oder auf einen Gruppen-Thread im Chat-Client Ihres Unternehmens mit einer nichtssagenden Bemerkung oder einer Frage reagiert, auf die Sie die Antwort schon kannten? Oder »nur mal kurz reingeschaut«, während Sie eigentlich Urlaub hatten?

Wenn nicht, sind Sie disziplinierter als wir. Die meisten von Ihnen dürften sich in dem verzweifelt anmutenden Akt performativer Arbeit sicherlich wiedererkennen. Sie tun das nicht gern, wissen aber nicht, wie Sie es verhindern können. Dabei handelt es sich um die eine oder andere Form von LARPing – Live Action Role Playing – am Arbeitsplatz: um ein Rollenspiel, das sich direkt proportional zu dem Leistungsdruck entwickelt, den Sie empfinden, zu Ihrer Stellung innerhalb der Organisation und zu Ihrer Beziehung zu Ihrer (oder Ihrem) Vorgesetzten. Eines, das Sie ganz *enorm* viel Zeit kostet.

Der Autor John Herrman prägte den Begriff »LARPing im Job« 2015 im Nachgang zur flächendeckenden Einführung von Slack in der Tech- und Medienbranche. »Auf Slack reißen die Leute Witze und zeigen Präsenz«, schrieb er. »Dort werden Storys, Bearbeitungen und administrative Fragen diskutiert – und zwar ebenso sehr als Beleg für die eigene Daseinsberechtigung wie zum Erreichen *echter Ziele*.«[41] Bevor die Bürokommunikation online ging, zeigten Beschäftigte natürlich ebenfalls Präsenz – nämlich durch physische Anwesenheit. Doch wie zuvor schon die E-Mail steigerte Slack sowohl die vermeintliche Nachfrage danach als auch die entsprechende Fähigkeit.

Je weniger greifbare Ergebnisse Ihre Arbeit liefert, desto größer das Bedürfnis zum LARPing. Je plötzlicher sich Ihre Arbeitssituation verändert, desto mehr LARPen Sie. Massenhaftes LARPing ist ein Symptom einer aus den Fugen geratenen Organisationskultur mit unklaren Erwartungen, in der Produktivität über alles geht und keine Leitplanken vorhanden sind. Naturgemäß nahm dieses Phänomen während der Pandemie explosionsartig zu und könnte im Zuge der Entwicklung hin zu einer flexiblen Zukunft der Arbeit noch stärker um sich greifen.

LARPing ist wie ein virulenter Krankheitserreger – gegen den es jedoch ein Mittel gibt: Vertrauen nämlich, das aufgebaut, kommuniziert und verbreitet werden muss. Haben Sie Zweifel, ob Ihr Chef Ihnen vertraut – konkret in Bezug darauf, was Sie mit Ihrer Zeit anfangen –, dann beschleicht Sie unwillkürlich das Gefühl, dass Sie ihm beweisen müssen, wie viel Sie arbeiten. Und schon halten Sie ihn ständig auf dem Laufenden, melden sich zwischendurch und lassen beiläufig einfließen, wie lange Sie am Vorabend an einer Aufgabe gesessen haben. Vielleicht hat Ihr Chef ja sogar Vertrauen zu Ihnen, ist nur nicht in der Lage, Ihnen das auch zu vermitteln. Vielleicht hat er Sie nie darum gebeten, ihn ständig ins Bild zu setzen, Ihnen aber auch nie gesagt, dass Sie das bleiben lassen dürfen. So oder so – solange Misstrauen in der virtuellen Luft liegt, werden Sie unter Umständen mehr Zeit damit zubringen, ihm zu zeigen, dass Sie arbeiten, als mit der Arbeit selbst.

Das Absurde am LARPing: Sie verschwenden damit nicht nur Ihre Zeit, sondern auch die aller anderen. Wenn Sie wieder mal demonstrativ signalisieren, wie fleißig Sie sind, tun Ihnen das andere prompt nach. Aus einer E-Mail werden fünf Antworten, aus einem Slack-Update ein halbstündiges Gespräch, und jedes an einem Samstagnachmittag abgelieferte Projekt bringt andere dazu, sich ebenfalls an den Schreibtisch zu setzen. Microsoft hat festgestellt, dass der durchschnittliche Teams-Nutzer im Zeitraum von Februar 2020 bis Februar 2021 45 Prozent mehr Chats außerhalb der Arbeitszeit führte und 50 Prozent der Teams-Nutzer innerhalb von höchstens fünf Minuten auf Chats reagierten.[42] Wir finden uns immer häufiger in einem Spiegelkabinett des Leistungsdrucks wieder, das unser ureigenes Verständnis von Arbeit verzerrt.

Das belastbare, dauerhafte Vertrauen, das diesen Druck in Schach halten kann, ist nicht so einfach aufzubauen. Von einem Unternehmen, dem dies gelungen ist, kann sich jedes Büro, das gern flexibel werden möchte, eine wichtige Scheibe abschneiden. Dieses Unternehmen ist GitLab, eine Software-Plattform, die Webentwicklern hilft, quelloffenen Code zu erstellen und weiterzugeben. Gut möglich, dass Ihnen dieses Beispiel bereits untergekommen ist, wenn Sie sich schon intensiver mit Telearbeit befasst haben. Das Unternehmen beruhte nämlich bereits vor der Pandemie auf der Prämisse einer echten Neuerfindung der Arbeit. Es hat kein Büro. Seine Beschäftigten sitzen überall, in vielen verschiedenen Zeitzonen. Es ist vollständig auf dezentrales, asynchrones mobiles Arbeiten abgestellt und hat sich bewusst für eine radikale Form von Transparenz entschieden.

Wirklich asynchrones Arbeiten ist schwer vorstellbar. Doch Sie sollten der Versuchung widerstehen, es von vornherein als unrealistisch abzutun. Es sieht nur anders aus, weil es *anders funktioniert*.

Weil seine Beschäftigten in allen Teilen der Welt zu unterschiedlichen Zeiten arbeiten, setzt das Unternehmen auf akribische Dokumentation. Die Mitarbeitenden fertigen ausgiebige Aufzeichnungen zu Telefongesprächen, Meetings, Memos, Brainstorming-Sitzungen und allem Möglichen anderen an. Fast alles, darunter auch viele interne Überlegungen und Vorgänge des Unternehmens, ist öffentlich einsehbar. In der Praxis bedeutet das, dass sich auch ein Betriebsfremder einen Eindruck davon verschaffen kann, wie die Beschäftigten das Produkt entwickeln, das er vielleicht irgendwann erwirbt. Intern heißt das, dass sich jemand aus der Marketingabteilung im GitLab-System einloggen und nachvollziehen kann, was die Teams in anderen Abteilungen wie Recht, Kommunikation, Finanzen oder Technik tun. Er kann die Aufzeichnungen der Teams lesen, ihre Ziele und Berichte im Blick behalten und die Arbeit von Kollegen laufend verfolgen.

Außerdem werden die Beschäftigten ausdrücklich dazu aufgefordert, ausführliche »README«-Seiten zu verfassen, die eine vollständige Beschreibung ihrer Aufgaben und Herangehensweisen enthalten, aber auch einen privaten »About Me«-Abschnitt. Darüber hinaus kann der README-Bereich sehr ins Detail gehen. Darren Murph, Leiter der Telearbeit bei GitLab, hat unter README Absätze eingestellt, die überschrieben sind mit »Was Sie für mich tun können«, »Mein Arbeitsstil«, »Was ich von anderen erwarte«, »Was ich lernen möchte«, »Wie Sie mich erreichen können« und »Arbeit im Homeoffice«. Die Kommentare sind nachdenklich und freundlich – keineswegs Forderungen oder gar Anweisungen, sondern eher eine Anleitung zur Zusammenarbeit.

GitLaps Dokumentationsansatz mag sich anstrengend anhören – und viele Beschäftigte ignorieren möglicherweise die allermeisten Notizen zu Sitzungen oder das README eines beliebigen Kollegen. Um die Seite von GitLab-CEO Sid Sijbrandij komplett zu lesen, alle Links anzuklicken und alle Videos anzuschauen, bräuchte man vermutlich einen ganzen Tag. Manchmal hört sich die Sprache auch geschraubt an – etwa in dem README-Absatz von Sijbrandij mit der Überschrift »Bitte den Betreff von E-Mails in die Chatfunktion einstellen«. Viel Spielraum für Improvisation ist da nicht. Doch das soll auch so sein: GitLabs Prozess ist schließlich keine Jazzmusik, sondern eine minutiös komponierte Sinfonie.

Doch was heißt das in der Praxis? Eigenverantwortung. Jeder kann arbeiten, wann er will. Keiner steht mehr unter dem Druck, an einem Meeting teilzunehmen, das ihn nur am Rande betrifft, weil er sich jederzeit die Aufzeichnung anschauen kann.

»Transparenz stärkt das Gefühl der Zugehörigkeit«, erklärte uns Murph in unserem Gespräch. »Und für ein büroloses Unternehmen ist das von ganz entscheidender Bedeutung. Selbst wenn andere die erzeugten Dokumente gar nicht einsehen und nicht verfolgen, was ihre Kollegen tun – allein das Wissen, dass sie es könnten, erzeugt ein von Zusammengehörigkeit geprägtes Selbstverständnis. Weil man sehen kann, was jeder so tut, entsteht Vertrauen. Die meisten Unternehmen halten das absichtlich ganz anders: Sie halten strikt an Silostrukturen fest, weil sie befürchten, es könnte zu viel Feedback kommen. Dabei sollten sie nicht davor Angst haben, sondern vielmehr davor, dass sich Teams entfremden.«

Murph ist vermutlich der publikumswirksamste Verfechter für mobiles Arbeiten in den USA. Seines Wissens ist er außerdem der Erste, der bei einem größeren Unternehmen offiziell den Titel »Leiter für Telearbeit« trägt. Und er erklärt Ihnen prompt, dass eine Telearbeitsrevolution die Welt verändern wird. Doch er ist auch Realist. Ja, READMEs und Dokumentation sind eine inklusivere, respektvollere Möglichkeit, Arbeit zu organisieren. Sie sind auch aus betriebswirtschaftlicher Sicht vorteilhaft, wie er behauptet. »Wer Ihnen sagt, wann er für Ihr Angebot oder Ihre Idee am aufnahmefähigsten ist, erklärt Ihnen im Grunde, wie Sie Ihren Job besser machen können«, teilte er uns mit. »So viele von uns kommunizieren nicht und scheitern am Ende deshalb. Wir verschwenden so viel unserer Zeit, auf Leute einzureden, wenn sie uns gar nicht hören können. Auch wenn einer keinen Funken Altruismus besitzt, ist das der bessere, effizientere Weg, Geschäfte zu machen.«

Das bürolose, absolut asynchrone Modell von GitLab dürfte vielen Arbeitgebern zu extrem vorkommen. Doch laut Murph sollten auch alle, die ein hybrides System mit einer Teilpräsenz einführen, zunächst die Ideologie vom Vorrang des mobilen Arbeitens verinnerlichen, die GitLabs Prozessen zugrunde liegt. Das bedeutet in der Praxis, dass alle Richtlinien vor allem im Hinblick auf ihre Vorteile für Beschäftigte abgefasst werden, die nicht im Büro arbeiten, und Beschäftigte, die sich am selben Ort aufhalten, eine *sekundäre* Rolle spielen. Sein Grund dafür: Die meisten ganz auf Telearbeit abgestellten Richtlinien funktionieren im Büro hervorragend. Umgekehrt gilt das aber nicht. Richtlinien, deren Schwerpunkt auf der Büroarbeit liegt, wirken entfremdend, ausgrenzend und kommunikationsfeindlich, wenn man sie auf mobile Arbeitskräfte anwendet. »Wenn mobiles Arbeiten vorgeht, funktioniert das in Krisenzeiten sehr gut – das hat die Pandemie gezeigt«, meinte Murph. »Das bedeutet, ein Unternehmen stützt sich darauf, dass flexibel gearbeitet wird – nicht auf starre, fest verortete Regeln.«

Bei dem Technologieunternehmen Ultranauts, dessen Beschäftigte seit seiner Gründung 2013 komplett mobil arbeiten, werden sämtliche Sitzungen, auch die der Geschäftsführung, aufgezeichnet, transkribiert und die Protokolle dem gesamten Unternehmen zur Verfügung gestellt. Die resultierenden Entscheidungen werden auf Slack bekannt gegeben und begründet. Ungeschriebene Regeln gibt es nicht.[43] Diese weitreichende Transparenz und Zugänglichkeit verfolgt einen bestimmten Zweck: Die Mitgründer des Unternehmens wollten eine transparente, zugängliche Arbeitsumgebung schaffen, in der sich »kognitiv vielfältige« Teams wohlfühlen sollten. 75 Prozent der Beschäftigten sind auf dem Autismus-Spektrum angesiedelt. Das ist noch ein weiteres Beispiel für die Vorteile eines universellen Designs: Schaffen Sie ein Umfeld, das sich vor allem durch Klarheit und Eindeutigkeit auszeichnet, hat das für alle Beteiligten Vorteile.

Bei Slack verwenden die Beschäftigten ein »Einseiter«-System, aus dem unter anderem hervorgeht, zu welcher Tageszeit sie besonders gut erreichbar sind, aber auch weitere Informationen dazu, wie sie am besten arbeiten. Wie für die READMEs bei GitLab gilt: Ein Kollege kann vor einer Interaktion einen Blick auf den Einseiter werfen und rasch herausfinden, wie er Ihnen eine Information am besten zukommen lassen oder wann er Sie am leichtesten erreichen kann. Das hört sich womöglich nach viel zusätzlichem Aufwand an, nur um ein Gespräch zu führen – doch gleich mehrere Slack-Beschäftigte bestätigten uns, dass es als Zeichen des Respekts gilt, wenn man den Einseiter eines Kollegen liest – und außerdem allen Beteiligten Zeit spart. Wenn man sich die Zeit nimmt, einen Kollegen als komplexe Persönlichkeit wahrzunehmen, nicht nur als Gegenüber im E-Mail-Austausch, *gewinnt* die Kommunikation an Qualität.

Transparenz und Vertrauen bedeuten weniger Imponiergehabe und LARPing, was wiederum insgesamt Angst und situationsbedingten Druck von den Beschäftigten nimmt. Das galt vor der Umstellung auf ein flexibles Arbeitsumfeld und für die weitere Entwicklung gilt es umso mehr. Man kann Beschäftigten die Freiheit geben, in ihrer Arbeitszeit mehr zu leisten. Oder man kann sie implizit dazu anhalten, ständig so zu tun, als seien sie irrsinnig beschäftigt. Was ist wohl besser fürs Geschäft?

Der Versuchung widerstehen, durch Überwachung alles kaputtzumachen

Ein Thema zieht sich durch viele Initiativen zur Umgestaltung des mobilen Arbeitens: Es kostet Zeit, Arbeit und Geld. Und zwar nicht nur im Hinblick auf die Berater, die Ihnen erzählen, was Sie tun sollen. Ob es darum geht, einen physischen Raum neu zu konzipieren, unausgesprochene Normen zu hinterfragen, die im Büro gelten, oder im Zusammenhang mit digitalen Technologien echte Leitplanken einzubauen – die Verfechter flexibler Arbeitsbedingungen betonen allesamt, dass wir künftig mit mehr Menschlichkeit und Vertrauen an unsere Arbeit herangehen müssen. Und dieser Prozess ist nur selten kurz und effizient.

Viele Arbeitgeber werden versuchen, bewährte Praktiken zu ignorieren. Die Kurzsichtigsten unter ihnen werden sich dem Wandel komplett verweigern und Beschäftigte wieder ins Büro zurückbeordern. Viele andere, womöglich unter Wettbewerbsdruck, werden jedoch widerwillig eine gewisse Freiheit zum mobilen oder hybriden Arbeiten zulassen. Dabei werden sie die Flexibilität vermutlich wie bisher als wohlwollendes Entgegenkommen des Unternehmens oder – schlimmer noch – als Chance verkaufen, die nur denjenigen offensteht, die sich dieses Privileg auch verdient haben (was bedeutet, dass es jederzeit widerrufen werden könnte).

Solche Unternehmen werden ihre Büros oder Managementpraktiken kaum auf den Prüfstand stellen. Sie werden nicht hinterfragen, wer von den bisherigen Strukturen profitiert, weil sie diese gut finden. Sie werden hybrides Arbeiten als Ärgernis betrachten, das toleriert werden muss, oder als Anreiz für Beschäftigte, ihre Produktivität zu erhalten. Und um sicherzustellen, dass sich die Betreffenden trotz ihrer neuen Freiheit mustergültig verhalten, werden sie die einfachste und bequemste Methode wählen.

Die Überwachungstechnologie zieht sich wie ein roter Faden durch die Geschichte der Arbeit. Schon vor langer Zeit wurden die Aktivitäten gewerblicher Beschäftigter mit Hilfe von Stechkarten und aufsichtsführenden Abteilungsleitern sorgfältig aufgezeichnet. Die breite Einführung von PCs am Arbeitsplatz bot Arbeitgebern einen direkten, jedoch weitgehend unsichtbaren Zugangskanal, um das Mitarbeiterverhalten zu analysieren. Dadurch konnten große Tech- und Logistikunternehmen umfassende Tracking-Systeme einführen, um ihre Belegschaft zu überwachen: Ob Fernfahrer, Hamburgerbrater, Datenverarbeitungsfachleute oder Callcenter-Agenten – für jeden gibt es eine spezielle unliebsame Überwachungsmethode.

In den Fulfillment Centers, in denen Amazon-Bestellungen bearbeitet, verpackt und versendet werden, wird jede Bewegung eines Lagerarbeiters aufgezeichnet und katalogisiert, um »die Produktivitätsraten jedes Einzelnen zu verfolgen«.[44] Der ständige Druck hat Beschäftigte zu Beschwerden beim National Labor Relations Board über vorgeblich belastende und gefährliche Arbeitsbedingungen veranlasst. Die Überwachung, so die Beschäftigten, führe unbarmherzig zu Kündigungen, wenn automatische Systeme für Arbeitskräfte Werte berechnen wie »aufgabenfremde Zeit« und ohne menschliches Zutun Entlassungen für Fehlverhalten veranlassen, das robotische Titel wie »Produktivität« und »Produktivität_Trend« trägt.

Angestellte leben oft in der Überzeugung, dass solche groben Überwachungsinstrumente auf sie nicht angewendet werden (kön-

nen). In ihren Augen ist Überwachung ein Problem der Lager-
arbeiter von Amazon – nicht der Ingenieure, die über 150.000
Dollar im Jahr verdienen. Doch seit Jahren schon bahnt sich die
Überwachung ihren Weg ins Büro, zunächst mit Blick auf Beschäftigte, die in der Verwaltung oder im Sekretariat tätig waren – und
mehrheitlich Frauen. Weil sich deren Arbeit leichter quantifizieren ließ, war sie auch einfacher zu überprüfen, einzustufen und –
sofern als unzulänglich befunden – als Kündigungsgrund ver-
wendbar. Dadurch wurden solche Bürojobs unsicherer – nicht
etwa, weil die Arbeit weniger wichtig war, sondern weil man den
Ausführenden leichter auf die Finger schauen konnte. Als die
Arbeitswelt im Verlauf der 1990er-Jahre und in der ersten Dekade
des 21. Jahrhunderts mehr und mehr online ging, weitete sich die
Überwachung über den traditionellen Verwaltungsbereich hinaus
weiter aus. 2008 stellte Forrester fest, dass mehr als ein Drittel aller
Unternehmen mit über 1000 Beschäftigten Personal dafür abstell-
ten, die E-Mails von Mitarbeitenden zu lesen. Über 27 Millionen
Beschäftigte wurden online überwacht.[45]

Inzwischen ist die Überwachung unter Wissensarbeitenden
noch weiter verbreitet und findet viel kleinteiliger statt. Unternehmen wie Humanyze, die sich mit der Arbeitsplatzanalyse befassen,
setzen Ausweise ein, um zu kategorisieren, welcher Arbeit Beschäftigte im Büro nachgehen. Laut einem Bericht von Data & Society
aus dem Jahr 2014 verfolgt das Unternehmen, »wer wie lange und
in welchem Ton mit wem spricht, wie schnell der Betreffende
spricht und wann er unterbricht und dergleichen mehr, um herauszufinden, welche Faktoren dazu beitragen, dass ein Team gut
funktioniert«.[46] Ein anderes Produkt namens SureView vom Rüs-
tungsunternehmen Raytheon verfolgt unablässig alle Aktivitäten
von Beschäftigten auf Firmengeräten: den Browser-Verlauf, jeden
Tastendruck, die Inhalte von E-Mails. Außerdem scannt es den

Inhalt jeder Datei, die an einem Firmenrechner auf einen USB-Stick gezogen oder von diesem heruntergeladen wird.[47] SureView soll Unternehmen vor Industriespionage oder externen Sicherheitsrisiken schützen, doch gehässige oder herrschsüchtige Führungskräfte können die Software jederzeit auch für andere Zwecke nutzen. Je mehr Sie darüber wissen, was ein Beschäftigter tut, desto besser können Sie seine Tätigkeit kontrollieren – und desto einfacher wird es, einen Grund zu finden, um ihn loszuwerden.

Manche Software zur Mitarbeiterüberwachung – von Datenschützern auch gern als »Tattleware« oder »Bossware« bezeichnet – wird in Wirklichkeit mit Blick auf das Arbeitnehmerwohl vermarktet. Sicher, die Software kann Ihre Privatsphäre verletzen – doch, so die Unternehmen, die solche Programme anbieten, die gewonnenen Erkenntnisse können Ihnen die Arbeit tatsächlich *erleichtern*. Eine Studie des MIT über Callcenter-Beschäftigte der Bank of America ergab, dass die Produktivität de facto *zunahm*, wenn die Belegschaft mehr Zeit für soziale Interaktionen hatte – was die Bank dazu veranlasste, eine 15-minütige Kaffeepause einzuführen.[48] Andere Unternehmen führen ins Feld, dass es Überwachungsinstrumente erleichtern, produktive Mitarbeitende zu ermitteln und zu befördern, auf die sie sonst nie aufmerksam geworden wären. Außerdem ließen sich andere Formen der Überwachung dafür einsetzen, Beschwerden bei der Personalabteilung oder Mobbing-Vorwürfe zu untermauern. Theoretisch hört sich das ganz gut an – oder zumindest potenziell nützlich.

Doch die dunkle Seite dieser Art der Überwachung wiegt immer wieder schwerer als ihre Vorteile. Im Frühjahr 2020, als Lockdowns Wissensarbeiter ins Homeoffice zwangen, lud der *New-York-Times*-Reporter Adam Satariano ein Programm namens Hubstaff herunter. Dieses wird derzeit von über 13.000 Telearbeitsunternehmen eingesetzt und als »Komplettlösung zur Arbeitszeiterfassung für Außendienst- oder Telearbeitsteams« vermarktet. Auf der in freundlichen Blau- und Weißtönen gehaltenen Website prangen Fotos verschiedener Beschäftigter, die sich sichtlich gern damit erfassen lassen. Das Ganze wirkt eher wie eine Produktivitäts-App, gar nicht wie eine Überwachungstechnik.

»Das ist einfache Psychologie«, verkündet die Website. »Erfasst Ihr Team seine Zeit mit Hubstaff, weiß jeder selbst besser, wie er jede Minute seines Tages genutzt hat.« Nachdem Satariano Hubstaff auf seinem Rechner installiert hatte, begann die Software, Hunderte von Screenshots aufzuzeichnen: von den Webseiten, die er besuchte, den E-Mails, die er verfasste, und allen anderen Aktivitäten, ob persönlich oder privat. Dann erstellte sie einen genauen Bericht darüber, wie er seine Zeit genutzt hatte. Jedes Zehnminutenintervall wurde einer Kategorie zugeordnet und dazu angegeben, wie viel Prozent seiner Zeit er getippt oder die Maus bewegt hatte. Für jeden Tag warf das Programm eine Produktivitätswertung aus, die ihn auf einer Skala von 0 bis 100 einstufte, und sendete diese an Satarianos Vorgesetzte.

Doch das Dashboard von Hubstaff wusste nicht genau, was Satariano arbeitete. Anrufe – ein entscheidender Bestandteil der Aufgaben eines Reporters – wurden von der Plattform nicht als »gearbeitete Zeit« erfasst – ebenso wenig wie die Online-Lektüre, eine weitere unabdingbare Komponente seines Jobs. Hubstaffs Überwachung war auf eine eng gefasste, starre Gruppe von Aufgaben und Kompetenzen fokussiert, anhand derer die Produktivität kaum zutreffend beurteilt werden konnte. Dementsprechend war Satarianos Wert fast immer gefährlich unterirdisch. Nach einem 14-Stunden-Tag lag er einmal bei nur 22.[49] Und obwohl Satariano wusste, dass daran die Software schuld war, merkte er, wie er unwillkürlich länger arbeitete, um sie zu besänftigen. Er ging dazu über, zu demonstrieren, dass er arbeitete, indem er

Arbeitsdokumente auf dem Bildschirm öffnete, damit sie von Hubstaff abfotografiert werden konnten. Statt seine Produktivität zu steigern, verbrachte er mehr Zeit den je mit LARPing.

Unternehmen wie Hubstaff behaupten, die Erfassung ihrer Aktivitäten am Arbeitsplatz vermittle Beschäftigten eine innere Ruhe – sogar ein Gefühl der Freiheit. »Das ist keine Einbahnstraße«, heißt es auf der Support-Seite des Unternehmens für Führungskräfte. »Wenn Ihre Mitarbeiter bei der Arbeit die Hubstaff-Zeiterfassung laufen lassen, heißt das, dass Sie sich entspannen können. Sie müssen sich keine Gedanken darum machen, wann genau Ihre Leute arbeiten – oder wo.«[50] An dieser Stelle verkauft Hubstaff die Erhebung von Daten als Methode zur besseren Kommunikation. Der Support-Seite zufolge ist schließlich »das Problem, dass Sie zu viel Zeit dafür aufwenden müssen, Mitarbeiter zu führen, Kunden Rechnungen zu schreiben und Personal zu bezahlen«.

Doch effektive Kommunikation verlangt immer Anstrengung, ganz gleich, was die Werbung des Unternehmens verspricht. Gutes Management lässt sich nicht so ohne Weiteres skalieren, weil gute Kommunikation nicht immer effizient ist. Sie ist häufig emotional, störanfällig und wird ganz sicher nicht von Algorithmen und Big Data gesteuert. Gutes Management beruht letztlich auf Vertrauen – und genau das untergräbt Überwachung auf Schritt und Tritt.

Wir verstehen, was ein Produkt wie Hubstaff attraktiv erscheinen lässt: Es verspricht dem Chef Seelenfrieden *und* höhere Produktivität. Doch die meisten Beschäftigten brauchen gar keine Produktivitätsimpulse. Im September 2020 führte die Personalberatung Mercer eine Studie über 800 Beschäftigte aus den gesamten Vereinigten Staaten durch. 94 Prozent berichteten, ihre Produktivität sei gleich hoch oder höher als vor der Pandemie.[51] Was Unternehmen brauchen, ist Vertrauen und die Neuerfindung von Führungskompetenz – beides weit amorpher, schwerer zu kultivieren und noch schwerer zu messen. Kein Wunder also, wenn sich viele für den leichteren Weg entscheiden, den die Technologie verspricht.

Strebt ein Unternehmen nachhaltige Produktivität an – nicht hektische Betriebsamkeit nach dem Motto »Ich habe Angst um meinen Arbeitsplatz und es ist gerade Pandemie« –, ist Vertrauen unabdingbar. Dem Verhaltenspsychologen David De Cremer zufolge verkennen Unternehmen die Bedeutung und den Wert von Vertrauen genau deshalb, weil es sich häufig indirekt auswirkt: Vertrauen bedeutet, dass »Informationen offener kommuniziert werden, dass die Menschen hilfsbereiter und willens sind, Ideen auszuprobieren, auch wenn sie letztlich fehlschlagen«.[52] Mit der Zeit erhöht Vertrauen die Experimentierfreude, die Kreativität und die Zufriedenheit der Mitarbeiter – alles Bausteine für die Qualität der Arbeit.

Überwachungssoftware soll Risiken und Unsicherheit am Arbeitsplatz eliminieren, doch um eine Kultur des Vertrauens zu fördern, *braucht es* ein bisschen Risiko und Ungewissheit. Im Idealfall ist Vertrauen am Arbeitsplatz keine Einbahnstraße: Die Vorgesetzten vertrauen ihren Mitarbeitenden und diese vertrauen wiederum darauf, dass ihr Chef nur ihr Bestes im Sinn hat. Jede Partei muss der anderen vertrauen – was bedeutet, dass sich alle Beteiligten mit einer gewissen Grundverletzlichkeit abfinden müssen. Doch Produkte wie Hubstaff stören dieses Gleichgewicht: Sie machen eine Seite verwundbar, die andere dagegen allwissend. Das kann die Produktivität zwar kurzfristig steigern, doch das Vertrauensdefizit nagt an der Moral und an der Substanz jeder Unternehmenskultur, die Sie aufbauen möchten.

Wenn wir nicht aufpassen und proaktiv gegensteuern, werden es solche Instrumente sein, die das neue flexible Arbeitszeitalter prägen. Als die Büroarbeit bei Ausbruch der Pandemie nach

Hause verlagert wurde, griffen Unternehmen instinktiv nach Überwachungssoftware als Krücke. 2020 haben nach Schätzungen eines Analysten weitere 20 Prozent aller US-Unternehmen während der Pandemie Überwachungssoftware für ihre Belegschaft angeschafft. Demnach setzen rund 30 Prozent der Unternehmen zur Bewertung von mobiler Arbeit irgendein Tool zur Produktivitätsüberwachung ein.[53]

Mit diesem sehr konkreten Gefühl der Beklemmung im Herzen wandten wir uns an Shoshana Zuboff. Seit sie vor 33 Jahren sah, wie die Arbeiter in der Zellstofffabrik mit der automatischen Tür kämpften, widmet sie sich der Erforschung der Frage, wie unser Technologieeinsatz fortlaufend unsere besten Absichten unterläuft – besonders publicityträchtig in ihrem 2018 erschienenen Buch *Das Zeitalter des Überwachungskapitalismus*. Und sie beurteilt pessimistisch, wie die Unternehmen bisher an mobiles Arbeiten herangehen.

»Ich beobachte immer wieder, wie sich dieselben Zyklen wiederholen«, berichtete uns Zuboff. »Seit 42 Jahren spreche ich nun schon dasselbe Thema an und wiederhole mich gebetsmühlenartig. Dass so viel der zugrunde liegenden Machtdynamik trotzdem noch intakt ist, ist schon verrückt.« Sie geht davon aus, dass Arbeitnehmende und Studierende weiterhin als »unfreiwillige« Probanden behandelt werden, an denen sich neue Kontrolltechnologien folgenlos ausprobieren lassen, bevor man dann die gesamte Bevölkerung damit überzieht. Sie befürchtet, das mobile Arbeiten wird der Privatsphäre den Todesstoß versetzen und die letzten dürftigen Barrieren einreißen, die die Unternehmen noch davon abhalten, uns zu Hause zu überwachen. »So invasiv die grenzenlose Überwachung von Arbeitnehmenden bisher war – es gab doch noch diesen Moment, wenn man aufstand und das vermaledeite Büro verließ«, so Zuboff.

Der Kampf der Menschen gegen die lückenlose Überwachung, über den Zuboff seit 40 Jahren schreibt, ist nicht fair und war es nie. »Das sieht man am Arbeitsplatz, aber auch an jeder Technologie«, behauptete sie. »Wir werden dermaßen gläsern. Wir sind leichte Beute für das, was uns als Befreiung verkauft wird – und die Unternehmen nutzen das nach Kräften aus.« Ein ganz entscheidender Aspekt: Die Kosten dieser Tools werden von den Arbeitgebern nicht mitgetragen. Sie lasten alleine auf den Arbeitnehmenden – allen voran auf solchen ohne Mitbestimmungsrecht.

In unserem Gespräch umriss Zuboff grob eine düstere potenzielle Zukunft, die einen bedrohlichen Schatten auf die eigentliche Prämisse dieses Buches wirft: Viele der Möglichkeiten und Privilegien einer Kultur des flexiblen mobilen Arbeitens werden – wie schon heute – wenigen Auserwählten zugutekommen, die die nötige Verhandlungsmacht besitzen, um sie sich zu verschaffen. Einer elitären Gruppe wird es möglich sein, Arbeitszeiten, Arbeitsorte und Unternehmensengagement neu zu erfinden – in Form einer flexiblen menschlicheren Unternehmenskultur der Gleichberechtigung. Die übrigen leisten ihre zwölf Stunden zu Hause ab und lassen sich ihre Toilettenpausen von einer vorinstallierten Überwachungssoftware diktieren.

Gegen Ende unseres Gesprächs deutete Zuboff aber dieselbe vorsichtige Hoffnung an, die auch diesem Buch zugrunde liegt. Trotz des krassen Ungleichgewichts der Macht und der Erschöpfung, die viele von uns im Kampf um Würde am Arbeitsplatz, in der Politik und in der Gesellschaft empfinden, fühlt sich der jetzige Moment ungewöhnlich plastisch an – voller Möglichkeiten zur Veränderung. Zum Teil liegt das daran, dass viele Menschen voller Unmut sind und die Ungleichheiten in ihrem Umfeld stärker wahrnehmen. Ein weiterer Grund ist aber, dass die gewaltigen technischen Umbrüche des 21. Jahrhunderts in einer Pandemie gipfelten, die uns gezwungen hat, die Lebensbereiche neu zu interpretieren, die uns bisher am unflexibelsten erschienen. Zurzeit sind wir stärker motiviert, für Wandel einzutreten, als zu irgendeinem anderen Zeitpunkt in der jüngeren Geschichte.

Wir schreiben dieses Buch in der Hoffnung, dass wir dieses Fenster nutzen können, das sich so unerwartet auftut. Wir teilen aber auch Zuboffs Ambivalenz. Wer mit der Geschichte dieser Instrumente vertraut ist und weiß, welche Folgen ihre Umsetzung hatte, der kann sich gut vorstellen, dass unsere besten Absichten und Ideen in Zukunft nur wieder dieselben Ungleichheiten reproduzieren, die wir schon kennen. Doch wenn wir uns die Zukunft, wie wir sie uns wünschen, nicht ausmalen und artikulieren – und nachhaltige Möglichkeiten, sie zur verwirklichen, gleich mit –, dann werden wir hundertprozentig in den gegenwärtigen Mustern verharren.

Zuboff sieht für die Technologie und unsere Arbeitswelt einen möglichen politischen Weg in die Zukunft – nicht nur in Form neuer Arbeitsverträge und Gesetze, die den Veränderungen der Arbeit im digitalen Zeitalter effektiv Rechnung tragen, sondern auch durch neue Sozialverträge, die durch große und kleine kollektive Aktionen zustande kommen. Doch gemeinsames Vorgehen, ja, selbst grundlegendes staatsbürgerliches Engagement, erfordert Zeit und Kraft. Es beansprucht Raum und Aufmerksamkeit, die wir so oft lieber Freunden, der Familie und vor allem unseren Jobs widmen. Doch was wäre, wenn wir mehr Zeit hätten?

Am Anfang dieses Kapitels haben wir die These aufgestellt, dass es höchste Zeit wird, unsere Produktivität und Effizienz nicht mehr nur als Mittel zu mehr Arbeit zu begreifen, sondern zu einem echten Zweck. Jetzt ist die Zeit, uns zu überlegen, wofür.

KAPITEL 4
Gesellschaft

Haben Ihre Groß- oder Urgroßeltern in den Vereinigten Staaten gelebt, waren sie mit größter Wahrscheinlichkeit Mitglieder irgendeiner gesellschaftlichen Organisation. Ganz gleich wo sie lebten, welchen Beruf sie ausübten, welche Hautfarbe sie hatten, welcher Religion sie angehörten oder wie lange sie schon in den Vereinigten Staaten waren – sie »traten bei«. Sie waren die »Long Civic Generation«, geboren in den Jahrzehnten um 1930. Sie gehörten Kirchen und Chören, Quilting-Gilden und Bauernverbänden an. Sie waren die Elks, Black Elks, Moose, Eagles, Odd Fellows, Sons of Norway, Sons of Italy, Mitglieder der Mardi Gras Krewes, Daughters of the American Revolution, Daughters of Utah Pioneers, Toastmasters und Job's Daughters. Ob VFW, Knights of Columbus, Grange, PEO, American Association of University Women, B'nai B'rith, Junior League, Luther League oder Petroleum Club – sie waren dabei. Und regelmäßig Bridge, Mah-jongg oder Euchre spielten sie obendrein.

Das ist nur eine kleine Auswahl der Organisationen, denen diese Generation angehörte. In Wirklichkeit ist die Liste endlos – zum Teil auch deshalb, weil diese Gruppen offenbar endlosen Zulauf hatten. Ob weltlich oder religiös, durchritualisiert oder zwanglos, oft eingeschränkt durch Alter, Hautfarbe, Geschlecht oder Religion – es waren diese Gruppen, die den Wochenablauf bestimmten. Dort traf man sich und lernte Menschen und potenzielle Partner kennen – vor allem, wenn man neu zugezogen war. Häufig boten diese Organisationen eine Mischung aus Geselligkeit und Philanthropie: die Gelegenheit, Karten zu spielen, sich zu verkleiden, sich zu unterhalten, sich zu betrinken und/oder Gutes zu tun.

Manche solcher Gruppen waren unglaublich ausgrenzend. Andere vertraten obskure Ideen zu Rasse, Klasse, Geschlecht, Imperialismus und Kolonialismus – es gab nichts, was es nicht gab. Schließlich war auch der Ku-Klux-Klan nichts anderes als ein Verein mit rassistischem Programm. Andere Organisationen boten Möglichkeiten, Sprache und ethnische Traditionen weiterzugeben, oder fungierten als Rückzugsorte von den Ansprüchen eines Lebens in weiß oder männlich dominierter Umgebung. So boten Schwarzenorganisationen für W. E. B. Du Bois beispielsweise eine »Abwechslung von der Monotonie der Arbeit – einen Ort, um Ehrgeiz auszuleben und Intrigen zu spinnen, eine Gelegenheit, sich zur Schau zu stellen und eine Versicherung gegen Schicksalsschläge«.[1]

Welchem Zweck sie auch dienten, diese Gruppen bildeten buchstäblich und im übertragenen Sinne die Infrastruktur der Gesellschaft. Die Leute traten ihnen bei, weil man das so machte. Dadurch hatten sie einen Ort, um sich zu treffen, einen vollen privaten Terminkalender und Gleichgesinnte, die dafür sorgten. Sie knüpften ein Netz aus »losen Verbindungen« zu Menschen, die nicht unbedingt beste Freunde waren, sich aber verbunden fühlten und so auf die eine oder andere Weise zum Wohlbefinden beitrugen. In manchen Fällen fungierten diese Gruppen auch als offizielle und inoffizielle Gesellschaften für wechselseitige Hilfeleistung – mit Monatsbeiträgen, die gewährleisteten, dass die Familie abgesichert war, wenn ein Mitglied starb, erkrankte oder erwerbsunfähig wurde.

Ungeachtet ihres vorgeblichen Zwecks veranstalteten solche Gruppen alle Jahre, Monate oder Wochen Spendenaktionen, Paraden, Bälle und Picknicks. Viele boten Programme zur Weiterbildung oder persönlichen Entwicklung an, hatten spezielle philanthropische Zweige und Ableger für Kinder oder Jugendliche. Den Gipfel ihrer Popularität erreichten sie in den 1920er-Jahren. Während der Weltwirtschaftskrise erlebten sie dann kurzfristig einen Durchhänger, um in den 1950er- und 1960er-Jahren wieder zu neuem Leben zu erwachen. In Städten, Vororten, ja, selbst im kleinsten Dorf gab es irgendeine Version solcher Organisationen, die Ortsansässige und deren Bedürfnisse miteinander verknüpfte.

Im Jahr 2000 veröffentlichte der Politikwissenschaftler Robert Putnam *Bowling Alone* – das erste Buch, das sich eingehend mit dem Aufstieg dieser Gruppen und den Folgen ihres breiten Niedergangs gegen Ende des 20. Jahrhunderts befasste. Damals befanden sich viele dieser Organisationen bereits seit 20 Jahren in einem Zustand der Verleugnung und klammerten sich an die Überzeugung, dass sie nur ihr Vereinshaus in der Innenstadt verkaufen und in einen Vorort ziehen, bloß erfolgreich 36-Jährige anwerben, einen neuen Vorsitzenden wählen oder eine Sporthalle gleich neben der Kirche errichten müssten, um den Mitgliederschwund umzukehren. Doch ihr schleichender Niedergang hatte wenig mit den Einrichtungen oder Angeboten der jeweiligen Organisation zu tun. Er war vielmehr ein Symptom einer laufenden Veränderung, als die Ideale des Individualismus den Kollektivismus verdrängten, der die Nachkriegszeit geprägt hatte.

Unter Kollektivismus ist das übergreifende Ethos »Wir sitzen alle in einem Boot« zu verstehen. Er manifestiert sich im Steuerrecht, in unserer Einstellung zum sozialen Sicherheitsnetz, ja, sogar darin, wie wir unsere Verantwortung gegenüber Menschen begreifen, die wir gar nicht kennen. In *The Upswing* und später in *Bowling Alone* beschreibt Putnam den vor allem in der ersten Hälfte des 20. Jahrhunderts zunehmenden Kollektivismus als Möglichkeit, in einer Zeit tiefgreifender technischer und gesellschaftlicher Veränderungen nach Solidarität zu streben. Die genannten Gruppen boten eine »Zuflucht aus der in Unordnung geratenen unsicheren Welt« – eine Art zweites, behagliches Zuhause –, während die Komponenten der gegenseitigen Unterstützung die Sicherheit boten, dass auch eine Katastrophe für eine Familie nicht den Untergang bedeutete.[2]

In der zweiten Dekade des 20. Jahrhunderts begann sich das kollektivistische Ethos in progressiver Politik zu manifestieren, die sich in mehreren Wellen die 1960er-Jahre hindurch fortsetzen und zumindest für Weiße die Komponente der wechselseitigen Unterstützung dieser Organisationen auf den Staat übertragen sollte. Die berühmteste dieser Reformen vollzog sich unter dem Dach von Franklin Delano Roosevelts New Deal. Dazu gehörten auch Programme, die Bildung auf jedem Niveau für alle zugänglich machen und ausweiten, die Säuglingssterblichkeit senken und die Lebenserwartung erhöhen, Arbeitnehmende besser absichern und über das Steuerrecht den Wohlstand gleichmäßiger verteilen sollten. Die Tennessee Valley Authority, ein Programm zur öffentlichen Versorgung, dessen Aufgabe es war, eine der ärmsten Gegenden der Vereinigten Staaten zu elektrifizieren und zu modernisieren, ist eine solche kollektivistisch motivierte Initia-

tive – ebenso wie Head Start, das 1965 gegründet wurde, um ein-
kommensschwachen Familien frühkindliche Bildung und Gesundheitsversorgung zu bieten.

Die übergeordnete Mission dieser Programme bestand nicht
nur darin, dass »wir eine moralische Pflicht haben, den Armen zu
helfen«, sondern auch in der Überzeugung, dass wir nur so stark
und widerstandsfähig sind wie die schwächsten Glieder unserer
Gesellschaft. Das Problem dabei war natürlich, dass diesen Programmen endemischer Rassismus innewohnte. Wir sitzen zwar
alle in einem Boot – aber nicht neben Menschen mit schwarzer
oder brauner Haut. Und Frauen sollten sich damit abfinden,
Staatsbürger zweiter Klasse zu sein. Die Bürgerrechtsbewegung,
die Frauenbewegung und die Landarbeiterbewegung – sie alle
stellten in der einen oder anderen Hinsicht Versuche dar, Gesetze
und Arbeitsschutz einzuführen, die die Vorzüge des Kollektivismus – und einer amerikanischen Staatsbürgerschaft – gerechter
verteilen würden.

Doch die schrittweisen Erfolge dieser Bewegungen gingen einher mit Unterbrechungen, Einschnitten und Rückschritten bei
vielen kollektivistischen Errungenschaften. Wie Putnam feststellt,
legte der Aufwärtstrend im Bildungswesen etwa um 1965 eine
»Pause« ein. Der Zulauf der Gewerkschaften, der dazu beigetragen hatte, dass die Einkommen von Millionen von Amerikanern
über das existenzsichernde Niveau stiegen, hatte bereits 1958 zu
seinem ausgedehnten Abwärtstrend angesetzt. Steuersenkungen
machten es Mitte der 1960er-Jahre den Reichen leichter, reich zu
bleiben und noch reicher zu werden, und Regulierungswellen
überließen die Zwecke vormals öffentlichkeitsorientierter Institutionen den Launen der »freien Marktwirtschaft«.[3] Manche dieser
Veränderungen waren Reaktionen auf die wachsende Angst vor
der Bedrohung durch den globalen Wettbewerb. Sie waren aber

auch implizite und explizite Reaktionen auf die Erweiterung des Nutznießerradius des kollektivistischen Ethos. Die Botschaft lautete: Wir lassen zwar jeden mit in unser Boot, doch sobald es dunkel wird, muss jeder sehen, wo er bleibt.

Dieser individualistische Ansatz – mit seinem vorherrschenden Fokus auf »mir« und »mein« – bürgerte sich in den 1970er-Jahren allmählich ein und entwickelte sich nach und nach zur dominierenden politischen und ideologischen Einstellung der letzten 40 Jahre. Der Individualismus hängt sich das rhetorische Mäntelchen der Eigenständigkeit und des Stoizismus um und stellt oft eine Reaktion auf wirtschaftliche Unsicherheit, den Verlust beruflicher Identität und den überbordenden Wunsch dar, den eigenen Kindern ein besseres Leben zu ermöglichen. Er kann sich manifestieren in Skepsis gegenüber staatlichen Leistungen oder in einer tiefen Verbitterung, die jeder Steuergroschen auslöst, der nicht direkt der eigenen Familie zugutekommt. Es ist ein zentraler Grundsatz des Libertarismus und des Neoliberalismus und der entsprechenden Tendenz, uns als Wesen zu begreifen, die sich »als Konkurrenten statt als Verbündete verstehen, als Verbraucher statt als Bürger, Sammler statt Teiler, Nehmer statt Geber, Geschäftemacher statt Helfer; Menschen, die nicht nur zu beschäftigt sind, sich um ihre Nachbarn zu kümmern, sondern noch nicht einmal wissen, wie diese heißen«[4], um es mit den Worten der Ökonomin Noreena Hertz zu sagen.

Menschen mit einer individualistischen Einstellung müssen gar nicht unbedingt Soziopathen oder Widerlinge sein: Sie spenden schließlich trotzdem an GoFundMe, um einem an Krebs erkrankten Kind aus ihrem Viertel zu helfen, oder halten vielleicht sogar am Straßenrand, um anderen Hilfe anzubieten, sofern diese »harmlos« wirken. Sie beteiligen sich an der Sammlung zum 50. Geburtstag eines Kollegen, füttern in der Kirche den Klingelbeutel und sammeln Spenden für die Schule ihrer Kinder. Sie sind durchaus hilfsbereit – wollen aber selbst bestimmen, in welcher Form, und mitreden, wenn es darum geht, wen sie für einen würdigen Empfänger halten. Sie sind oft ganz besessen von der Vorstellung von »Fairness«: davon, dass einer nur so viel in Anspruch nehmen kann, wie er selbst beigetragen hat. Vor allem aber können Menschen, die politisch ein kollektivistisches Ethos vertreten wie ein staatliches Gesundheitswesen oder ein Recht auf Elternurlaub, trotzdem zutiefst individualistische Entscheidungen treffen – insbesondere, wenn es darum geht, was sie unter »Sicherheit«, »einer guten Schule« und »das Richtige für meine Familie tun« verstehen.

Der Individualismus erzeugt und vertieft Ungleichheiten, verstrickt uns in endlose Auseinandersetzungen darüber, was einer wert ist oder »verdient«, und löst so viel unnötiges Leid, Entfremdung und Verbitterung aus. Er zwingt uns dazu, wie besessen unseren Wert zu beweisen. Statt uns zu fragen, warum wir auf einem so prekären Posten sitzen, sind wir krampfhaft damit beschäftigt, wie wir uns dort halten können. Das ist die Ursache so vieler unser schlimmsten Neigungen und Nöte – im Büro wie im Privatleben: der Produktivitätskult, das Umsichgreifen von Burn-out und Angstzuständen, ständige Erschöpfung, das obsessive Trimmen unserer Kinder auf künftigen Erfolg, der Mangel an persönlicher oder gesellschaftlicher Identität und eine tiefe Einsamkeit und Entfremdung.

Es heißt, wir als Gesellschaft würden dem Konsumdenken huldigen und seien dem Materialismus verfallen. Doch diese Aussage trifft vor allem auf Büro- und Wissensarbeiter immer weniger zu. Wenn wir einen Kult betreiben, dann um die Arbeit. Ihr bleiben wir treu, weil wir uns und unsere Familien versorgen wollen. Inzwischen ist sie aber für uns weit mehr als bloß ein Mittel zur Bedürfniserfüllung. Sie genießt in unserem Leben inzwischen eine solche Vorrangstellung, dass sie unsere Identität subsumiert, unsere Freundschaften verwässert und uns von unserem sozialen Umfeld abkoppelt.

Der Individualismus macht uns besessen von unserer Arbeit und diese Besessenheit wiederum zieht uns immer wieder in den Sumpf des Individualismus. Wir wenden uns nach innen, unseren nächsten Angehörigen und unseren Berufen zu – auf Kosten aller übrigen Facetten des Lebens. Dieser Prozess wurde von den digitalen Technologien begünstigt, die es uns nicht nur ermöglichen, mehr zu arbeiten, sondern das Erlebnis echter Bindung zu anderen zu simulieren. Wir haben vergessen, uns außerhalb familiärer Beziehungen umeinander zu kümmern oder uns außerhalb beruflicher Zwänge oder der Freizeitgestaltung unserer Kinder miteinander zu treffen. Wenn wir unseren sozialen Rückhalt nicht schon komplett verloren haben, hängt er am seidenen Faden. Durch unser Vertrauen auf den Individualismus wurden wir, was wir zwangsläufig werden mussten: unglaublich einsam.

Dieser Prozess der Entartung vollzieht sich seit Jahren. Wir lenken uns lediglich für kurze Zeit davon ab, um uns einzureden, unser Leben sei im Gleichgewicht. Die Pandemie hat aber sehr deutlich gemacht, wie untragbar unsere Situation in Wirklichkeit ist: Wir brauchen einander, wir sehnen uns nach Bindung, und je mehr wir in Arbeit und Produktivität aufgehen, desto weniger haben wir davon – vor allem auf der tieferen Ebene, auf der unsere Seele Nahrung findet. Es muss doch noch mehr geben.

Doch wie sieht die Lösung aus? Sollen wir jetzt alle einfach wieder sonntags in die Kirche gehen? Dem nächsten Toastmaster-Club beitreten? Uns ein Hobby suchen – ganz gleich welches –, die nötige Ausrüstung anschaffen, und das war's dann? Das sind hehre Vorsätze, doch wenn die Arbeit für unsere Identität und in unserer

Welt denselben Stellenwert behält, werden wir das nicht schaffen.
Dann werden wir uns im Internet über eine Gruppe informieren
und sie gleich wieder vergessen, etwas Geld für eine Sache spenden und uns nicht weiter engagieren oder uns vornehmen, eine
Veranstaltung zu besuchen, und dann kurzfristig absagen.

Die meisten Menschen werden die an den Anfang des Kapitels
gestellte Liste mit Organisationen durchlesen und sich fragen:
»Wer hat denn die Zeit dafür?« Das ist der springende Punkt: Sie
könnten sich diese Zeit nehmen. Aber nicht, indem Sie sich noch
mehr Termine aufhalsen, bis Sie zusammenbrechen, oder indem
Sie Ihrem Partner künftig die gesamte Hausarbeit überlassen. Sondern indem Sie die Zeit nutzen, die Ihnen zur Verfügung steht,
wenn Sie Ihren Tagesplan flexibel und mit festen Leitplanken
gestalten, ihn mit Aktivitäten füllen, die Ihnen guttun, und auf die
kollektivistischen Änderungen hinarbeiten, die wir herbeisehnen
und brauchen. Denn der akribische, gewissenhafte Versuch, uns
aus unserer Arbeitssucht zu befreien, hat keinen Sinn, wenn davon
nur Menschen profitieren, die so arbeiten, leben und aussehen
wie wir.

Womöglich glauben Sie, Sie könnten wenig zu unserem Potenzial als Gesellschaft beitragen. Vielleicht wollen Sie das auch gar
nicht und sind überzeugt, dass wir nie wieder in der Lage sein
werden, den Kollektivismus für uns wiederzuentdecken. Doch laut
Putnam gibt es überzeugende Indizien dafür, dass wir am Anfang
einer »auflebenden« kollektivistischen Stimmung stehen, weil sich
die Versprechungen des Individualismus bislang für alle – mit Ausnahme einer auserwählten Elite – als durch und durch fragwürdig
entpuppt haben. Nach einem Jahr der gewaltigen gesellschaftlichen Umbrüche ist es an der Zeit, proaktiv neue, schwierige
Lösungen zu suchen – Lösungen, die Risiken und Stabilität gleichmäßiger verteilen, die ganz bewusst auch auf Hautfarbe oder

Geschlecht beruhende Ungleichheiten eingehen, wie sie den letzten kollektivistischen Impuls untergraben haben, und die deutlich machen, wie sehr wir einander brauchen und uns gegenseitig stärken können – statt uns einfach mit dem Status quo abzufinden.

Die potenzielle Umstellung auf hybrides mobiles Arbeiten ist enorm verheißungsvoll. Sie birgt aber auch große Gefahren – insbesondere mit Blick auf die Gesundheit der Institutionen, die die nicht gerade solide Grundlage unserer Gesellschaft bilden. Denn kein maßgeblicher gesellschaftlicher Wandel – schon gar keiner mit dem Potenzial, den Tagesablauf und die Gewohnheiten von bis zu 40 Prozent der Erwerbstätigen eines Landes zu verändern – vollzieht sich im Vakuum.

Die folgenden Anregungen sind nicht als detaillierte politische Lösungen zu verstehen. Man könnte buchstäblich zu jedem dieser Aspekte ein eigenes Buch schreiben, und daran arbeiten manche bereits. Doch bei unseren weiteren Überlegungen zur Zukunft der Arbeit und zu ihrer Stellung in einer kollektivistischeren Gesellschaft gibt es so viele Bereiche, die Aufmerksamkeit, Unterstützung und Schutz erfordern. Es folgen verschiedene erste, aber keinesfalls erschöpfende Anregungen dazu, worauf wir uns dabei fokussieren sollten.

Die post-pandemische Stadt

Im Mai 2020 empfahl die US-Gesundheitsbehörde CDC Arbeitgebern, ihre Beschäftigten dazu anzuhalten, öffentliche Verkehrsmittel nach Kräften zu meiden. Stattdessen sollten sie möglichst das eigene Auto, ein Taxi oder Mitfahrzentralen nutzen. Für Sara Jensen Carr, Assistant Professor für Architektur an der Northeastern University und Autorin des im Oktober 2021 erschienenen

Buches *The Topography of Wellness: How Health and Disease Shaped the American Landscape* zählte diese Vorgabe zu den vielen der Pandemie geschuldeten Entscheidungen, die vielfach in bester Absicht getroffen wurden, an deren Folgen die Städte aber noch jahrelang zu knapsen haben werden.

»Es gibt nur sehr wenige dokumentierte Übertragungsfälle im öffentlichen Nahverkehr«, teilte uns Carr im Dezember 2020 mit. »Doch die Epidemiologie an sich spielt keine Rolle. Es geht ums Narrativ: Darum, was den Menschen im Gedächtnis bleibt. Wenn also die CDC den Leuten erklärt, sie sollten mit dem eigenen Auto zur Arbeit fahren, konterkariert das so viele positive Verkehrsentwicklungen der letzten 20 Jahre.«

Der Neuwagenabsatz brach während der Pandemie sogar ein und verzeichnete den niedrigsten Stand seit 2012. 2021 erholte er sich jedoch und der Gebrauchtwagenabsatz schoss in die Höhe. Das betrifft vor allem Menschen aus städtischen Regionen, die jahrelang versucht hatten, ohne Auto auszukommen: Plötzlich war das Auto scheinbar die einzige gefahrlose Möglichkeit, an Orte zu gelangen, die nicht fußläufig erreichbar waren – oder auch weiter weg, um Eltern oder Großeltern zu besuchen. Für alle, die es sich leisten konnten, war das Auto die Lösung der Wahl für die pandemiebedingte Immobilität. All diese Autos sind aber noch da – ebenso wie die neuen Gewohnheiten, die sie mit sich brachten.

Ob aufgrund verstärkter Mobilität der Arbeit, größerer Abhängigkeit von Privatfahrzeugen, einer allgemeinen Scheu vor Nähe, oder aber, weil Städter aufs Land gezogen sind – die Nachfrage nach öffentlichen Verkehrsmitteln ist zurückgegangen. Deshalb sind sie aber nicht minder notwendig: Selbst wenn ihre Fahrgastzahlen um 25 Prozent sinken, sind – je nach der Größe der betreffenden Stadt – Tausende, Zigtausende oder gar *Millionen* Einwohner nach wie vor darauf angewiesen. Der öffentliche Nahverkehr ist quasi der Blutkreislauf einer Stadt. Wird er schwächer, gilt das auch für die Lebensqualität der Gegenden, die er anbindet. Wenn wir uns gesunde Städte wünschen, müssen wir Wege finden, den öffentlichen Nahverkehr nicht als Vorteil oder Annehmlichkeit zu begreifen, sondern als Notwendigkeit – ungeachtet dessen, ob wir ihn persönlich nutzen.

Welche Voraussetzungen müssen dafür erfüllt sein? Da ist zunächst die Finanzierung. Ansonsten »wird die Finanzsituation, in der sich fast alle Verkehrsbetriebe Amerikas befinden, mit Sicherheit zu empfindlichen Einschnitten beim Service führen und diese werden unweigerlich eine verheerende Abwärtsspirale in Gang setzen«, so Sarah Feinberg, Interimsvorsitzende der New York City Transit Authority. »Verringerte Angebote sind schlecht für die Pendler, katastrophal für systemrelevante Arbeitskräfte und schädlich für die Wirtschaft.«[5] Ziehen Menschen aus New York weg und es kommen nicht unmittelbar andere nach, die ihren Platz einnehmen, so verringert das den Umsatz der U-Bahnen und Busse der Stadt, was zu schlechterem Service führt. Dadurch wird New York als Wohnort unattraktiver, weshalb noch mehr Menschen wegziehen werden. Das wiederum drückt den Umsatz der Verkehrsbetriebe, und so weiter und so fort.

Wandelt sich, wie und wo wir arbeiten, dürfte das auch die Ansprüche verändern, die wir an unsere Städte und ihre Verkehrsinfrastruktur stellen. Ben Welle und Sergio Avelleda, die sich beim World Resources Institute wissenschaftlich mit öffentlichem Nahverkehr und urbaner Mobilität auseinandersetzen, bieten eine Lösung an, die ein Umdenken bei den Umsatzmodellen voraussetzt: Für den Anfang sollte die Abhängigkeit von den verkauften Tickets verringert und die Steuerfinanzierung erhöht werden. Erforderlich sind aber auch die Sanierung und der Ausbau der vorhandenen Infrastruktur – auch wenn die Fahrgastzahlen sinken.[6]

Nur weil wir nicht mehr an fünf Tagen die Woche pendeln, heißt das nicht, dass wir ohne Mobilität auskommen. »Auch Menschen, die im Homeoffice arbeiten, müssen noch fahren, zu Meetings gelangen und in ihren Städten leben können«, erklärte uns Welle. Doch er stellt die These auf, dass das klassische »Hub-and-Spoke[7]«-Modell der Verkehrssysteme – eines, das in vielen amerikanischen Großstädten auf der Grundlage alter Straßenbahnlinien konzipiert wurde – neu gedacht und durch Schnellverbindungen, Zubringerbusse und durch Umverteilung des Verkehrsraums neu eingerichtete Busspuren und Fahrradwege ergänzt wird.

Veränderte Arbeitsmuster – und damit die Pendler – komplizieren diesen Prozess. Bei vielen Verkehrssystemen sind die Fahrgastzahlen die Erfolgskennzahl für ihre Gesundheit – und oft mit der Finanzierung verknüpft. Gehen sie zurück, könnte das weitere Kürzungen der Mittel zur Folge haben und einen Teufelskreis auslösen. Um das zu verhindern, schaut sich die Branche Welle zufolge nach anderen Kennzahlen um, an denen sich neben den Fahrgastzahlen der Erfolg messen lässt. »Die ersten stellen Fragen wie: ›Wie gut ist der Zugang zu Gesundheitsversorgung oder Industrie, den das Verkehrssystem bietet? Wie kann es für Zugangsmöglichkeiten sorgen?‹ Unserem aktuellen Mobilitätssystem gelingt es in den meisten Städten nur bedingt, angemessenen Zugang zu bieten. Die Pandemie könnte der richtige Moment sein, um zu überdenken, was wir von Verkehrsdienstleistern erwarten«, so Welle.

Ein wichtiges Thema, das sich wie ein roter Faden durch dieses Kapitel zieht: Wenn wir uns nicht mehr ganz so stark auf unsere Arbeit fokussieren und einen Teil unserer Aufmerksamkeit wieder anderen Dingen zuwenden, ist das gut für die Gesellschaft. Für eine robuste Mobilitätsinfrastruktur in einer hybriden oder nicht ans Büro gebundenen Arbeitswelt spricht aber noch ein zweiter Grund: nämlich der Kampf gegen die Isolation. Eine gängige Fehlauffassung ist, dass wir in einer Welt, in der wir weniger Zeit im Büro verbringen, zwangsläufig öfter alleine zu Hause sitzen. Diese Gefahr besteht zwar sicherlich, doch wenn wir unsere Städte nicht an unsere Lebensweise anpassen, dann ist sie quasi vorprogrammiert. Das bedeutet, dass wir den Menschen in unseren Städten mehr Möglichkeiten bieten müssen, öffentliche Einrichtungen schnell zu erreichen – zu Fuß, mit dem Rad oder einer kurzen Bus- oder U-Bahn-Fahrt. »Ich gehe davon aus, dass sich künftig immer mehr Menschen dringend Stadtviertel wünschen, in denen sie vieles zu Fuß erledigen können«, erklärte uns Welle. »Wird die Arbeit flexibler, müssen auch unsere Städte flexibler werden. Die Leute wollen schnell im Park sein oder in privatem und öffentlichem Raum wie Restaurants oder Cafés, um dort zu arbeiten, sich mit anderen zu treffen und Kontakte aufzubauen.«

Wir müssen begreifen, dass es uns und unseren Städten umso besser geht, je großzügiger wir diese Dienste finanzieren und je attraktiver und zugänglicher wir sie für alle Nutzer machen. Dasselbe Prinzip gilt auch für öffentliche Parks und Grünanlagen, Schwimmbäder, Gemeinschaftszentren und öffentliche Kunstprojekte: Geht das Steueraufkommen zurück, weil Menschen aus der Stadt wegziehen, und man fängt dann an, genau die Aspekte zu vernachlässigen, die die Stadt ausmachen, werden noch mehr Menschen abwandern – aus freien Stücken oder weil sie müssen, wenn die Arbeitsplätze, die sie zuvor noch an einen Ort gebunden hatten, verschwinden oder ins Homeoffice verlegt werden. So kann es ganz schnell bergab gehen.

Mit diesem Szenario beschäftigt sich seit einem Jahr Cali Williams Yost, CEO der Flex+Strategy Group. Sie hat schon Dutzende von Unternehmen zu deren Plänen für eine neue, flexible Belegschaft beraten. Klar könne man alles Mögliche tun, um sich im Büro sicher zu fühlen, und Leitlinien für mobiles Arbeiten aufstellen. Ihr zufolge ist das aber alles sinnlos, wenn wir dabei aus den Augen verlieren, wie sich diese übergreifende Veränderung auf unsere Städte auswirken könnte.

»Statt einfach alle dazu zu vergattern, so zu arbeiten, sollten wir nicht vorpreschen, sondern uns erst mit den Städteplanern zusammensetzen«, erklärte sie. »Mit den Leuten von den städtischen Verkehrsbetrieben, den Politikern und Vertretern der Behörden, die für die Steuerpolitik zuständig sind. Gemeinsam müssen wir eine dynamische neue Vision für die Stadt der Zukunft entwerfen.«

Yost selbst lebt in einer der vielen Kleinstädte an der Transitstrecke der Bahn durch New Jersey, auf der vor der Pandemie jeden Tag Hunderttausende von Arbeitnehmenden durch die Metropolregion New York unterwegs waren.[7] Im Dezember 2020 führte der Betreiber unter den Pendlern eine Umfrage zu der aktuellen und geplanten Nutzung der Bahn durch. »Sie werden Züge streichen«, erklärte Yost. »Die Verbindungen werden dann noch schlechter werden als bisher. Und New York wird versuchen, sich entgangene Steuereinnahmen zurückzuholen, indem sie die Abgaben für Pendler erhöhen. Also wird es obendrein teurer für uns.«

Wenn Sie die Wahl haben, ob Sie an einem oder an drei Tagen in die Stadt fahren – noch dazu, wenn die Anfahrt nervt, alle Restaurants in der Nähe Ihres Büros dichtgemacht haben und keine Wiederaufbauhilfen bekommen, die Kinos geschlossen sind und Ihre Freunde auch nicht mehr pendeln –, was zieht Sie dann noch in die Stadt?

»Das entwickelt sich zu einem Teufelskreis des Niedergangs«, meinte Yost. »Und keiner arbeitet an einer Lösung. Uns fehlt einfach jede Fantasie. Unterhält Ihr Unternehmen ein Büro, müssen

Sie die Leute in der Verkehrsplanung anrufen und sagen, wir sehen die Daten und Forschungsergebnisse – so sieht die neue Realität aus. Daher müssen wir uns zusammentun: Wie können wir eine überzeugende Zukunftsvision entwickeln?«

Teil dieser Vision wird die Arbeitswelt sein – sie könnte anders aussehen, als wir es gewohnt waren. »Da besteht ganz eindeutig nach wie vor Bedarf«, erklärte uns Leslie Kern. Die Geografin forscht zu Städteplanung und Gender. »Die Pandemie hat uns das bewusst gemacht. Städte und Wohnraum sind nicht dafür ausgelegt, jedem alle Möglichkeiten zu bieten – weder räumlich noch sozial.« Bisher gab es im Umfeld der Bürohäuser der Innenstädte kaum Dienstleistungsangebote – zum Teil, weil sie seit jeher auf berufstätige Männer ausgerichtet waren, die von A nach B wollten. Frauen bewegen sich dagegen schon seit den 1960er- und 1970er-Jahren nicht so linear: Sie wollen mit größerer Wahrscheinlichkeit unterwegs Kinder absetzen, Besorgungen machen oder bei den Eltern vorbeischauen. Wie würde eine neue Städteplanung aussehen, die tatsächlich auf eine buntere Vorstellung von den Aufgaben und Bedürfnissen abgestimmt ist, die unseren Tagesablauf bestimmen? »Wolkenkratzer wurden beispielsweise fast ausschließlich für einen Zweck konzipiert«, so Kern. »Wie also können wir den Wolkenkratzer als Mehrzweckgebäude neu erfinden?«

Clive Wilkinson, Architekt des Unternehmenscampus von Google, macht sich Gedanken um das künftige Bürodesign und fühlt sich allein schon durch die Fülle der Möglichkeiten beflügelt. Wie er es sieht, dürften Unternehmen und auf Gewerbeimmobilien spezialisierte Bauträger ihre Objekte künftig als fluide Masse verstehen, die weit mehr Flexibilität für das sogenannte Hot-Desking und für die kurzfristige Anmietung von Teamräumen bietet. Er stellt sich vor, dass Hotels anpassungsfähige, wirklich attraktive Räume für Co-Working anbauen, um den Zustrom von Arbeitskräften unterzubringen, die sonst im Homeoffice oder zu unterschiedlichen Zeiten tätig sind. Oder dass Unternehmen selbst Hotels aufkaufen, um ihren Teams dort Arbeits- und Rückzugsmöglichkeiten zu bieten. Während seiner Laufbahn hat sich Wilkinson immer neue Nutzungsvarianten für Büroraum ausgedacht und sich dabei vor allem von der Großstadtplanung inspirieren lassen. Lange Zeit war dabei das »Büro als Stadt« seine Matrize. Für die kommenden Jahre sieht er aber einen Umschwung voraus, wenn Metropolregionen umgestaltet werden, um der Idee vom mobilen, flexiblen Arbeiten zu entsprechen. Statt des Büros als Stadt kommt die *Stadt* als Büro.

Wilkinson erklärte uns, dass Unternehmen zurzeit nur schwer in die Gänge kommen. »Die meisten unserer Kunden – Vertreter und Leiter von Immobilien- und Facility-Management-Sparten – sind ziemlich durcheinander«, berichtete er. »Erst müssen ein paar große Unternehmen ein neues Paradigma schaffen und das Büro neu denken: nämlich als ausgesprochen sozialen Gemeinschaftsort für episodisches Arbeiten. Das hat so viel Potenzial, doch mein Eindruck ist, dass da viel Angst und eine gewisse Trägheit herrscht.«

Manche dieser kühnen Neuinterpretationen sind durchaus spannend. Da gibt es zum Beispiel das 15-Minute City Project – eine Bewegung, die dafür eintritt, dass jeder Stadtbewohner alles, was er braucht, in 15 Minuten erreichen können muss, und zwar ohne ins Auto oder in ein Nahverkehrsmittel zu steigen. Doch auch kleinere Sanierungsprojekte in anderen Metropolregionen weisen einen gangbaren Weg zu lebenswerteren Städten. Während der Pandemie setzte sich der Pariser Bürgermeister engagiert dafür ein, in der Stadt weitere 50 Kilometer Radwege zu bauen – manchen Schätzungen zufolge ist die Zahl der Radfahrer in der Stadt seit Frühjahr 2020 um über 65 Prozent gestiegen. Fast 15

Prozent aller Wege werden in Paris inzwischen mit dem Fahrrad zurückgelegt.[8] In Manhattan beschränkte die Stadtverwaltung den Durchgangsverkehr auf der Fourteenth Street auf Busse und lokale Lieferungen. Das zeigte unmittelbar Ergebnisse in Form weniger Staus, mehr Zugang für Fußgänger und um 15 bis 25 Prozent kürzere Fahrzeiten für Busse.[9]

Solche kleinen Erfolge veranlassen Städteplaner, eine Zukunft zu ersinnen und zu gestalten, in der Straßen nicht mehr von Zigtausenden lärmender, zäh vorwärtskommender Privatfahrzeuge dominiert werden. Wie das aussehen könnte? Tja, laut Vishaan Chakrabarti, vormals Städteplaner von New York City und Gründer von Practice for Architecture and Urbanism, bedeutet das mehr Gemeinschaftsflächen – großzügige Gehwege und Optionen für Handel und Gewerbe, Außenbestuhlung für die Gastronomie, kürzere Fahrzeiten für Pendler, weniger Umweltverschmutzung und ein Verkehrssystem, das für unterversorgte Gemeinden leichter erreichbar wird.[10]

Das ist zugegebenermaßen hoch gegriffen. Doch bleiben solche Kooperationen und gezielten Konzepte aus, sind Yosts Prophezeiungen für die Zukunft der Städte – und die vieler anderer, mit denen wir gesprochen haben – düster. Vor allem, wenn stattdessen die Vororte Fantasie und Kooperationen entwickeln. In Westfield, New Jersey, einer Pendlervorstadt, die etwa eine Zugstunde von Manhattan entfernt ist, besiegelte die Pandemie das Schicksal des großen Kaufhauses Lord & Taylor, das schon seit Jahren zu kämpfen hatte. Im Jahr zuvor hatte unerwartet ein fast hundert Jahre altes Kino zugemacht: das Rialto Theater. In der zweiten Dekade des 21. Jahrhunderts hatte sich der Ortskern mühevoll von der Rezession und der Konkurrenz durch das Onlinegeschäft erholt. Wer konnte sagen, wie lange es diesmal dauern würde, bis er wieder auf die Beine kam?

Doch der Stadtrat sah eine Chance, die verwaisten Ladenlokale und Parkplätze in einen Raum zu verwandeln, der die Pendler am Ort halten konnte. Mit 8 zu 1 stimmte er für einen Sanierungsplan für elf verschiedene Innenstadtobjekte und das Rialto sowie sieben Parkplätze. An ihrer Stelle sollte ein Mischgebiet entstehen, von dem 15 Prozent für bezahlbaren Wohnraum reserviert bleiben würden – in der Hoffnung, Geschäfte und Laufkundschaft anzulocken, die es sonst in die Großstadt ziehen würde.[11] Daraus können wir lernen: Unternehmen die Ballungszentren nicht ganz gezielt den Versuch, die Eigenschaften zu erhalten, die ihre Anziehungskraft ausmachen, dann werden sich die besser betuchten Steuerzahler woanders umschauen.

Und woanders boomt es, wie sich zeigt. Während wir an diesem Buch arbeiten – und das Ende der Pandemie in Sicht, aber noch ungewiss ist –, zeichnet sich deutlich ein kurzfristiger Trend ab: Dass Menschen und Ressourcen in der Pandemie umorganisiert wurden, hat mittelgroßen Städten enorme Impulse gegeben. Daten von LinkedIn zufolge verzeichneten im Jahr 2020 Städte wie Madison in Wisconsin, Richmond in Virginia und das kalifornische Sacramento den größten Zustrom von Tech-Fachkräften.[12] Manche dieser Metropolregionen und die umliegenden Orte und Gemeinden weisen ähnliche Merkmale auf. Viele sind Studentenstädte mit lebendigen Zentren, wo Ortsansässige kleine Geschäfte und Restaurants betreiben. Auch eine robuste Kunstszene hat sich bereits etabliert.

Immobilien sind erschwinglich – zumindest im Vergleich zu den größten Städten des Landes –, aber auch nicht zu billig, was gemeinhin bedeutet, dass diese Kommunen vor der Pandemie oft unter einem Mangel an bezahlbarem Wohnraum litten. Es sind Orte, die fußläufig erschlossen werden können und nicht nur mit einer hohen Lebensqualität, sondern auch mit interessanten kulturellen Angeboten punkten – gut angebunden an verlässliche Flughäfen und enorm attraktiv für aktive, aufstrebende Wissensarbeiter am Anfang oder in der Mitte ihrer Laufbahn, die Wurzeln schlagen möchten. Nach einem knappen Jahr Pandemie hatten solche Orte bereits einen Namen: Zoom-Towns.

Viele Zoom-Towns – vor allem solche, die sozusagen als Tor zur freien Natur im Westen dienten – finden sich inzwischen in einer prekären Lage wieder, da genau die Einstellung, Atmosphäre und Gemeinschaft, die viele Menschen in solche Regionen ziehen, vom Zustrom der Gutverdiener aus den Küstengebieten bedroht wird. Danya Rumore, Assistant Professor an der University of Utah, die sich wissenschaftlich mit den städteplanerischen Herausforderungen dieser Orte befasst, behauptet, dass der Ansturm von Arbeitskräften »Kleinstädte mit Großstadtproblemen«[13] schafft. Die Kluft zwischen dem Medianlohn und den Mediankosten für Wohnraum wird immer größer: So bewegen sich die Lebenshaltungskosten in Bozeman, Montana, beispielsweise inzwischen 20 Prozent über dem Landesdurchschnitt, obwohl der Einkommensmedian der Erwerbstätigen in der Stadt um 20 Prozent darunter liegt. Im Februar 2021 betrug die durchschnittliche Monatsmiete für eine Dreizimmerwohnung 2.050 US-Dollar – 58 Prozent mehr als im Jahr zuvor.[14] Dazu Heather Grenier, Leiterin des Rates für Human-Resources-Entwicklung in Bozeman: »Die Leerstandsquoten hier sind so niedrig, dass gekündigte Mieter buchstäblich nicht wissen, wohin.«

Rumore bezeichnet diese »Migration ins Grüne«, also in Orte, die Zugang zu Natur und Erholung bieten, als »Problem und Chance zugleich«. Natürlich müssen wir die negativen Folgen beleuchten, doch es gibt auch positives Potenzial. Derzeit stützen sich gewählte Volksvertreter und führende Persönlichkeiten in vielen dieser kleinen Orte auf Einzelberichte und Beobachtungen, doch diese erzählen nicht die ganze Geschichte. Aus diesem Grund versucht Rumores Team von der Gateway and Natural Amenity Region Initiative, belastbare Daten zu Migrationsmustern und ihren Effekten zu erheben – Daten, die Kommunen helfen können, langfristige Zukunftspläne zu schmieden.

Die Gateway and Natural Amenity Region Initiative ist zwar noch jung, versucht aber bereits, kleinere Städte im Westen – die durch COVID einen um 15 Jahre beschleunigten Zuzug erlebt haben – mit Spitzenpolitikern aus Orten wie Jackson in Wyoming, Vail in Colorado oder Moab in Utah zusammenzubringen. Sie alle haben jahrzehntelange Erfahrung im Umgang mit Touristenmassen, Zweitwohnsitzen und dauerhafter Umsiedlung. Die Verantwortlichen in Kommunen wie Sandpoint in Idaho müssen sich nicht ohne Orientierungshilfen, die Weisheit der Erfahrung und die Kenntnis der strittigen Punkte, die sich wohl niemals lösen lassen, durch die Anfangsschwierigkeiten quälen.

»Wir bekommen mit, wie vor Ort endlos darüber debattiert wird, ob das nun gut oder schlecht für die Kommune ist. Die schmerzhafte Wahrheit ist aber, dass die betroffenen Gemeinden keinen Einfluss darauf haben«, so Rumore. »Diese Veränderungen vollziehen sich, ob es ihnen gefällt oder nicht. Stattdessen sollten sie sich daher lieber fragen: ›Wie kann ich schützen, was mir lieb und teuer ist?‹«

Eine große Hürde ist dabei laut Rumore, dass viele der gefragten ländlichen Gemeinden im Westen politisch polarisiert sind: liberale Enklaven in einem zutiefst konservativen Umfeld. Die ideologische Spaltung kann dazu führen, dass etwas scheinbar so Einfaches wie eine Bürgerversammlung zum großen Problem wird.

Doch in aller Regel ist den Einwohnern kleinerer Orte mit hohem Freizeitwert die Liebe zu ihrer Heimat gemein – zu ihrer landschaftlichen Schönheit, ihrer Abgeschiedenheit oder ihrer Geschichte. Führt man gezielt Gespräche über das Erhaltenswerte, kann das Menschen verbinden, auch wenn sie unterschiedliche Ansichten dazu vertreten, wie die Orte und Gebiete, die ihnen am Herzen liegen, geschützt werden sollten.

»Die Fragen, die sich eine Kommune stellen sollte, lauten: ›Welche Werkzeuge, Methoden und Ressourcen benötigen wir?‹ und ›Was wollen wir werden, wenn wir groß sind?‹ Es wird auch Leute geben, die sagen, dass wir gar nicht groß werden wollen. Doch das lässt sich nicht verhindern. Schließlich kann keiner die Tür hinter sich abschließen«, meinte Rumore. »Wer so an die Sache herangeht, der bleibt am Ende untätig und das führt zu Wildwuchs.«

Wie für so viele Aspekte dieses Buches gilt auch für diesen: Die Pandemie hat die Probleme nicht geschaffen, die mit der Massenmigration ins Grüne einhergehen. Doch diese Probleme wurden so lange vernachlässigt, dass sie durch die pandemiebedingte Beschleunigung der Entwicklung Krisenniveau erreichten. Dabei ist es gar nicht so, dass diese Städte als öffentliche Körperschaften mobile Arbeitskräfte per se ablehnen: Schließlich bemühen sich viele Kommunen seit Jahren, Branchen aufzubauen, die nichts mit Ressourcenabbau oder Tourismus zu tun haben, und interessieren sich sehr für die Kaufkraft und die Steuerdollars, die besserverdienende Bürger mitbringen. So manche mittelgroße Stadt kämpft seit Jahren mit der ständigen Abwanderung von Fachkräften, gekoppelt mit der dämmernden Erkenntnis, dass keine neuen Unternehmen mehr zuziehen, die Wolkenkratzer bauen und den örtlichen Arbeitsmarkt um ein paar Tausend Jobs reicher machen.

Der Art und Weise, wie sich ein Zustrom von Telearbeitskräften auf die Lebensart und -qualität anderer Ortsansässiger auswirkt, wird kaum Rechnung getragen. Dadurch kann das kulturelle, politische und wirtschaftliche Umfeld brüchiger und volatiler werden – vor allem, wenn es wenig Vorgaben, finanzielle Mittel oder bisherigen Erfahrungen gibt, auf die man zurückgreifen kann, wenn neue Belastungen auftreten. Daher wird ein System benötigt, um den Umbruch zu unterstützen, zu überwachen und vermittelnd einzugreifen – eines, das die bestehende Gemeinschaft schützt und dabei nachhaltiges Wachstum fördert.

Eine Vorlage lieferte Tulsa in Oklahoma. Die Stadt nahm bereits 2018 mit kräftiger Unterstützung der George Kaiser Family Foundation ein neues Experiment in Angriff: Telearbeitskräften, die bereit waren, nach Tulsa zu ziehen und sich gezielt an der kommunalen Entwicklung zu beteiligen, winkten 10.000 US-Dollar Prämie. Diese können sie als Eigenkapital für ein Eigenheim verwenden oder für Sondertarife in Mietshäusern in der revitalisierten Innenstadt mit Monatsmieten zwischen 650 und 1250 US-Dollar und Zugang zu zentralen Co-Working-Räumlichkeiten. Mit der 10.000-Dollar-Prämie schaffte es Tulsa Remote in die Schlagzeilen, doch der interessanteste Teilbereich des Projekts betrifft die Infrastruktur. Die Initiative beschäftigt Vollzeit-Mitarbeiter, die nicht nur auswählen, wer ins Programm aufgenommen wird, sondern auch helfen, die Neuzugezogenen in die Gemeinschaft zu integrieren.

Ben Stewart, Geschäftsführer von Tulsa Remote, erzählte uns, dass es gar nicht so einfach sei, für die nötige Ausgewogenheit zu sorgen. »Uns ist jeder einzelne Bewerber wichtig«, erklärte er. Das Ziel sei, eine sogenannte bewusst kuratierte Gemeinschaft zu bilden. Für das Programm bewarben sich seit seiner Auflegung 50.000 Menschen. 2020 wurden 375 von diesen in der Stadt willkommen geheißen. Bei der Auswahl achtet Tulsa Remote darauf, dass Bewerber dynamisch und motiviert sind und gern Mitglieder der Gemeinschaft werden möchten. Ein idealer Kandidat hat sich bereits zuvor sozial engagiert und ist für neue Erfahrungen aufgeschlossen. »Wir suchen Menschen, die etwas beizutragen haben. Wer hierherzieht und für ein sechsstelliges Jahresgehalt bei Microsoft arbeitet, passt nicht unbedingt optimal in unsere Gemeinde«, so Stewart.

Erklärtes Ziel von Tulso Remote ist eine »Kohorte, die in ihrer Zusammensetzung den übrigen USA entspricht«. Das heißt, der Fokus wird bewusst auf Vielfalt bei geografischer und ethnischer Herkunft, sexueller Orientierung und Gender gesetzt. Man weiß dort aber auch, dass das Programm fortlaufend gepflegt werden muss. Jeder Empfänger der Prämie wird Teil eines Mentorensystems, das sowohl Fragen zur Gemeinde beantworten und die Eingewöhnung erleichtern soll, als auch potenzielle Probleme oder Konflikte bewältigen – so wie der nette Nachbar, der Ihnen verrät, wo es die besten Tacos gibt, was sich hinter der Bezeichnung »Sooner« (ein »Sooner« ist in Oklahoma so viel wie ein „Macher", Anm. d. Übers.) verbirgt, was genau die George Kaiser Family Foundation ist und warum so viele Projekte in der Stadt ihren Namen tragen.

Programme wie Tulsa Remote, die im nordwestlichen Arkansas, in Vermont und im Nordwesten Alabamas Nachahmer fanden, können beim Schulterschluss zwischen den Zugezogenen und den Einheimischen helfen – vor allem, wenn die neuen Mitbürger anfangen, sich kommunalpolitisch zu engagieren. »In kleineren Kommunen hat man viel leichter Zugang zu Macht und zu Entscheidungsträgern. Man kann selbst Einfluss ausüben und Dinge ändern«, erklärte uns Stewart. »Aber wir wollen das natürliche Zusammenwirken fördern. Das bedeutet, wir suchen uns die Leute, die in einer Gruppe für Zusammenhalt sorgen, und bringen sie mit anderen zusammen, die in einer anderen Gruppe dieselbe Funktion erfüllen.«

Obum Ukabam beispielsweise hatte durch seinen Umzug nach Tulsa die Chance, verlorene Zeit gutzumachen. 2015 wäre er beinahe an Diabeteskomplikationen gestorben. Als er in seinem Krankenhausbett in Los Angeles gegen eine Sepsis kämpfte und nicht wusste, ob er überleben würde, wurde ihm nach seiner Erinnerung nicht nur klar, dass er noch nicht bereit war, zu sterben, sondern auch, dass ihm sein bisheriges Leben eigentlich viel zu eindimensional war. Er war so darauf fokussiert, sich in einem gnadenlosen Job aufzureiben, dass er noch nirgendwo heimisch geworden war. Er engagierte sich auch nicht mehr ehrenamtlich, was ihm vor Jahren viel Freude bereitet und seinem Leben Sinn gegeben hatte. Viele Stunden stand er genervt im Stau und war abends oft zu müde, um noch irgendetwas zu unternehmen. »Heute blicke ich auf diese Zeit zurück und mir wird klar: Im Grunde versuchte ich bloß, zu überleben«, berichtete er uns. »Das schadete nicht nur mir selbst, sondern auch anderen. Wie kann man anderen helfen, wenn man selbst Hilfe braucht?«

Dann stieß Ukabam auf Tulsa Remote. Seine Freunde – vor allem der Freundeskreis seiner Frau – waren skeptisch. »Alle sagten ›Wie willst du denn dort Anschluss finden?‹ und ›Sei bloß vorsichtig als Schwarzer in Oklahoma‹«, erinnerte er sich. Doch 2018 war er unter den Ersten, die für das Programm ausgewählt wurden – auch, weil er ausdrücklich den Wunsch geäußert hatte, sich aktiv in der Gemeinde zu engagieren und seine Leidenschaft für Ehrenämter wiederzuentdecken.

Mit Blick auf seine Ankunft in Tulsa meint Ukabam, dass er zu einem anderen Menschen geworden ist. Er trat sofort der örtlichen Theatergruppe bei, mit der er als Koautor zehn Einakter produzierte, die sich um das Massaker von Tulsa drehten, bei dem 1921 im Zuge von Rassenunruhen viele Menschen zu Tode kamen. Seine Frau entdeckte ihre Freude am Kochen wieder, stellte einen

Pop-up-Food-Truck auf die Beine und betreibt inzwischen einen Stand auf dem örtlichen Lebensmittelmarkt. Ukabam schloss sich CAP Tulsa an, einem gemeindlichen Aktionsprogramm für frühkindliche Bildung, um Armut zu bekämpfen. Als ehrenamtlicher Helfer engagierte er sich in Organisationen wie Teach Not Punish, 100 Black Men und Show Me Shoes – einer Mentorship-Organisation für junge Frauen, an deren Gründung er mitgewirkt hatte. Er trat der Organisation Leadership Tulsa bei, war bei der Tulsa Debate League aktiv und warb für die Stadt Investitionen in Höhe von 40.000 US-Dollar für Programme für soziale und emotionale Bildung an. Keine zwei Jahre später war er einer von drei Finalisten für den Boomtown Award, mit dem Tulsa seinen Bürger des Jahres auszeichnete.

Ukabam war wegen des Remote-Programms nach Tulsa gezogen, gab seinen Telearbeitsplatz aber letztlich auf und wechselte an die Holberton School, ein Bootcamp für Softwareentwickler mit einem Campus vor Ort. Er ist sich vollkommen bewusst, dass sich seine Story zu schön anhört, um wahr zu sein, und beurteilt das Potenzial des Programms nach wie vor realistisch. Der Umzug nach Tulsa sei nicht gerade einfach gewesen, meint er – trotz der unterstützenden Infrastruktur des Programms. Er konnte spüren, dass die Leute Fremden zunächst ablehnend begegneten, vor allem in Anbetracht des publicity-trächtigen 10.000-Dollar-Stipendiums. Er hatte das Gefühl, sich beweisen und sich das Vertrauen der Alteingesessenen verdienen zu müssen. Auch jetzt noch, nach seiner Ehrung durch die Stadt, kennt er genau seine Grenzen als noch neuer Bürger: Er gibt sich große Mühe, die Geschichte der Stadt zu respektieren, auch ihre Tragödien und Erfolge, und maßt sich nicht an, für frühere Generationen zu sprechen, ganz gleich welcher Hautfarbe.

Man könnte also sagen, Wurzeln zu schlagen, ist trotzdem kein leichtes Unterfangen. Doch laut Ukabam kann ein Programm wie

Tulsa Remote den Zugang erleichtern und am Anfang die Hilfestellung bieten, die notwendig erscheint. Wie er es sieht, stürzt
sich die Presse auf die 10.000 Dollar – doch die eigentliche Investition ist das Bewusstsein und die Infrastruktur eines kommunalen
Programms für Telearbeitskräfte. Mehr kleine und mittelgroße
Städte sollten ähnliche Netzwerke einrichten – ob mit oder ohne
finanzielle Prämie.

»Mich erinnert das irgendwie an den Goldrausch«, meinte Ukabam. »Da findet gerade einer statt – nur dass es dabei um Lebensqualität geht. Orte wie Tulsa und andere überall in der herrlichen
Mountain-West-Region werden erleben, dass es viele Menschen
auf der Suche nach mehr Lebensqualität dorthin zieht. Und es ist
nur folgerichtig, diesen Menschen eine Möglichkeit aufzuzeigen,
sich in der Stadt einzubürgern. Ihnen die nötigen Ressourcen zur
Verfügung zu stellen und die Veränderung zu begleiten und mit-
zugestalten. Denn kommen werden sie – so oder so.«

Das gab uns einiges zu denken mit Blick auf unsere eigene Entscheidung, 2017 nach Missoula in Montana zu ziehen und uns auf
mobiles Arbeiten umzustellen. Wie man von den Tulsa-Remote-
Teilnehmern lernen kann, gibt es keine einfache Checkliste, die
man abarbeiten kann, um ein verantwortungsbewusstes Mitglied
der Gemeinschaft zu werden – keinen Geldbetrag zum CO_2-Aus-
gleich, den man zahlt, und damit gut. Regionale Produkte kaufen
und ordentlich Trinkgeld geben, ist gut und schön. Ein paar Mal
die Woche den Bus nehmen ebenfalls. Doch breiter angelegte
Lösungsansätze sind eher wie ein persönliches Recycling: persönliche Entscheidungen, die uns guttun und uns gleichzeitig aus
dem Schneider bringen, was die viel größere Aufgabe angeht, kollektive Probleme anzupacken.

Selbst wenn Sie sich derzeit Ihr Traumhaus leisten können –
eine Stadt ohne bezahlbaren Wohnraum ist keine funktionierende

Stadt. Selbst wenn Sie es sich leisten können, ein eigenes Auto zu kaufen und zu fahren, ist eine Stadt, in der viele keine Verkehrsanbindung haben, keine funktionierende Stadt. Selbst wenn Sie einen Garten haben, ist eine Stadt mit unsicheren, unterfinanzierten und unzugänglichen Grünanlagen keine funktionierende Stadt. Wie es sich auswirkt, wenn eine Stadt nicht mehr funktioniert oder dieser Zustand droht, merken die am stärksten gefährdeten Gruppen sofort. Doch es wirkt sich nach und nach auch auf das Leben aller Einwohner dieser Stadt oder ihrer Umgebung aus.

So viele der Einrichtungen, die unsere Städte ausmachen, waren schon vor COVID gefährdet oder funktionierten nicht mehr. Doch unsere künftigen Entscheidungen können bereits bestehende Probleme verschärfen oder aber – wenn wir groß und gemeinschaftlich denken – Lösungsansätze dafür bieten. Dazu ist die politische, finanzielle und lokale Unterstützung von Menschen erforderlich, die über das nötige Sozialkapital verfügen, um Veränderungen herbeizuführen. Damit sind alle angesprochen, die dieses Buch lesen, weil sie zuversichtlich sind, dass mobiles Arbeiten eine Zukunft hat.

Ob Sie in der Stadt, in einem Vorort oder auf dem Land leben, erst unlängst umgezogen sind oder sich langfristig niedergelassen haben – es gibt immer Möglichkeiten für Sie, etwas für die Infrastruktur in Ihrem unmittelbaren und breiteren Umfeld zu tun. Vor allem anderen bedeutet das, sich an der Finanzierung der Zivilisation zu beteiligen – also Steuern zu zahlen. Doch es bedeutet auch, den Bedarf an Infrastruktur zu unterstützen und entsprechend Einfluss auf die öffentliche Meinung zu nehmen, auch – oder sogar ganz besonders –, wenn Sie davon nicht primär profitieren.

Schauen Sie sich in Ihrem Ort um und fragen Sie sich, weshalb Sie sich als vergleichsweise privilegierter Wissensarbeiter hier wohlfühlen. Vielleicht sind es die Schulen, die gute Verkehrsanbindung, die öffentlichen Toiletten am Spielplatz oder die hervorragende örtliche Bibliothek. Was können Sie tun, damit diese Vorzüge auch anderen zuteilwerden, die in anderen Branchen tätig sind? Ganz einfach: Sie müssen dafür zahlen, dass robuste öffentliche Einrichtungen aufrechterhalten werden können.

Vielleicht können Sie oder Ihr Unternehmen es sich ja leisten, die Gebühren für örtliche Co-Working-Räumlichkeiten zu zahlen. Wie unterstützen Sie aber die Einrichtung weiterer öffentlicher, erschwinglicher oder subventionierter Arbeitsräume für andere? Vielleicht leben Sie ja in einer Gegend, in der ein Park oder Wanderweg fußläufig erreichbar ist. Was können Sie tun, um Lokalpolitiker zu wählen und Initiativen zu unterstützen, die dafür sorgen, dass solche Optionen in jeder Region Priorität genießen? Vielleicht verdienen Sie so viel, dass es Ihnen leicht fällt, die ortsüblichen Mieten oder Hypothekenraten zu zahlen, während die Menschen, die Ihre Kommune am Laufen halten, nichts Bezahlbares finden. Wie können Sie – selbst in Ihrem Viertel – erschwinglichen Wohnraum fördern?

Auch wenn Sie Ihren häuslichen Arbeitsplatz optimal einrichten und Ihr Unternehmen die attraktivsten Voraussetzungen für Teamarbeit im Büro schafft – flexibles Arbeiten dreht sich doch vor allem anderen darum, ein Leben außerhalb des Büros zu genießen, losgelöst von unseren Laptops. Wenn wir nicht mehr in die Welt außerhalb der Arbeit investieren, was hat das alles dann letztlich für einen Sinn?

Kinderbetreuung neu interpretiert

Lange vor der Pandemie war die Kinderbetreuungsproblematik in den Vereinigten Staaten in erster Linie dem Individualismus geschuldet. Dieses Schicksal hätte sich in einem kurzen Zeitfenster 1971 vermeiden lassen: In den USA wurde 1971 ein einschlägiges Gesetz – der Comprehensive Child Development Act – mit überwältigender Unterstützung beider Parteien verabschiedet. Aufbauend auf dem Erfolg des 1965 aufgelegten Head-Start-Programms, sollte das Gesetz hochwertige Kinderbetreuung auf bezahlbarer, gestaffelter Grundlage für alle verfügbar machen. Doch Nixon legte sein Veto ein – ein Schritt, der nach Aussage der auf die Entwicklung der Kinderbetreuung fokussierten Historikerin Anna K. Danziger Halperin »selbst Amtsträger aus seiner eigenen Regierung überraschte«.[15]

Den Grund dafür sieht Danziger Halperin in der Angst des rechten Flügels der republikanischen Partei, das Gesetz könnte Frauen zur Erwerbstätigkeit ermutigen und damit die »Integrität« der Mittelschichtfamilie zerstören – und gleichzeitig Lösungen anbieten, die einer kommunistischen, »unamerikanischen« Betreuung gefährlich nahe kamen. Auch hatten konservative Kräfte Sorge, das Gesetz würde sich zu sehr ins Leben der Armen einmischen und vor allem farbigen Familien zugutekommen. Wie es Professorin Elizabeth Palley erklärte, die ebenfalls über die Geschichte der Kinderbetreuung forscht: »Weiße wollen nicht dafür zahlen, dass die Kinder von Schwarzen betreut werden.«[16]

Nixons Veto – und damit einhergehend das Vermächtnis, dass Kinderbetreuung Sache der Familie ist und den Launen des freien Marktes unterliegt – hatte durchschlagende Folgen. Die Koalition, die hinter dem Gesetz stand, löste sich auf, und die feministische Bewegung fokussierte sich vor allem in den späten 1970er- und dann in den 1980er-Jahren eher darauf, Frauen überhaupt auf dem Arbeitsplatz unterzubringen und dort vor Diskriminierung zu schützen. »Sie setzten sich nicht mehr für Kinderbetreuung und andere kollektive Anliegen ein, sondern konzentrierten sich im Grunde auf den beruflichen Erfolg Einzelner«, wie uns Danziger Halperin darlegte. »Doch wenn Kinderbetreuung als persönliche Entscheidung wahrgenommen wird, entstehen eine Menge neuer Ungleichheiten. Es sind farbige und schwarze Frauen und Immigrantinnen, die sich letztlich um die Kinder berufstätiger Frauen kümmern. Und diese berufstätigen Frauen wollen nicht, dass ihr ganzes Gehalt in die Kinderbetreuung fließt – also wird sie nicht richtig gewürdigt und schlecht bezahlt.«

So entstand das Flickwerk, das unser heutiges System darstellt, und aus Wartelisten für Kitaplätze, Tagesmüttern, Betreuung durch enge Freunde und Angehörige, unberechenbaren Subventionen, die an Arbeitszeiten geknüpft sind, niedrigen Löhnen für Betreuungskräfte und einer astronomische Kostenbelastung für die Eltern besteht. Beschäftigte aus der Mittelschicht haben mehr Zugang zu hochwertiger Kinderbetreuung, doch diese schlägt mit hohen, destabilisierenden Kosten zu Buche, die in der postpandemischen Welt noch steigen dürften.

Dieses Problem gibt es schon seit *Jahren*, doch die Pandemie hat deutlich gemacht, wie wenig nachhaltig das System inzwischen ist. Teil des Problems: Kinderbetreuung berührt viele verschiedene Bereiche der Politik. Ist sie in erster Linie als Programm zur Armutsbekämpfung zu betrachten? Oder zur Bildungsförderung? Oder als Programm für Mütter, für Arbeitnehmende, für Familien oder für Kinder? Entsprechend fragmentiert sind die Lösungsansätze – und vollkommen unzulänglich obendrein, wie die aktuellen Schwierigkeiten belegen, eine bezahlbare, gute Betreuungsmöglichkeit zu finden.

Was sind unsere Optionen? Mit flexibleren Arbeitszeiten können Sie sich besser auf den Zeitplan Ihrer Kinder einstellen – bei gleichen, wenn nicht gar höheren Kosten. Sie können weiter von einem Szenario träumen, wie es den Beschäftigten von Patagonia am Hauptsitz und Vertriebszentrum von Patagonia geboten wird, mit einer mehrsprachigen, subventionierte Firmenkita vor Ort, während Sie nach wie vor verschiedene Tagesmütter einsetzen und nachts wachliegen aus Sorge, wie lange Ihre Schwiegermutter wohl noch die Freitage übernimmt. Sie können diese Gelegenheit aber auch nutzen, um sich für einen echten Paradigmenwandel in unserer Einstellung zur Kinderbetreuung einzusetzen.

Dass Senator Mitt Romney aus Utah 2021 vorschlug, Familien mit Kindern spürbar zu unterstützen – mit 4.200 US-Dollar im Jahr pro Kind unter 6 Jahren und 3.000 US-Dollar pro Kind zwischen 6 und 16 Jahren –, bestätigt die Tragweite des Problems. Doch auch das ist nur eine individualistische Lösung, die wenig dazu beiträgt, den Mangel an bezahlbaren guten Betreuungsmöglichkeiten zu beheben. Elliot Haspel, Autor von *Crawling Behind: America's Childcare Crisis and How to Fix It*, hatte uns dazu Folgendes zu sagen: »Auch wenn Kinderbetreuung mit 10.000 US-Dollar im Jahr subventioniert würde, würde sich unser diesbezüglicher Sturzflug trotzdem fortsetzen.«

Was wir brauchen, sind Lösungen, wie sie 1971 schon beinahe in die Wege geleitet wurden und wie sie sich im Vereinigten Königreich und so vielen anderen Ländern erfolgreich durchgesetzt haben. Wir müssen der Kinderbetreuung und der frühkindlichen Bildung ähnliches Interesse entgegenbringen wie öffentlichen Parkanlagen oder sanitären Einrichtungen, Bibliotheken oder dem öffentlichen Schulsystem: als Grundlage einer funktionierenden Gesellschaft, ganz gleich, ob wir unmittelbar davon profitieren oder nicht. »Wir klammern uns krampfhaft an diese Vorstellung, dass es gestaffelte oder an das Beschäftigungsverhältnis gebundene Zugangsvoraussetzungen geben sollte. Das ist so destruktiv. Wir müssen davon loskommen, Kinderbetreuung als Frage der Berechtigung zu betrachten, und sie mehr als *öffentliches Gut* ansehen«, so Haspel.

Dieses Szenario setzt allerdings voraus, dass die Betreuung kleinerer Kinder ebenso wie das öffentliche Schulsystem mit Steuermitteln tragfähig finanziert wird. Das hört sich nach einer ganz einfachen Lösung an und das ist es in vieler Hinsicht auch. Doch in anderer Hinsicht ist es heillos kompliziert. Wird über Kinderbetreuung gesprochen, geht es gewöhnlich in erster Linie um deren astronomische Kosten, dann um das Problem der Wartelisten und schließlich um die Schwierigkeit, etwas »Passendes« zu finden (häufig eine Umschreibung für die vermeintliche Qualität der Betreuung). Das ist alles. Die Familien finden schon irgendeinen gangbaren Weg, auch wenn das bedeutet, dass ein Elternteil die Erwerbstätigkeit aufgeben muss, Familie oder Freunde in Anspruch genommen oder Ersparnisse angegriffen werden. Und alle atmen erleichtert auf, wenn das jüngste Kind endlich in den Kindergarten kommt. Die finanzielle Belastung durch die Kinderbetreuung ist zwar ein akutes Problem, doch letztlich zu kurzlebig, als dass es sich politischen Einfluss sichern könnte.

Doch das kann sich ändern. Ganz gleich, ob Sie Kinder haben oder nicht, ob vielleicht drei davon betreut werden müssen oder Ihr Nachwuchs bereits ausgezogen ist: Wir wissen genau, welche Belastung das darstellt – und wie es hautfarbebedingte Ungleichheiten verschärft, das geschlechtsspezifische Lohngefälle fortbestehen lässt, manche jungen Menschen davon abhält, überhaupt Kinder in die Welt zu setzen, oder Millionen von Menschen das Leben ganz einfach unglaublich schwer macht. Und wir sind uns einig, dass das nicht so sein müsste.

Wie sich das am leichtesten verhindern lässt? Manche US-Ame-
rikaner glauben, das sei Sache ihrer Bundesregierung, andere
sehen die Zuständigkeit bei den Bundesstaaten. Biden hat ein Programm auf die Beine gestellt, das kostenlose Kindergärten für
Drei- bis Vierjährige vorsieht. Doch für die »Family Story«-Gründe-
rin Nicole Rodgers liegt das Problem mit der Kinderbetreuungs-
politik darin, dass »ihr nie Vorrang eingeräumt wird«. Sie befürchtet, die Reform der Kinderbetreuung wird »nach dem Motto erfol-
gen, ›Das wäre schön, aber vorerst führen wir das noch nicht
ein‹«.[17] Sie hätten den Ausflüchten aber etwas entgegenzusetzen.
Sicher, diese Programme werden Geld kosten. Doch Sinn solcher
Ausgaben ist es, die Alltagsbelastung in unserem Leben zu verringern. Das gilt vor allem für Eltern, doch jeder, der in einer Organisation arbeitet und aus eigener Erfahrung weiß, wie sehr Kollegen unter unberechenbaren Betreuungspflichten leiden, der versteht, welche Offenbarung das sein könnte.

Andernfalls steuern wir auf ein Albtraumszenario zu. Dann
wird die Kinderbetreuung ein noch wertvolleres Luxusgut sein als
bisher und nur der oberen Mittelschicht und den richtig gut
Betuchten offenstehen. »Wir erleben bereits, dass Frauen reihen-
weise ihre Jobs aufgeben müssen, um die Betreuung ihrer Kinder
sicherzustellen«, berichtete Haspel. »Es könnte daher gut sein,
dass wir wieder in eine Situation kommen, in der von Müttern
erwartet wird, dass sie die Hauptlast der häuslichen Betreuung
und der kaskadierenden Effekte auf Einkommen und Stabilität
von Familien schultern. Das wird sich natürlich auf die Menschen
und ihre Entscheidungen für oder gegen Kinder auswirken – und
die Geburtenraten sind im historischen Vergleich ohnehin niedrig.«

Das ist alles durch und durch rückschrittlich. Es gibt aber –
wenn auch nur aus den Vereinigten Staaten – Beispiele dafür, was

wir tun könnten. Der Gesetzesvorschlag »Common Start« aus Massachusetts geht dahin, die Kinder- und Hortbetreuung im gesamten Bundesstaat vollständig zu finanzieren und jedem, der maximal die Hälfte des Medianeinkommens des Bundesstaates zur Verfügung hat, einen Anspruch auf Kostenübernahme zu gewähren. Wer mehr verdient, würde dann gestaffelt Beiträge zahlen, die sich aber höchstens auf 7 Prozent des Haushaltseinkommens belaufen.[18] In Vermont verspricht H.171 (Gesetz, das die Kinderbetreuung zugänglicher und erschwinglicher machen soll, Anm. d. Verlags) –, das gerade im Eiltempo durchgeboxt und von etwa zwei Drittel der Mitglieder des Repräsentantenhauses mitgetragen wird, die als Sponsoren unterzeichneten –, das Kinderbetreuungssystem im gesamten Bundesstaat umzukrempeln: Keiner Familie würden mehr als 10 Prozent ihres Einkommens abverlangt und das Lohngefälle von 17,2 Prozent zwischen Erziehern/Erzieherinnen und Grundschullehrern/Grundschullehrerinnen sollte komplett wegfallen, wodurch sich der in Armut lebende 10,9-Prozent-Anteil der Kinderbetreuungsfachkräfte in Vermont verringern würde.

2020 fand eine Wählerinitiative für universelle Vorschulbildung in Portland in Oregon und in der Region von Multnomah County eine Zustimmung von 64 Prozent. Neben kostenloser Betreuung für Drei- und Vierjährige, ungeachtet des Familieneinkommens, hob die Initiative die Gehälter von Erzieherinnen und Erziehern von 31.000 auf 74.000 US-Dollar pro Jahr an, um den Beruf attraktiver und zukunftsfähiger zu machen. Finanziert wird das Ganze durch eine Steuer auf die oberen Einkommensstufen: 1,5 Prozent auf Einkommen von über 125.000 US-Dollar bei Alleinstehenden und über 200.000 US-Dollar bei gemeinsamer Veranlagung.

Voraussetzung für zwei dieser Modelle ist, dass auf Bundesstaatsebene Politiker gewählt werden, die für so einen Wandel eintreten. Das Dritte war auf Stimmen auf kommunaler Ebene ange-wiesen. So oder so haben Sie als Wähler und/oder Steuerzahler die Möglichkeit, diesen Paradigmenwandel zu unterstützen. Viel-leicht betrifft es Sie ja nicht persönlich, doch es könnte dramati-sche, lebensverändernde Effekte auf das Wohlergehen Ihrer Stadt, Ihres Bundesstaats und des ganzen Landes haben. Eine in jedem Sinne des Wortes vielfältige Koalition, die hinter diesen Initiativen steht, ist absolut unabdingbar für deren Erfolg. Dabei kann es nicht nur darum gehen, was Sie, Ihre Schwester oder ein Freund für Kinderbetreuung zahlen. Wir sollten diese Veränderungen mittragen, weil wir nicht wollen, dass Arbeit und Familie, ganz gleich, welchen Beruf eine(r) ausübt, so unvereinbar erscheinen oder als unerträgliche Belastung, die jede(r) Einzelne alleine tra-gen muss.

»Wir fokussieren uns so sehr auf das Kind, auf dessen Schul-reife und darauf, sicherzugehen, dass es sich gut entwickelt und Stabilität und Sicherheit genießt«, erklärte uns Haspel. »Und das ist auch alles enorm wichtig. Aber wir sollten auch bedenken, was Eltern brauchen, damit sie ihr Potenzial entfalten können.« Stel-len Sie sich bloß vor, welche Last Ihnen von den Schultern genom-men würde – und Eltern, die andere Berufe ausüben als Sie, und Ihren Nachbarn und Menschen in der ganzen Stadt –, wenn Sie alle kein Problem mehr hätten, bezahlbare, gute Betreuungsmög-lichkeiten für Kleinkinder zu finden, und zwar *ungeachtet* Ihrer Beschäftigungssituation. Das ist keine Fantasie. Es ist Realität und wird in anderen Ländern als den USA längst praktiziert. Sie kön-nen sich und anderen in Ihrem Umfeld dieses Geschenk machen, selbst wenn Sie unmittelbar gar nichts oder nichts mehr davon haben. Sie müssen sich lediglich weigern, das Thema totzuschwei-gen – und zwar so lange, bis sich etwas ändert.

Solidarität unter Beschäftigten

Der Soziologe C. Wright Mills schrieb 1951 über Büroangestellte, »welche gemeinsamen Interessen sie auch haben mögen, es hat sie nicht geeint«.[20] Das war damals so und trifft auch heute noch zu: Büroangestellte haben sich Solidaritätsbestrebungen – und insbesondere der gewerkschaftlichen Organisation – entweder widersetzt oder diese aufgegeben. Wie Nikil Saval in *Cubed* schrieb, gilt für Büroangestellte, dass sie »leidenschaftlich an den amerikanischen Traum von der unablässigen Aufwärtsmobilität glaubten. Ihnen war die mit leistungsbedingten Beförderungen verbundene Unsicherheit lieber als das stete Vorankommen durch Betriebszugehörigkeit. Die Gewerkschaften versprachen vor allem eines: Würde. Und darüber glaubten die Angestellten dank ihrer angesehenen Berufe und ihrer gebleichten, gestärkten Krägen bereits zu verfügen«.[21]

Kurz, Gewerkschaften galten als Organisationen für Menschen, die nicht über eine bestimmte Stufe des amerikanischen Traums hinauskamen oder nicht für sich selbst eintreten konnten. Wer es bis ins Büro geschafft hatte, der brauchte keine Gewerkschaft mehr.

Diese Einstellung wurde von den Unternehmen über Jahrzehnte aktiv gefördert. Das gesamte Personalwesen soll Arbeitnehmende davon überzeugen, dass dem Unternehmen ihre ureigenen Interessen am Herzen liegen. Selbst »gutes« Management, wie wir es in den Vorkapiteln lobend angesprochen haben, kann die Solidarität untergraben, weil Karrierehoffnungen – und kleinste Veränderungen an Titel und Gehalt – dafür sorgen, dass jeder ins *eigene* Potenzial investiert statt in den Schutz der Gemeinschaft.

Die interne Kommunikation – ob in Form von E-Mails an die gesamte Belegschaft, Slack-Kanälen oder Betriebsversammlungen – betont und feiert Erfolge innerhalb einer Organisation, liefert den Beschäftigten aber auch Verhaltensmodelle, an denen sie sich orientieren sollten, welche die richtige Einstellung zur Arbeit und zum Unternehmen als solches hervorheben. Wie Betriebswirtschaftsprofessorin JoAnne Yates in *Control Through Communication* behauptet, werden solche Botschaften seit Langem gezielt eingesetzt, um familiäre Gefühle und die uneingeschränkte Loyalität der Beschäftigten zu fördern. Man gründet ja schließlich auch keine Gewerkschaft mit Geschwistern, wenn man Stress mit den Eltern hat.[22] Das wäre einfach respektlos.

So zumindest wird es Büroangestellten immer wieder und meist erfolgreich suggeriert. Es gelang Arbeitnehmenden – vor allem im öffentlichen Dienst – zwar immer wieder, sich zu organisieren, doch Unternehmen halten sich solche Bestrebungen nach allen Regeln der Kunst vom Leibe. Dabei sind Büroangestellte gar nicht unbedingt gewerkschaftsfeindlich eingestellt. Sie glauben schlicht, dass sie den Schutz nicht brauchen, den eine Gewerkschaft bieten kann, oder sie haben zu viel Angst vor dem potenziellen Echo.

Diese Einstellung ändert sich aber allmählich. Bereits in den 1950er-Jahren prophezeite Mills den Angestelltenberufen diese mögliche Zukunft: Ein großer Prozentsatz würde proletarisiert, was bedeutete, dass Gehälter, Gesamteinkommen, Prestige, Einfluss und Stabilität auf das Niveau der Lohnarbeiter absinken würden. »Möglicherweise wird eine Teilgruppe der Angestellten mit Blick auf Einkommen, Vermögen und Kompetenzen den Lohnempfängern praktisch gleichgestellt, weigert sich aber, sich ihnen in seinem Prestigeanspruch anzugleichen und macht sein Selbstverständnis voll und ganz an illusorischen Prestigefaktoren fest.«[23]

Vielleicht haben Sie diese Entwicklung in Ihrer Organisation bereits beobachtet oder deshalb sogar den Beruf oder den Arbeitgeber gewechselt. Vielleicht nehmen Sie sie auch gerade in Ihrem eigenen Büro wahr, wenn Ihr Unternehmen immer mehr Positionen mit Subunternehmern besetzt, die ähnliche Aufgaben für weniger Geld übernehmen und dabei auf viele Nebenleistungen und Sicherheit verzichten. In manchen Unternehmen hat die fortlaufende Prekarisierung Arbeitnehmende schon dazu gebracht, dass sie dem Gedanken einer gewerkschaftlichen Organisation erstmals positiver gegenüberstehen: Im Digitalmediensektor, in Museen, bei Google und Amazon, in Brauereien und Cafés und in der Cannabisproduktion gibt es erste Tendenzen (oder Anläufe) zu gewerkschaftlicher Organisation.

Manche der betroffenen Arbeitnehmenden, insbesondere solche, die nicht in einer Büroumgebung tätig sind, kämpfen um grundlegende Absicherungen wie Abfindung bei der Entlassung, Schutzmaßnahmen während der COVID-Pandemie, Arbeitszeitregelungen, die zulassen, die Kinderbetreuung zu organisieren, und Lohnfortzahlung im Krankheitsfall. Manche von ihnen sehen sich zunehmend als Teil des »Prekariats« – ein Begriff, mit dem der Theoretiker Guy Standing eine Arbeiterklasse beschrieb, deren Arbeitssituation ungeachtet ihrer Ausbildung oder Fachrichtung grundsätzlich von Unsicherheit geprägt ist.[24]

Vielleicht nehmen Sie das in Ihrem Beruf nicht so wahr. Möglicherweise fühlen Sie sich gut aufgehoben. Mag sein, dass Sie für ein tolles Unternehmen arbeiten, das sich wirklich bemüht. Vielleicht haben Sie auch einen verständnisvollen Chef. Das ist alles ganz wunderbar – für Sie. Aber ein guter Chef ist noch kein gutes System, sondern vielmehr eine Einzelfalllösung auf Zeit. Das heißt aber nicht, dass Sie Ihr Unternehmen in Bausch und Bogen verdammen sollen. Es bedeutet lediglich, dass Sie sich überlegen sollten, wie sich Szenarien herbeiführen lassen, in denen die Ihnen gebotene Stabilität und Flexibilität nicht von einem guten, verständnisvollen Chef abhängig sind. Man könnte auch sagen, es bedeutet, dass wir über alle Klassen und Berufe hinweg Solidarität pflegen sollten.

Noch in den 1970er-Jahren war es für eine Frau, ungeachtet ihres Hintergrunds, unglaublich schwierig, in einer Organisation mehr zu werden als eine Schreibkraft. Infolgedessen erstreckte sich die Koalition, die sich für besseren Arbeitnehmerinnenschutz bildete, über alle Klassen, Ethnien und Bildungsniveaus. Je größer sie wurde, desto mehr wurde sie von Unternehmen als Einflussfaktor wahrgenommen. Karen Nussbaum – die Frau, die in den 1970er- und 1980er-Jahren Schreib- und Bürokräfte organisierte – erklärte uns das damit, dass die Topmanager es leid waren, sich die Beschwerden ihrer Töchter darüber anzuhören, wie sie im Büro behandelt wurden. Sie mussten sich also eine Art Sicherheitsventil für die wachsende Unzufriedenheit einfallen lassen, mit dem sich der Druck verringern ließ, bevor die Organisationsbewegung fester Fuß fassen konnte. Die Lösung war ganz einfach: Man beförderte erste gut ausgebildete Frauen aus der Mittelschicht in höhere Positionen.

»So wurde die Belegschaft ganz raffiniert gespalten«, beschrieb es Nussbaum. »Eine Frau, die bei einer Versicherungsgesellschaft arbeitete und beispielsweise endlich unerwartet befördert wurde, dachte sich, ja, gut! Genau dafür habe ich doch gekämpft!« Problematisch war bloß, dass es nur für einen Teil der Koalition »gut« war, und als diese erst gespalten war, verlor sie an Schlagkraft. »Da gab es in den 1970er- und frühen 1980er-Jahren diesen bewegenden Moment, als Frauen ihr eigenes Leben führten und sich viele von uns auf eigene Füße stellen konnten. Doch gleichzeitig waren wir auch ziemlich machtlos«, erinnerte sich Nussbaum. »Wir fanden uns toll: Wir brachen aus schlechten Ehen aus, zogen unsere Kinder auf, arbeiteten quasi ständig und traten für Gleichstellung ein. Doch so großartig war das gar nicht.«

Ein ähnliches Phänomen ist auch heute zu beobachten – in vielen Unternehmen, die sich besonders begeistert auf mobiles Arbeiten umstellen. Anfang 2021 gründeten über 4000 Google-Beschäftigte die Alphabet Workers Union, in der jahrelange Bemühungen gipfelten, die Anliegen der Arbeitnehmenden zu Gehör zu bringen, die weit über gleiche Bezahlung hinausgingen, um Probleme von der Voreingenommenheit von Algorithmen bis hin zu ethischen Bedenken gegen staatliche Aufträge anzusprechen. Doch wie so viele Unternehmen aus dem Silicon Valley legte auch Google eine aktualisierte Version derselben Gewerkschaftsfeindlichkeit bei Angestellten an den Tag, wie sie Mills 1951 beschrieb.

Tech-Unternehmen gehören mit ihren Stellenangeboten zu den attraktivsten Arbeitgebern Amerikas. Sie zahlen die höchsten Einstiegsgehälter und locken mit scheinbar unerschöpflichen Sonderleistungen, die Mitarbeiter auf dem Firmengelände in Anspruch nehmen können. Gleichzeitig sind viele dieser Unternehmen stark auf Zeitarbeiter und Subunternehmer angewiesen – so stark, dass Google inzwischen mehr Vertragskräfte beschäftigt als Vollzeitangestellte.[25] Nur wenige offizielle Schutzmechanismen verhindern, dass Google seine Personalpolitik immer stärker bedarfsorientiert gestaltet. Warum organisiert sich die Belegschaft daher nicht gewerkschaftlich? Viele glauben schlicht, sie hätten das nicht nötig. Immerhin haben sie die besten Jobs der Welt.

Doch diese Denkweise stößt an ihre Grenzen – vor allem, wenn Unternehmen durch mobiles Arbeiten in der Lage sind, Entwicklungsaufgaben an jeden fremdzuvergeben, der für weniger Geld arbeitet. »Ein besonderer Reiz des mobilen Arbeitens liegt darin, dass sich dadurch der Bewerberpool vergrößern lässt«, erklärte uns Nataliya Nedzhvetskaya, Forscherin an der University of California in Berkeley, die sich mit den Bestrebungen zur gewerkschaftlichen Organisation in Tech-Unternehmen beschäftigt. »Das könnte sich aber so mit der Entwicklung des globalen Arbeitsmarktes überschneiden, dass die betroffenen Unternehmen ihre derzeitigen Beschäftigten unterlaufen könnten – vor allem solche, die versuchen, ein gemeinsames Vorgehen in der Branche zu initiieren. Wenn sie die Möglichkeit haben, ihre Arbeitskosten um 60 Prozent zu reduzieren, indem sie Menschen aus dem globalen Süden einstellen, dann werden sie das ernsthaft in Betracht ziehen, darauf gebe ich Ihnen Brief und Siegel.« Nedzhvetskaya befürchtet auch, dass es die Mobilität von Beschäftigten in gewisser Hinsicht erschweren könnte, sich zu organisieren. »Der physische Raum fehlt. Physische Anwesenheit erleichtert es, festzustellen, wer auf Ihrer Seite steht, Ihre Werte teilt und denselben Standpunkt vertritt wie Sie – und das kann von entscheidender Bedeutung sein, weil es in den Vereinigten Staaten für Arbeitnehmende immer noch so riskant ist, sich zu organisieren.« Doch Nedzhvetskaya zufolge gibt es in der Techbranche bereits Beispiele für eine Organisation aus der Distanz, mit deren Hilfe sich Solidarität aufbauen ließ. 2018 nahmen über 20.000 Beschäftigte an einem Marsch teil, um gegen Googles Umgang mit sexueller Belästigung zu protestieren. Organisiert worden war dieser überwiegend online.[26] Nedzhvetskaya sprach auch vom Phänomen des offenen Briefes – heute Blog-Beitrag –, den Tech-Beschäftigte einsetzten, um ihren Anliegen mediale Aufmerksamkeit zu sichern.

Doch ohne die Möglichkeit, sich zu versammeln und Vertrauen in Menschen aufzubauen, könnten solche Anliegen schnell im Sand verlaufen. Will heißen, ein kollektives Gefühl der Empörung kann einen Ball zwar ins Rollen bringen, ist aber immer noch etwas ganz anderes als ein Zusammenschluss, um Arbeitnehmerrechte zu artikulieren oder Mechanismen einzurichten, um das Management in die Verantwortung zu nehmen. »Um bleibende Veränderungen herbeizuführen, brauchte es formelle Organisation«, meint Nedzhvetskaya. »Um das zu bewerkstelligen, müssen mobil Arbeitende ihre Ziele schon sehr konkret im Blick haben.«

Ganz gleich, wo Sie arbeiten, und auf welcher Gehaltsstufe – das US-amerikanische Arbeitnehmerschutzsystem funktioniert insgesamt nicht mehr. Konnten Sie sich der Ausbeutung in jeder ihrer Erscheinungsformen bislang erfolgreich entziehen, dann mit größter Wahrscheinlichkeit deshalb, weil Sie finanziell so gut abgesichert waren, dass Sie kündigen konnten, wenn sich solche Tendenzen abzeichneten – oder in der Lage waren, sie gänzlich zu meiden. Doch wenn das System nicht funktioniert, dann können Sie finanziell noch so unabhängig sein – es wird auch Sie einholen, sobald Sie die Arbeitswelt hinter sich lassen.

Das bedeutet, auch wenn Sie persönlich zurzeit fest im Sattel zu sitzen glauben, müssen wir uns weiter für Programme wie eine flächendeckende Gesundheitsversorgung einsetzen, die Sicherheitsnetze vom Ort oder der Art der Beschäftigung abkoppeln. Wir müssen uns aber auch verstärkt Gedanken darüber machen, wie eine breitere Solidarität unter Arbeitnehmenden aussehen könnte – im Büro, aber auch in anderen Bereichen. Der Eintritt in eine Gewerkschaft ist nämlich zumindest derzeit nicht für jeden möglich. So zu tun als ob, wäre unrealistisch. Das heißt aber nicht, dass Sie nicht über Gewerkschaften nachdenken dürfen – oder darüber, Menschen zu unterstützen, die sich gewerkschaftlich organisieren, auch solche, die in anderen Sparten Ihres Unternehmens tätig sind. Und es heißt, dass wir Spitzenpolitiker wählen müssen, die sich der Stärkung unseres aufgeweichten Arbeitnehmerschutzes verschreiben, denn dieser trägt den radikalen Veränderungen, die sich in den letzten 40 Jahren auf dem Arbeitsmarkt abgespielt haben, nicht hinlänglich Rechnung.

Fragen Sie sich daher zunächst: Wie würde sich die Kultur in Ihrem Büro verändern, wenn Sie sich nicht als Werbetexter, Scha-

densreguliererin oder Softwarenentwickler sehen würden, sondern als *Arbeitnehmer(in)*? Wie können Sie sich mehr darauf fokussieren, was Sie in Ihrem Leben inner- und außerhalb Ihres Unternehmens mit anderen Arbeitnehmenden verbindet, statt auf die
Unterschiede? Andernfalls verhalten wir uns nicht anders als die
Frauen, die in den 1970er- und 1980er-Jahren durchaus verständlicherweise die ihnen gebotenen Karrierechancen nutzten und
die Bestrebungen der übrigen Schreibkräfte hinter sich ließen.

Auf den Vorseiten haben wir versucht, Ihnen die Strategien an
die Hand zu geben, um unsere besondere Art der laptop-gebunde-
nen Arbeit zu überdenken. Doch künftig müssen wir uns auch
überlegen, wie wir gleichzeitig für alle jene eintreten können,
deren Arbeit zwar ganz anders aussieht, aber für eine funktionierende Gesellschaft nicht minder wichtig ist. »Wir *können* die Theorie vom eigenen beruflichen Fortkommen neu denken, der wir all
diese Jahre anhingen und die uns so weit gebracht hat, dass sich
der Kapitalismus alles erlauben kann, ohne jedes Korrektiv«,
erklärte uns Nussbaum. »Dazu ist nur eine bestimmte Konstella-
tion von Kräften nötig: Menschen, die die Nase voll haben, der
Zusammenbruch von Institutionen, ein Bruch in der Art und
Weise, wie Menschen arbeiten.« In anderen Worten also: genau so
ein Moment wie jetzt.

Netze der Fürsorge und Gemeinschaft neu knüpfen

Vor der Pandemie zwackten wir uns jede Woche ein paar Stunden
ab, um sie mit anderen zu verbringen. Wir trainierten den Nachwuchs im Sportverein, nahmen an Versammlungen teil, belegten
Kurse, verabredeten uns mit anderen Eltern und ihren Kindern
zum Spielen, besuchten Konzerte oder Aufführungen, gingen zu

Geburtstagspartys oder Junggesellinnenabschieden, Konferenzen
und Treffen – kurz, wir kamen mit anderen zusammen. Dabei blieben solche Ereignisse insgeheim oft hinter unseren Erwartungen
zurück, auch wenn wir das niemals zugegeben hätten. »Oftmals
fanden wir solche Momente wenig anregend und fühlten uns ent-
täuscht, weil sie uns weder mitreißen konnten noch veränderten
oder miteinander verbanden«, schreibt Priya Parker in *The Art of
Gathering*. »Ein Großteil der Zeit, die wir mit anderen verbringen,
hinterlässt einen schalen Nachgeschmack.«[27]

Parker zufolge haben solche Treffen ihren eigentlichen Sinn
für uns verloren, die »Spannung und Begeisterung«, die es ihnen
ermöglichen, Menschen zusammenzubringen und Netze der
wechselseitigen Fürsorge zu knüpfen. Vor der Pandemie waren die
Menschen so auf die mit solchen Aktionen verbundene Logistik
fixiert, dass sie darüber ganz vergaßen, warum sie überhaupt stattfanden. Unsere Kalender, die früher privat und analog gewesen
waren, wurden erst digital und dann halböffentlich – und im Zuge
dessen entwickelten sie sich in einem überbuchten Leben zum
Statussymbol. Man könnte auch sagen, wir haben vergessen, wozu
man sich überhaupt mit anderen Menschen trifft.

Ja, wozu eigentlich? Natürlich, um Spaß zu haben, zur Zerstreu-
ung, aber auch, um sich um andere zu kümmern – in einem
Gemeinschaftssinn, der sich aus dem Wiederaufbau der engen
und lockeren Bindungen ergibt, die die kollektivistischeren
Momente unserer noch nicht so fernen Vergangenheit prägten.
Solche Bindungen zu pflegen, heißt nicht unbedingt, dass Sie
künftig jeden Sonntag in die Kirche gehen oder sich durch das
Minenfeld lavieren müssen, das ein Engagement im Elternbeirat
an der Grundschule ihrer Kinder darstellen würde. Es heißt auch
nicht, dass Sie sich auf fünf Mailing-Listen setzen lassen sollten in
der Hoffnung, die Energie aufzubringen, doch zu einer Veranstal-

tung zu gehen, oder wieder einem Lesekreis einer entfernten Bekannten beizutreten, die Sie in Wirklichkeit nicht leiden können. Es bedeutet vielmehr, eine Gemeinschaft zu finden, die Ihnen wirklich etwas bedeutet, und herauszufinden, wie das sein könnte, sich um andere Mitglieder dieser Gemeinschaft zu kümmern – und im Gegenzug selbst Fürsorge zu erfahren.

Gegenseitige Unterstützung war das Fundament so vieler der zu Anfang des Kapitels aufgelisteten Organisationen. Dadurch wurde ein Versprechen auf Rückhalt und Absicherung festgeschrieben, wie es die Mitglieder außerhalb ihrer jeweiligen Netzwerke nicht finden konnten. In den letzten 150 Jahren lieferte diese Gegenseitigkeit die Mittel, Sicherheitsnetze füreinander zu knüpfen – als Einwanderer, Afroamerikaner oder Transmenschen –, wenn der Staat oder das etablierte Kapital entweder nicht wollte oder versagte. Unter anderem aus diesem Grund erlebte die wechselseitige Unterstützung in so vielen Formen während der Pandemie eine Hochzeit: Als klar wurde, dass es dem Staat nicht gelingen würde, die besonders Gefährdeten zu schützen, verhielten sich die Menschen so, wie es ihrer zweiten Natur entsprach, was viele vergessen hatten: Sie kümmerten sich umeinander.

Überall auf der Welt, aber vor allem in den Vereinigten Staaten, wo gesellschaftliche Unterstützung rar gesät war, verschoben Gruppen, die zu verschiedenen Zwecken gegründet worden waren – Buy Nothing Facebook Groups, politische Organisationen – ihren Fokus, während andere neu entstanden. Manche verfolgten eine radikalere, ausdrücklich antikapitalistische Politik, andere, vor allem in konservativeren Regionen, konzentrieren sich darauf, zu liefern, was Bedürftige brauchten.

Was diese Gruppen von den klassischen Wohltätigkeitsorganisationen unterschied, war ihr Bekenntnis zur *Gegenseitigkeit*. Dazu Meera Fickling, eine der Leiterinnen des Rocky Mountain Mutual

Aid Network: »Wir führen keine Bedürftigkeitsprüfung durch. Selbst wenn wir das wollten, hätten wir dafür nicht die Mittel. Wer sagt, dass er Hilfe braucht, der braucht auch Hilfe. Wir verstehen die Menschen nicht als Kunden. Es sind einfach Menschen, die zu einer bestimmten Zeit Hilfe benötigen. Und natürlich hoffen wir, dass das keine Einbahnstraße ist.«

Menschen, die um Hilfe bitten, kommen und unterstützen die Organisation. Und andere, die Hilfe leisten, könnten sie irgendwann womöglich selbst beanspruchen. Das ist der Kerngedanke der Community-Fridge-Programme, die landesweit entstanden sind. Es kommen immer Menschen, die Lebensmittel bringen, Arbeiten übernehmen und Lebensmittel holen. Manche bestücken die Regale nach ihrem letzten Einkauf im Supermarkt und an einem anderen Tag holen sie sich etwas ab – als Teil einer größeren Gemeinschaft.

Wechselseitige Unterstützung erfordert Zeit – die Zeit, die Sie möglicherweise trotz Ihrer Arbeitsbesessenheit erübrigen könnten, wenn Ihre Arbeitszeiten flexibler geregelt wären. So kann sich das Selbstbild verändern. Aus einem Menschen, der einfach Geld an Hilfsorganisationen spendet, wird ein aktives Mitglied einer solchen Organisation. Das ist überdies auch ein maßgeblicher Akt der nötigen Demut: Ein fundamentaler Grundsatz wechselseitiger Unterstützung ist, dass jeder irgendwann einmal Hilfe braucht. Ganz auf sich allein gestellt zu sein – oder auf einen Staat und eine Regierung, die in den USA derzeit nach wie vor nicht funktionieren – ist, als würde man sich für unbesiegbar halten.

Vielleicht sind Sie ja jung genug und so gesund oder gut situiert, dass Sie sich noch nicht vorstellen können, auf andere angewiesen zu sein. Doch früher oder später ist es soweit. Sie werden krank, Ihr Körper oder Ihr Geist lassen Sie irgendwann im Stich oder Ihnen gehen vorübergehend oder auf Dauer Einnahmen verloren. Sie brauchen Rat, ein paar zupackende Hände, jemanden, der Ihnen mal eben hilft, Ihren neuen Tisch aus dem Auto zu laden, oder auch nur einen Teelöffel Kurkuma. Andere brauchen einen anderen Rat, andere Hilfestellung oder sind darauf angewiesen, dass Sie beim Ausladen mit anpacken oder ihnen mit einem Teelöffel Kurkuma aushelfen. Es kann so viel Freude machen, die Welt durch Geben und Nehmen ins Lot zu bringen.

Für viele ist ihre Arbeit für solche Gruppen ein Akt des Widerstands und ein ständiger Beleg dafür, dass unsere Systeme nicht mehr funktionieren und reformiert werden müssen. Doch selbst diese Protesterfahrung kann spirituell wie Balsam wirken. In den unsicheren Tagen Anfang März 2020 porträtierten wir eine Gruppe junger Helfer aus der Gegend von Boston, die in nicht einmal einer Woche ein umfangreiches digitales Netzwerk zur wechselseitigen Unterstützung auf die Beine stellten, um Ortsansässige mit Geld, Lebensmitteln und wichtigen Informationen zu versorgen. Das ganze Verfahren wurde online dokumentiert. Aus den Excel-Tabellen sprach, wie sich Gemeinschaftsbande entwickelten – ein erhebendes Echtzeitdokument dazu, wie Menschen anderen Menschen halfen. Die Organisation vermittelte aber nicht nur logistische und finanzielle Unterstützung, sondern auch Hoffnung.

Diese losen und festen Bande der Unterstützung können aus auf Gegenseitigkeit beruhender Hilfe hervorgehen, aber auch aus anderen Gruppierungen – religiösen, kommunalen oder einfach durch räumliche Nähe entstehenden. Dazu brauchen sie keinen speziellen Handschlag wie so viele Gruppen aus der Vergangenheit. Wir würden Ihnen sogar empfehlen, Gruppen zu meiden, deren Mitglieder alle im selben Alter sind, die gleiche Hautfarbe oder den gleichen Beruf haben oder ähnlich viel verdienen wie Sie selbst. Ein Aspekt des klassischen Bürolebens, der Ihnen abgehen dürfte, ist nämlich, dass Sie dort mit Menschen ins Gespräch kommen, die jünger oder älter sind als Sie, und Bindungen entwickeln, die Generationsgrenzen überschreiten. Doch die Gelegenheit, solche Kontakte zu knüpfen, muss nicht einfach deshalb fehlen, weil Sie nicht mehr jeden Tag ins Büro fahren.

Vielleicht fällt es Ihnen schwer, sich vorzustellen, was das für Sie persönlich heißt. Vielleicht stehen Sie ja auf vielen E-Mail-Listen und bekommen jede Menge Alerts, meinen aber trotzdem, dass Sie nicht der Mensch sind, der wirklich zur nächsten Versammlung kommt. Vielleicht glauben Sie immer noch, dass es Sie momentan überfordern würde, sich zu irgendetwas – im wahrsten Sinne des Wortes – zu verpflichten. Lassen Sie sich ruhig Zeit, während Sie sich auf Ihren neuen Lebensrhythmus einstellen – aber nicht zu lange. Denn die Erkenntnis, wie viel mehr Zeit Sie für solche Aktivitäten haben, ist Teil der Motivation, sich für flexible Arbeitsbedingungen einzusetzen und diese beizubehalten. Das gilt insbesondere, wenn es Ihnen gelingt, dieses Engagement nicht mehr als Störfaktor Ihrer Ruhe zu empfinden, sondern als Möglichkeit, sich um andere zu kümmern.

Überlegen Sie sich, was bei Ihnen wohl ein echtes Gefühl der Verbundenheit auslösen könnte. Vielleicht gemeinsames Singen? Oder Gespräche – möglicherweise über Stunden, bei einer längeren Wanderung? Vielleicht sollten Sie aber auch etwas Neues erlernen – oder anderen etwas beibringen? Manchmal bewirkt eine ritualisierende Komponente, dass wir Zeit als sinnvoll verbracht empfinden – manchmal aber auch eine zwanglose Unterhaltung mit Menschen mit einem langen, verwinkelten Gedächtnis. Es kommt vor allem darauf an, dass Sie sich in Ihren Vorstellungen nicht davon einschränken lassen, wie Gemeinschaftsaktionen – vor allem solche, die Ihnen zuwider waren – vor der Pandemie aussahen. Hat Sie Ihr Lesekreis genervt? Dann steigen Sie doch aus und engagieren Sie sich lieber ehrenamtlich in der örtlichen Bücherei. Sagt Ihnen der Tonfall auf Ihrer örtlichen Nextdoor-Seite nicht mehr zu? Dann kehren Sie ihr doch den Rücken und stecken stattdessen lieber der alten Dame am anderen Ende der Straße einen Zettel mit Ihrer Telefonnummer in den Briefkasten. Spielen Sie gern Karten, aber es fehlen Ihnen die Mitspieler? Wir versichern Ihnen, dass es bestimmt einen Bridgeclub gibt, der nur auf Sie wartet. Löst die Kirche bei Ihnen ein Trauma aus, doch es fehlen Ihnen die Lieder und das Zusammensein mit ganz verschiedenen Menschen? Bestimmt können Sie das auch woanders finden, wenn Sie sich nur die Mühe machen, danach zu suchen.

Mitten in der Pandemie wollte Devon, frischgebackener Doktor der Geologie aus Atlanta, sich unbedingt mit anderen zusammenfinden und einen gesellschaftlichen Beitrag leisten. Dieses Bedürfnis wurde so stark, dass er sogar schon daran dachte, noch Medizin zu studieren. Doch dann erfuhr er von Concrete Jungle, einem kleinen Betrieb für urbane Landwirtschaft im Südwesten von Atlanta. »Die Arbeit dort macht mir richtig Spaß und tut mir gut«, erklärte er. »Und ich weiß: Was wir anbauen, kommt unmittelbar Bedürftigen zugute, die es verdient haben, gesunde, frische Lebensmittel auf den Tisch zu bekommen. Ich habe schon selbst Gemüse geerntet, es verpackt und Menschen an die Haustür geliefert, die sonst darauf verzichten müssten.« Die Gelegenheit, andere unmittelbar zu unterstützen, füllte bei Devon eine Leere aus, die sein Beruf hinterließ. Er sagt dazu: »Die Arbeit in dieser Gruppe hat mir von Anfang an die Augen dafür geöffnet, wie hart viele Menschen arbeiten, um Georgia lebenswerter zu machen – und das ist, gelinde gesagt, ausgesprochen inspirierend.«

Jackie ging als ehrenamtliche Helferin zu DC Books to Prisons. Diese Organisation verschickt Bücher an inhaftierte Leser in 34 US-Bundesstaaten. Allein 2019 wurden über 7000 Buchpäckchen versandt. Vor der Pandemie trafen sich die Helfer in einer Kirche, um die Anfragen zu koordinieren. Es gelang ihnen, diese Arbeit zu Hause weiterzuführen. Immer mal wieder muss Jackie dafür Nachforschungen anstellen, bevor sie ein Päckchen auf den Weg bringt, um zu prüfen, ob der Name des Empfängers stimmt und dieser auch noch in derselben Anstalt einsitzt. »Das bedeutet, dass ich oft erfahre, aus welchem Grund jemand im Gefängnis ist, und ob jemand ein Pädophiler, ein Vergewaltiger oder ein Mörder ist. Trotzdem wähle ich die Bücher mit Bedacht und hoffe, dass sie ihnen gefallen«, berichtete sie. »Für mich war das eine ganz neue Erfahrung, die mich zu einem empathischeren Menschen werden ließ.« Und nach ihren eigenen Worten erweiterte sie auch ihren Horizont als Leserin: »Western sind bei uns sehr gefragt. Also habe ich *Lonesome Dove* gelesen, um mich mit dem Genre vertraut zu machen. Eine großartige Geschichte – die ich nie in die Hand genommen hätte, wenn unsere Kunden sie nicht nachgefragt hätten. Was für ein Geschenk.«

Sich um andere zu kümmern, kann auch so aussehen, dass man wieder in Bindungen investiert, die – warum auch immer – mit der Zeit brüchig geworden waren. Wir haben keine eigenen Kinder, hätten aber schon lange gern am Leben der Kinder unserer Freunde teilgehabt. Vor der Pandemie waren wir so in unsere Arbeit vertieft, dass es schwierig war, im Leben der Kinder von Freunden präsent zu sein. Doch eine gemeinsame Gruppe, die wir mit einer anderen Familie gründeten, ermöglichte es uns, solchen Beziehungen mehr Gewicht zu verleihen als je zuvor. Dass wir jetzt Zeit mit den Kindern von Freunden verbringen, ist für alle Beteiligten enorm bereichernd. Herumzutoben, Zombie-Verstecken zu spielen und unterseeische Geschöpfe zu zeichnen waren für uns willkommene, genussvolle Ablenkungen vom Ernst unseres Erwachsenenlebens. Unseren Freunden erleichterte es die Betreuungslast. Andere berichten uns Ähnliches: von Umzügen, etwa dorthin, wo ihre besten Freunde leben, oder sogar von Plänen für Wohngemeinschaften mit anderen Familien. Nun könnte man solche Vorhaben der Pandemie anlasten – oder aber die Pandemie als Katalysator dafür sehen, dass wir tatsächlich die Nähe und Fürsorge suchen, die uns fehlen.

Ein bisschen Geduld ist dafür allerdings auch erforderlich. Wir sind so daran gewöhnt, dass alles auf Abruf verfügbar ist, dass wir darüber vergessen haben: Gemeinschaft braucht Zeit: Man muss sie finden, sich ihr anschließen, seinen Platz darin suchen und sich orientieren. »Gemeinschaft hat viele gute Seiten – aber eben auch *verheerende*«, erklärte uns Casper ter Kuile, Autor von *The Power of Ritual*. »Menschen sind schwierig! Doch wir brauchen solche Strukturen, weil sie uns Halt geben – trotz allem. Konsumieren wir unser soziales und spirituelles Engagement und verabschieden uns, wenn sich keine sofortige Befriedigung einstellt, dann bringen wir uns um eine der wertvollsten Erfahrungen im Leben.«

Ganz gleich, wo Sie leben – es gibt immer Möglichkeiten, solche Zusammenkünfte zu gründen, zu pflegen und zu erweitern. Doch um sie ausfindig zu machen und sich zu engagieren, müssen die Voraussetzungen stimmen. Und das ist unglaublich schwierig, solange sich Ihr Leben nur um die Arbeit dreht. Wir sind in einen Zirkelschluss geraten: Wir leben, um zu arbeiten, weil uns unser Leben sonst so wenig zu bieten hat. Doch warum hat es uns so wenig zu bieten? Weil wir leben, um zu arbeiten. Das muss aber nicht so sein. Denken Sie an Obum Ukabam aus Tulsa. Er hatte sich zehn Jahre lang überfordert und heimatlos gefühlt, um festzustellen, dass ein paar bewusste Änderungen an seiner Arbeits- und Lebenssituation seinem Leben einen ganz neuen Kontext und Sinn gaben. Doch Ukabams Weg in die Gemeinschaft ist nur ein möglicher Kurs. Abhängig von Ihrer Persönlichkeit könnten

Sie zum Katalysator werden, zur helfenden Hand hinter den Kulissen oder zu der Person, die jede Woche kommt, um Ordnung zu schaffen. Es kommt gar nicht so sehr darauf an, was Sie tun – viel mehr auf die allmähliche Offenbarung des gemeinschaftlichen Engagements füreinander.

Solche Netze der Fürsorge bewirken dasselbe wie alle Formen des Kollektivismus: Sie ziehen uns in eine wechselseitige Abhängigkeit. Statt über Leid hinwegzusehen, werden wir aufgefordert, aktiv etwas dagegen zu unternehmen. Solche Netze geben uns die Möglichkeit, uns von unserer besten, großzügigsten Seite zu zeigen und der Hinwendung zum Individualismus entgegenzuwirken – aber nur, wenn wir uns weiter Gruppen und Initiativen suchen, die uns Herausforderung und Zuspruch zugleich sind und die *uns* guttun, aber vor allem auch denjenigen, denen es viel schlechter geht als uns.

All die angesprochenen möglichen Lösungen und Fallstricke machen einen entscheidenden Sachverhalt deutlich: Flexibles Arbeiten an sich ist nicht das Allheilmittel für sämtliche Probleme unserer Gesellschaft. Es ermöglicht uns aber, die wichtige Arbeit fortzuführen, unsere größeren Probleme beim Schopf zu packen. Haben wir mehr Zeit, Raum und Kraft, können wir ein viel bewussteres Gemeinschaftsleben führen. Wenn wir in unserem Leben nicht ständig nur das Allerdringendste erledigen können, haben wir Luft, uns um andere zu kümmern. In diesem Buch haben wir immer wieder versucht, Folgendes darzulegen: Die eigentlichen Vorteile der Telearbeit werden sich erst einstellen, wenn wir es schaffen, diese realpolitisch festzuschreiben – und zwar so, dass sie über die Welt der Wissensarbeit hinaus greifbar werden können. Grob gesagt: Verschaffen wir uns diese Freiheiten und geben uns damit zufrieden, dann ist das nichts anderes als ein kollektives moralisches Versagen.

Schon klar: Wir sind alle müde und wir wissen, dass der Widerstand gegen solche Reformen dieses Ethos stark ist. Doch ganz gleich, wie viel Sie derzeit verdienen und wie sicher Sie sich in Ihrer jetzigen Position fühlen – die sozialen Sicherheitsnetze sind erst dann wirklich verlässlich, wenn sie so stark sind, dass sie uns alle auffangen, egal wie tief, wo oder warum wir fallen. Wir manövrieren uns schon so lange selbst in eine unaussprechliche Einsamkeit und verzweifeln an unserer eigenen Unabhängigkeit. Doch sobald sich der Dunst der Überarbeitung lichtet, zeichnet sich ein anderer Weg in die Zukunft ab. Für- und miteinander.

Schlusswort an alle, die Personalverantwortung tragen

Geht es in einem Buch um die Zukunft, ganz gleich in welchem Zusammenhang, so ist stets eine gewisse Hybris im Spiel. Das gilt auch und ganz besonders in Bezug auf die Arbeit – ein vager Begriff, der dem Universum der verschiedenen Branchen, Berufe, Erwartungen, Ungerechtigkeiten und Strategien, die unsere kollektive Arbeitswelt ausmachen, nicht annähernd gerecht wird. Wir versuchen, vorausschauend mögliche Visionen dazu anzubieten. Dabei ist uns natürlich klar, dass wir uns damit auf dünnes Eis begeben. Wie Scott Berkun weiß, der bereits 2013 einen Bestseller über mobiles Arbeiten schrieb: »Bücher über die Zukunft der Arbeit machen alle denselben Fehler: Sie versäumen es, auf die Geschichte der Arbeit oder genauer gesagt, auf die Geschichte der Bücher über die Zukunft der Arbeit zurückzublicken und zu erkennen, wie falsch diese lagen.«[1]

Nachdem wir im Zuge der Arbeit an diesem Buch sehr viele solcher Bücher gelesen haben, können wir dem nur zustimmen.

Aus diesem Grund wollen wir hier keine Prognosen wagen, sondern konzentrieren uns stattdessen darauf, die Möglichkeiten für einen dauerhaften Paradigmenwandel zu umreißen. Wenn es eine Gefühlslage gibt, die sich durch dieses Buch zieht, dann ist das vorsichtige Hoffnung. Wir sind überzeugt, dass Arbeit immer mehr Zeit in Anspruch nimmt, uns in den Burn-out treibt und Arbeitnehmenden nur wenig Gewinn bringt. Darüber hinaus sind wir der Auffassung, dass die Pandemie uns eine seltene Atempause verschafft und damit die Gelegenheit, den Status quo zu überdenken. Dabei bleiben wir aber realistisch. Wir wissen, dass in der Vergangenheit alle möglichen bedeutungsschwangeren Prognosen zur »Zukunft der Arbeit« gestellt wurden, die wie überhebliche Anläufe anmuten, schwerwiegende Probleme mit einem großen Wurf zu lösen. Solche »Lösungen« ziehen aber am Ende nur neue und manchmal sogar größere Schwierigkeiten nach sich.

Aus diesem Grund ist jede Anregung und jedes Beispiel aus diesem Buch grundsätzlich mit einem warnenden Unterton zu verstehen, denn wer an der falschen Stelle Abstriche macht, läuft Gefahr, die Fehler der Vergangenheit zu wiederholen. Im Klartext: Sie dürfen das auf keinen Fall vermasseln.

Als Personalverantwortlicher möchten Sie an dieser Stelle womöglich genervt die Augen verdrehen. Bitte tun Sie das nicht! In weiten Teilen sollen unseren Ausführungen natürlich den Arbeitnehmenden das Leben leichter machen, doch die Arbeit neu zu erfinden, ist mehr als nur ein weiteres von vielen altruistischen Projekten. Für Sie in Ihrer Leitungsverantwortung für ein Unternehmen gibt es viele Gründe, in diesem Fall besser alles richtig zu machen – allen voran den, dass eine Zukunft ohne stationäre Arbeitsplätze auch besser fürs Geschäft ist.

Vielleicht erinnern Sie sich aus dem Vorkapitel ja noch an Darren Murph, den Telearbeitsleiter von GitLab. Murph ist einer der ersten – wenn nicht gar der erste überhaupt –, der ausschließlich für die Strategie für mobiles Arbeiten zuständig ist. Seit März 2020 ist sein Know-how stark gefragt. Er hat jeden Tag Termine mit großen Unternehmen, die wissen möchten, wie sich ihre Betriebe verändern werden, wenn die Pandemie abklingt. In vielen dieser Gespräche stehen Führungskräfte einer kompletten Umstellung auf mobiles Arbeiten stur ablehnend oder zumindest skeptisch gegenüber, wie Murph zu berichten weiß. Also spricht er eine Sprache, die sie verstehen, und verweist dabei insbesondere auf den Zinseszinseffekt.

Murph stellt solchen Managern gern folgende einfache Frage: Wenn es Ihnen freistünde, hätten Sie dann lieber vor 20 Jahren oder vor 20 Minuten in Warren Buffetts Holdinggesellschaft Berkshire Hathaway investiert? Die Antwort versteht sich von selbst. Die wenigsten heute getroffenen Anlageentscheidungen können den Zinseszinseffekt ausgleichen, der Ihnen entgangen ist, weil Sie seinerzeit zu ängstlich waren, um einzusteigen. In diesen Kontext stellte Murph GitLabs Investitionen in eine vollständig asynchrone, dezentralisierte Belegschaft. GitLabs Arbeitsabläufe so zu organisieren, dass sie auch ohne Büro und mit Arbeitskräften funktionierten, die über alle Zeitzonen verstreut waren, war nicht ganz einfach. Das erforderte erheblichen Vorabaufwand an Zeit, Kraft und Ressourcen. Auf den ersten Blick mag der umfängliche, quelloffene Dokumentationsprozess des Unternehmens (für jedes Gespräch, jedes README aller Beschäftigten, jedes Wiki und jeden Strategieplan) überzogen und ineffizient wirken. Doch diese Betrachtungsweise hält Murph für gefährlich kurzsichtig.

»Unsere Unternehmensnormen konditionieren uns darauf, immer einen Fuß vor den anderen zu setzen«, erklärte uns Murph. »Wir alle takten unseren Arbeitstag instinktiv im 30-Minuten-Rhythmus: Besprechung um Besprechung. E-Mail für E-Mail.«

Wir sind so darauf fokussiert, den Tag zu bewältigen, dass unsere Vorstellung von effizientem Arbeiten in Wirklichkeit absolut ineffizient ist, so Murph. Die Dokumentationsstrategie seines Unternehmens ist ein Beispiel für eine neue Option für die Zukunft. Die GitLab-Beschäftigten überfallen ihre Kollegen seltener während des Tages und sie versenden auch weniger überflüssige E-Mails, weil sämtliche Informationen, die sie benötigen, aufgezeichnet werden und jederzeit für alle zugänglich sind, ganz gleich, ob sie an einer Besprechung teilgenommen haben oder nicht.

»Wenn ich Sie 20 Minuten vor einem Gespräch bitte, mein README zu lesen, müssen Sie dafür zwar ein bisschen Zeit opfern, doch das zahlt sich nach und nach aus, wenn sich unsere Arbeitsbeziehung über Wochen, Monate und Jahre vertieft«, meinte er. »Wir haben eine 8000 Seiten umfassende, leicht durchsuchbare Bibliothek aus Berichten aufgebaut, in denen Beschäftigte ihre Erfolge und Misserfolge dokumentieren. Dass sind 8000 Seiten, die uns sagen, was wir lieber lassen sollten. Wie wollen Sie den Zinseszinseffekt dieser Erkenntnisse aufholen? Das kann einem Unternehmen nur gelingen, wenn es *jetzt* damit anfängt, Wissen zu erfassen.« Sonst tut das die Konkurrenz, deren Wettbewerbsvorteile dadurch mit jedem Jahr größer werden.

Hören Sie auf, kurzfristig zu denken. Das rät nicht nur Murph. Es ist *das* wiederkehrende Thema in Hunderten von Gesprächen mit Führungskräften, Management-Coaches, Städteplanern, Aktivisten, Technologen und Arbeitnehmenden. Unseren Recherchen zufolge lassen sich die meisten Horrorstorys aus der Chefetage auf verschiedene übereilte Entscheidungen zurückführen, die zum betreffenden Zeitpunkt gerade opportun schienen, aber getroffen wurden, ohne sich die Zeit zu nehmen, über die breiteren Auswirkungen nachzudenken.

Eine zu dünne Personaldecke beispielsweise kann kurzfristig durchaus Geld sparen, führt aber nach und nach zur Erosion eines Unternehmens. Die Moral leidet, Produktivität und Qualität sinken und Arbeitgeber haben Mühe, Mitarbeiter zu halten. Ein Unternehmen, das seine Beschäftigten schnell verschleißt, kann Fluktuationsprobleme in einer wettbewerbsintensiven Branche auf Dauer nicht verschleiern. Solche Trends zeigen sich früher oder später auf Bewertungsseiten wie Glassdoor. Was als frustriertes Murren nach Feierabend in der Kneipe beginnt, wächst sich zum Reputationsschaden aus. Und dann wird es immer schwieriger, fähige Kräfte zu rekrutieren.

Das wissen Sie. Sie wissen: Wird nicht in die Aus- und Weiterbildung von Führungskräften investiert, macht das die Belegschaft unglücklich – und unglückliche Arbeitskräfte sind grundsätzlich teurer. Sie wissen auch: Der gnadenlose Fokus auf kurzfristigen Messgrößen wie Wachstum und Shareholder Value beeinträchtigt irreparabel, wie Beschäftigte über ihren Arbeitgeber denken und wie viel Vertrauen sie ihm entgegenbringen. Und Sie wissen, dass es bestenfalls kurzfristig gutgläubige Loyalität auslöst, wenn Sie Kürzungen bei Leistungen und Altersversorgung mit beschwichtigenden Verweisen auf die Unternehmenskultur oder rein dekorativen Vergünstigungen schönreden.

Und dass kurzfristige, halbherzige Anläufe zur Einführung schneller technischer Lösungen, um die Produktivität zu steigern, langfristig auch nicht so gut funktionieren, ist Ihnen ebenfalls bekannt. Ebenso wie die Tatsache, dass Beschäftigte von der von Greylock-Risikokapitalgeberin Sarah Guo so bezeichneten »Metaarbeit« überfordert sind: dem ständigen Hin- und Herspringen zwischen Programmen und Projekten und der laufenden Bewältigung oder Ausblendung digitaler Ablenkungen.[2] In seinem Buch *Eine Welt ohne E-Mail* beschreibt Autor Cal Newport dieses Szenario als Arbeit mit »hyperaktivem Schwarmdenken« oder, wie er es formuliert, einem »Arbeitsablauf, bei dem eine fortwährende Konversation im Zentrum steht, die von unstrukturierten und ungeplanten Mitteilungen angetrieben wird«. Das bezeichnet Newport als spektakulär ineffektiv, denn es »zwingt Sie dazu, Ihre Aufmerksamkeit häufig abwechselnd auf die Arbeit an sich und auf die Kommunikation über Ihre Arbeit zu lenken«.[3]

Wie gesagt – das wissen Sie alles. Doch aus verschiedenen Gründen verstehen Sie es inzwischen meisterhaft, diese Bedenken wegzudiskutieren oder zu verdrängen. Dabei wäre es höchste Zeit, das künftig anders zu handhaben.

Dass Überlastung den Ertrag mindert, ist eine Tatsache. Insgesamt steigert sich die Produktivität derzeit über 60 Prozent langsamer als in den vorangegangenen 20 Jahren.[4] Diese Zahl ist so erschreckend, weil wir so viel *mehr* arbeiten: Von 1980 bis 2000 arbeitete der durchschnittliche Amerikaner jedes Jahr 164 Stunden länger. Wir alle steuern auf den Burn-out zu – auch Sie. Selbst wenn uns unser Job großen Spaß macht, wechseln wir häufiger als früher die Stelle und fangen neu an. Und unsere ersten Anläufe zum mobilen Arbeiten haben diese Kultur mehr oder minder in unseren Wohnzimmern reproduziert. In den ersten Monaten der Pandemie wandten die Amerikaner an jedem Werktag über 22 Millionen zusätzliche Stunden für die Arbeit auf.[5]

Das wissen Sie alles. Und wir wissen Folgendes: Die Beschäftigten möchten dringend selbstbestimmter leben. Sie wünschen sich mehr Ausgewogenheit und weniger Prekarisierung. Vor allem aber *wollen* sie arbeiten – allerdings für Arbeitgeber, die sie als Menschen behandeln und in sie und ihre Zukunft investieren. Sie möchten Organisationen angehören, die wissen, dass sinnvolle Arbeit im Team Würde vermitteln und Wert generieren kann, doch dass Arbeit keinesfalls die einzige Möglichkeit ist, Erfüllung und Selbstwert zu finden. Wir wissen, dass überforderte Arbeitnehmende zu müde, zu frustriert und zu nervös sind, um Bestleistungen zu bringen. Sie sind zu sehr damit beschäftigt, Wasser zu treten, fleißig zu wirken und ihre kommunikationsschwachen Vorgesetzten zufriedenzustellen. Das wissen wir, weil sie es uns gesagt haben. Hundertfach.

Was sich die Beschäftigten wünschen und was auf lange Sicht tatsächlich das Beste für ein Unternehmen ist, deckt sich in großen Teilen. Sie könnten das als Synergieeffekt bezeichnen – oder einfach als das, was es ist: gesunder Menschenverstand nämlich. Doch wenn wir eine echte Chance bekommen sollen, neu zu erfinden, wie Wissensarbeit abläuft, dann müssen Sie als Manager und Personalverantwortliche mit von der Partie sein.

Die meisten Führungskräfte unterschätzen Darren Murph zufolge gewaltig, wie einflussreich ihre Signale sind. Öffnen Unternehmen ihre Büros wieder, wenn das für uns alle sicher ist, dann sollten die Manager – was kontraintuitiv wirken mag – nicht gleich als Erste wieder am Schreibtisch sitzen, sondern als Letzte. »Sobald der CEO wieder den ganzen Tag im Büro ist, signalisiert er allen anderen im Unternehmen: ›Wer weiterkommen will, muss da sein und meine Nähe suchen‹«, erklärte Murph. Die Unternehmensführung muss die Haltung vorleben, die sie bei der Belegschaft fördern möchte. Punkt.

Doch Führungskräfte unterschätzen auch immer wieder, wie viel gezielte Planung und Zeit tatsächlich erforderlich ist, damit sich die eigentlichen Vorteile solcher Veränderungen entfalten können. Mobiles oder flexibles Arbeiten sind keine Punkte, die man dem Personalchef einfach zusätzlich in seine Stellenbeschreibung setzt, wie Murph behauptet. Das ist ein Vollzeitjob, der eine Leitung und engagierte Teammitglieder erfordert, die den Umbau von Richtlinien, Arbeitsabläufen und Vergünstigungen übernehmen. Zum Vergleich verweist Murph Führungskräfte auf die Entwicklung des Chief Diversity Officers in vielen Tech-Unternehmen. Was als Nischeninitiative im Personalwesen begann, war in Wirklichkeit eine Welle des Wandels, die nicht nur über Tech-Unternehmen hereinschwappte, sondern über Organisationen jeder Größe. »Heute ist es selbstverständlich, einen Chief Diversity Officer einzustellen. Dabei hätte es seinerzeit schon offensichtlich sein sollen«, so Murph. »Doch mitunter verschließen Unternehmen eben bewusst die Augen vor dem Offensichtlichen.«

Niemand kann in die Zukunft sehen. Wir können uns jedoch einen Eindruck davon verschaffen, was morgen selbstverständlich erscheinen könnte – allerdings nur, wenn wir nicht mehr länger wie besessen kurzfristigen Gewinnen nachjagen.

Überkommt Murph der Frust, erzählt er eine Anekdote über Amazon-CEO Jeff Bezos, die mittlerweile seine Parabel für mobiles Arbeiten ist. Vor ein paar Jahren gab Amazon bei der Telefonkonferenz zur Präsentation seiner Quartalszahlen bekannt, dass das Unternehmen einen Rekordgewinn ausgewiesen hatte. Ein teilnehmender Analyst sprach Bezos direkt an und gratulierte ihm zu einem spektakulären Quartal. Bezos bedankte sich und ging zur Tagesordnung über. Bei sich dachte er: Der Kerl hat nichts kapiert. Bezos war nämlich überzeugt davon, dass »die Voraussetzungen für dieses Quartal vor drei Jahren geschaffen wurden«.[6]

Und genau das meint Murph nach eigener Aussage, wenn er von Teleinfrastruktur und Zinseszinseffekt spricht. »Ich erzähle Unternehmen immer wieder: Rechnet nicht sofort mit Einsparungen. Wer eigene Immobilien besitzt oder Mietverträge über zehn oder zwanzig Jahre abgeschlossen hat, der muss mit einer längeren Vorlaufzeit rechnen«, erklärte er. Kurzfristig Denkende werden in solchen Verträgen ein Argument gegen eine Änderung ihrer Politik sehen. Doch was ist, wenn die Verträge auslaufen?

»Dann werden sie sich umschauen und merken, dass die Konkurrenz zeitig in einen Ansatz investiert hat, der primär auf mobiles
Arbeiten setzt, und jetzt in der Lage ist, sich problemlos an alles
anzupassen, was die Zukunft bringt. Ihr eigenes Unternehmen tut
sich dagegen schwer.«

Viele Führungskräfte stellen sich taub – vor allem in etablierten
Branchen wie dem Finanzwesen. Anfang 2021 bezeichnete der
CEO von Goldman Sachs das mobile Arbeiten als »Fehlentwicklung, die wir so schnell wie möglich korrigieren werden«. Das aber
geschieht laut Bürotrendanalyst Dror Poleg auf eigene Gefahr:
»Alle zu einer bestimmten Arbeitsweise zu zwingen, erscheint antiquiert in einer Welt, in der fähige Köpfe mehr Möglichkeiten
haben denn je.«[7] Jedes Jahr entscheiden sich mehr Uniabsolventen für flexiblere Branchen als für solche, die stur unflexibel bleiben. Von 2008 bis 2018 gelang es Big Tech, die Zahl der angeworbenen Uniabgänger von 12 auf 17 Prozent zu erhöhen. In der
Finanzbranche ging der Anteil von 20 auf 13 Prozent zurück.

Und das war vor der Pandemie. Springen Finanzunternehmen
nicht auf den Zug des flexiblen Arbeitens auf, so prognostiziert
Poleg, dass das Verhältnis noch stärker zugunsten der Techbranche kippen dürfte. Dieses Prinzip gilt aber längst nicht nur für die
Finanzwelt. »Führungskräfte können schon *ewig* flexibel arbeiten«, erzählte uns Michael Colacino, Leiter des Gewerbeimmobilienunternehmens SquareFoot. »Mir steht es bereits seit 1992 frei,
freitags von zu Hause aus zu arbeiten. Wie heißt es doch? Die
Zukunft ist schon da, sie ist nur noch nicht überall angekommen.
Und das stimmt: Die Flexibilität beschränkt sich vorerst noch auf
die Chefetage und ein paar weitere hohe Hierarchiestufen. Und
nun fällt die Akzeptanz der Fünf-Tage-die-Woche-im-Büro-Mentalität weg. Seit von den verbotenen Früchten gekostet wurde, gibt
es kein Zurück mehr. Erklärt man einem Millennial, du musst jetzt

wieder fünf Achtstundentage im Büro absitzen, dann nimmt der einfach seinen Hut.«

Die Spitzenmanager der Finanzbranche wissen genau, dass sie sich neue Möglichkeiten überlegen sollten, wie gearbeitet werden kann. Doch wer sich hochgearbeitet, dafür gewisse Opfer gebracht und Überlastung in Kauf genommen hat, dem widerstreben Veränderungen, ganz gleich wie viele Belege für deren Vorzüge vorliegen. Vernünftig ist das nicht. Geschäftlich unklug obendrein. Doch nach monatelanger Angst und Instabilität fühlt es sich *sicher* an. Dieses Gefühl könnte sich jedoch als trügerisch erweisen. Nach der Geschichte zu urteilen, dürften sich dieselben hochbezahlten Berater und Experten, die mobiles Arbeiten zuvor noch spöttisch belächelten, dafür aussprechen, sobald der gesellschaftliche Druck stark genug ist. Das ist logisch. Mobiles Arbeiten drängt Unternehmen letztlich, Maßnahmen zu ergreifen, die sie ohnehin längst hätten ergreifen sollen, wie sie sehr genau wissen. Und wenn Sie denn irgendetwas aus diesem Buch herausnehmen, dann sollte es vielleicht diese Erkenntnis sein. Hier geht es gar nicht um etwas Neues, sondern um etwas Altbekanntes.

Wir können uns gut vorstellen, dass sich das alles ein bisschen naiv anhört – als würden Murph in seinem Sendungsbewusstsein oder die breiter angelegte Argumentation dieses Buches das Homeoffice als Wundermittel anpreisen. So ist das aber nicht.

Tatsächlich drehen sich die meisten Ideen aus diesem Buch – auch das Plädoyer für eine langfristige Perspektive der Unternehmensführung – gar nicht darum, wie mobiles Arbeiten im Wesentlichen genau abläuft. Sie sollen Ihnen vielmehr die Augen für eine bessere Arbeitsweise öffnen. Die ganze postpandemische Debatte darum, »wann und wie wir wieder ins Büro zurückkehren«, ist in gewisser Hinsicht ein einziges groß angelegtes Ablenkungsmanöver. Die eigentliche Frage ist nämlich nicht, wo wir arbeiten, sondern *wie*.

Mobiles Arbeiten zwingt Sie dazu, Ihre Methoden zu ändern. Es hilft nicht gegen mangelnde Führungskompetenz, ein schlechtes Geschäftsmodell oder ein mieses Produkt. Es ist lediglich ein Organisationsprinzip. Ohne den Luxus, anderen mal eben am Schreibtisch auf die Schulter zu tippen oder ihnen im Aufzug über den Weg zu laufen, müssen wir bewusster darüber nachdenken, wie wir arbeiten. Ohne die Tricks und rudimentären Normen des Büros können wir unsere Unternehmen als das wahrnehmen, was sie wirklich sind und schon immer waren: eine Gemeinschaft von Menschen.

Bekleiden Sie in Ihrer Organisation eine Führungsposition, ist das für Sie nichts Neues. Doch jetzt ist Führungskompetenz gefragt und Handlungsbereitschaft angezeigt. Derzeit bietet sich die Chance, uns auszumalen, was morgen selbstverständlich erscheinen könnte, und heute den Boden für diese Zukunft zu bereiten. Sicher, das erfordert eine Investition. Und Investitionen sind stets mit Risiken verbunden. Wir hoffen aber, dass es uns gelungen ist, Ihnen eine Vorstellung von ihrem künftigen Zinseszinseffekt zu vermitteln. Nun gehet hin und vermasselt es nicht.

Ein Appell an die Beschäftigten

Im Sommer 2020 kursierte auf TikTok eine neue »Challenge« unter dem schlichten Titel 75 Hard. Die Regeln waren ganz einfach, wenn auch ein bisschen skurril: (1) Halte eine bestimmte Diät – ganz gleich welche, solange du deine Ernährung »strukturiert« einschränkst. (2) Ziehe zweimal pro Tag ein 45-Minuten-Workout durch – eines davon an der frischen Luft. (3) Trinke keinen Alkohol und genehmige dir keine »Ausrutscher« (womit Verstöße gegen die Diätregeln gemeint waren). (4) Trinke jeden Tag vier Liter Wasser. (5) Lies täglich mindestens zehn Buchseiten – Hörbücher zählen nicht. (6) Dokumentiere deinen Fortschritt täglich mit einem Foto.

Das Ziel: Alle sechs Komponenten der Challenge müssen jeden Tag erfüllt werden – und zwar über 75 Tage in Folge. Wer einmal schummelt, muss von vorne anfangen. Ersatzlösungen und Kompromisse sind nicht vorgesehen. Wie hinter allen viralen Challenges steckt auch hinter 75 Hard eine Geschichte: Den Anstoß dazu gab Andy Frisella, Motivationsredner und selbsternannter »MFCEO« (Motherfucking CEO), der unter dem Dach von 75

Hard eine Vielzahl von Produkten, Nahrungsergänzungsmitteln, Büchern und Beratungsleistungen vertreibt, die Ihnen verspre-chen, »in Ihnen die mentale Stärke und Disziplin aufzubauen«.

Wer 75 Hard durchhält, soll daraus lernen, was harte Arbeit und Verzicht bringen können. Das ist nichts Neues. Dieser Asketi-zismus hat eine jahrtausendealte Geschichte. Der Unterschied: Die sich geißelnden Mönche im härenen Gewand lebten seiner-zeit so, um Buße zu tun und Erlösung zu finden. Bei 75 Hard geht es dagegen nur darum, sich selbst zu beweisen, wie hart man gegen sich sein kann, und Verzicht zu üben und Buße zu tun, weil man … isst? Lebt? Das Leben sonst zu leicht wäre?

Anders als andere Challenges endet 75 Hard nicht mit einem besonderen Ereignis. Was man sich zugemutet hat, wird auch nicht wissenschaftlich erklärt. Die Challenge fordert die Teilneh-mer lediglich dazu auf, »zum Kampf gegen sich selbst« anzutreten und diesen um jeden Preis zu gewinnen. Abgesehen von willkür-lichen Entbehrungen, diversen Verletzungen durch Überbean-spruchung und überteuerten Nahrungsergänzungsmitteln hat man davon wenig.

In den düstersten Momenten der Pandemie, als Sie gerade besonders gestresst, von Ängsten geplagt oder aus dem Gleichge-wicht geraten waren, bekamen vermutlich auch Sie Sprüche zu hören wie: »Das sind eben schwere Zeiten.« Vielleicht haben Sie etwas in der Art gelesen, vielleicht hat es Ihre Chefin geäußert oder Sie haben es zu sich selbst gesagt. Wahr war es allemal: Die Pandemiezeit, wie wir sie auch immer bezeichnen wollen, *war* schwer. Und wie gewöhnlich galt für die Vereinigten Staaten, dass sie nicht für alle gleich schwer war. Am schwersten war sie für die-jenigen, die an vorderster Front standen – die sich davor fürchte-ten, wie Kunden reagieren würden, wenn sie sie auffordern muss-ten, Masken zu tragen oder die ihre Arbeit verloren und ständig in

Angst davor lebten, was COVID in ihrem Umfeld anrichten würde. Anders schwer war es für all jene, die versuchten, zu Hause zu arbeiten und gleichzeitig ihre schulpflichtigen Kinder zu betreuen, für die vollständig Isolierten und für diejenigen, die immer mehr Angst vor Kontakten hatten. Es war verdammt *schwer* – auf ganz verschiedene, überlappende und unfaire Art und Weise.

Dabei lohnte sich all die schwere, nie enden wollende Arbeit, damit andere – vor allem unsere am stärksten gefährdeten Mitmenschen – sicherer leben konnten. Selbst in Ihren einsamsten, überfordertsten oder erschrockensten Momenten konnten Sie sich daran immer festhalten. Doch im Rahmen des Fernziels, zu überleben – und, wenn wir ehrlich sind, schon lange vorher – waren viele Wissensarbeiter bereits in einer Welt angekommen, die wir als »9-to-5-Hard« bezeichnen wollen. Wir arbeiteten weit mehr als die vereinbarten 40 Wochenstunden, ohne genau zu wissen, wofür. Nur selten ging es darum, etwas Sinnvolles oder Innovatives zu vollbringen – obschon wir uns dahinter verstecken konnten, wenn uns jemand fragte, was uns an unserem Beruf gefiel. Es ging auch nicht darum, eines Tages insgesamt weniger zu arbeiten. Wir arbeiteten hart, um zu beweisen, dass wir es drauf hatten und *noch mehr* leisten konnten.

Das ist der tautologische Morast, in dem wir uns wiederfinden. Bei den Recherchen zu und der Arbeit an diesem Buch stellte sich heraus, dass viele von uns unser Arbeitsleben nicht nur mit gemischten Gefühlen betrachten, sondern im Grunde gar nicht mehr genau wissen, was »harte Arbeit« eigentlich ist. Diese Verwirrung ergibt sich unter anderem aus dem allgemein subjektiven Charakter der Arbeit. Durch die Lektüre von Produktivitätsbüchern und fragwürdigen Fetischisierungen von CEOs vor dem Hintergrund zahlloser Berichte ausgebrannter und kreuzunglücklicher Beschäftigter verschwammen das Wesen und der Zweck dieses spezifischen Ansatzes immer mehr.

Die Gesellschaft vermittelt uns, dass harte Arbeit bewunderns-
wert und nachahmungswürdig ist – auch wenn wir merken, dass
wir das hehre Ziel nie wirklich erreichen. Vielleicht machen Sie
jede Menge Überstunden, vielleicht ächzen Sie unter den zeitlichen und physischen Anforderungen, die Ihre Arbeit an Sie stellt,
und reichen doch nie ganz an die vielgepriesene Tüchtigkeit anderer heran. Viele unserer Vorstellungen von harter Arbeit wurzeln
noch immer in einer landwirtschaftlich oder industriell geprägten
Denkweise – obschon der prozentuale Anteil der amerikanischen
Erwerbstätigen, die noch in diesen Bereichen tätig sind, zurückgeht. Arbeit im Freien oder in einer Fabrik oder auf andere, körperlich anstrengende Art und Weise gilt als gute, harte, ja, sogar
patriotische Arbeit. Arbeit in einem Gebäude oder am Computer – die zwar keine Schwielen hinterlässt, sich aber ebenfalls körperlich auswirken kann –, ist deutlich weniger ehrwürdig.

Das soll nicht heißen, dass wir mit Wissensarbeitern Mitleid
haben müssten oder uns überlegen sollten, wie wir diese besser
wertschätzen können: Das tun wir bereits, und zwar in Form von
Gehältern und Nebenleistungen. Wenn solche Beschäftigten aber
über 40 Prozent der US-amerikanischen Erwerbsbevölkerung ausmachen, so stellt das eindeutig ein psychologisches Problem dar.[1]
Kulturbedingt genießen Produktivität und Effizienz bei uns einen
hohen Stellenwert. Kreativität und Wissensarbeit honorieren wir
mit hohen Gehältern. Dennoch betrachten wir solche Arbeit insgeheim als bequem oder weichlich. Vielleicht haben Sie sich ja im
letzten Jahr bei der Arbeit am Küchentisch den Rücken ruiniert –
Ihr Leben riskiert haben Sie dabei nicht. Gleichzeitig zollen wir
den wirklich riskanten, körperlich strapazierenden Tätigkeiten –
mit Fokus auf der Pflege als systemrelevante, ehrwürdige Arbeit –
öffentlich großes Lob. Und während wir den Menschen Beifall
klatschen, die solche Arbeiten verrichten – wie es zumindest in

den ersten Monaten der Pandemie der Fall war –, offenbart sich der Wert, den ihr die Gesellschaft beimisst, in stagnierenden Gehältern.

Welche Arbeit ist also wirklich wertvoll? Unglaublich, aber wahr: Das ist weithin unklar. Viele Wissensarbeiter, auch wir, empfinden eine gewisse Unsicherheit in Bezug auf ihre Arbeit: darauf, wie viel sie leisten, für wen, was ihre Leistung wert ist, wie sie bezahlt wird und von wem. Da herrscht ziemliche Verwirrung, auf die wir ziemlich verwirrend reagieren – manche extrem desillusioniert oder auch mit immer radikaleren Ansichten über das ausbeuterische kapitalistische System, das alles so verworren macht. Andere wieder stürzen sich in ihre Arbeit und lassen sie zum prägenden Element ihres Selbstwertgefühls werden. Sie reagieren auf ihre existenzielle persönliche Wertekrise, indem sie auf die Tretmühle der Produktivität aufspringen und beten, dass sie irgendwann schon über Sinn, Würde und Sicherheit stolpern werden, wenn sie nur lang genug fleißig sind.

Doch die Tretmühle liefert uns selten den erhofften Wert und Sinn. Warum also haben wir so viel Zeit und Mühe darauf verwendet, die schwierigen, zeitraubenden und problematischen Arbeitsansätze zu beleuchten? Warum erzählen wir Ihnen gebetsmühlenartig immer wieder, dass »es nicht einfach wird«? Weil das alles für etwas gut ist – oder zumindest sein sollte. Wir überlegen uns, wie Büroarbeit anders gehen könnte, um uns letztlich den Freiraum zu verschaffen, auch anders an unserem engeren und weiteren Umfeld teilzuhaben. Wir versuchen, aus der verfluchten Tretmühle abzuspringen, um uns wieder auf den Sinn und die Würde zu besinnen, die uns unser Leben in seiner *ganzen Fülle* vermitteln kann.

Fragen Sie sich daher: Was für ein Mensch wären Sie, wenn sich Ihr Leben nicht mehr ständig um die Arbeit drehen würde? Wie würden sich Ihre Beziehungen zu Ihren engsten Freunden und Angehörigen verändern? Welche Rolle würden Sie in Ihrem breiteren Umfeld übernehmen? Wen würden Sie unterstützen, wie mit der Welt interagieren? Wofür würden Sie kämpfen?

Wir sind so überlastet, nervös und darauf konditioniert, unser Leben als etwas zu betrachten, das um die Arbeit herum stattzufinden hat, dass uns solche Fragen an und für sich bereits anmaßend erscheinen. Umso mehr gilt das, wenn Sie ernsthaft versuchen, Antworten darauf zu finden, die Ihnen vermutlich dumm oder fantastisch vorkommen werden: wie Ihr Leben in einem schönen Film, den Sie mit Schauspielern besetzen, die Sie und Ihre Angehörigen spielen – ausgeruht, energiegeladen, zielstrebig und durchsetzungsstark. Eine Fantasievorstellung, werden Sie denken.

Genau so *sollte* es Ihnen aber vorkommen, denn Sie müssen diesen Zustand wirklich wollen, ihn regelrecht *herbeisehnen* – so sehr, dass es Sie dazu motiviert, Ihr Leben so zu verändern, dass diese Fantasie zur Wirklichkeit wird. Das ist keine Challenge, der Sie sich stellen, um sich und anderen zu beweisen, dass Sie es schaffen können. Sie sollen sich nicht selbst kasteien, um daraus vermeintlichen Selbstwert zu ziehen. Es geht vielmehr darum, die schwere, wirklich grundlegende Arbeit auf sich zu nehmen, die uns und unsere Gesellschaft nachhaltig verändert.

Dafür müssen Sie zunächst feststellen, welche Möglichkeiten Sie haben, und sich dann für eine Sache entscheiden. Das beginnt damit, dass Sie für ein Arbeitsszenario sorgen, in dem sie besser, effizienter und flexibler arbeiten können – mit effektiven Leitplanken, die verhindern, dass Sie *nur noch* arbeiten. Das soll jedoch nicht darauf hinauslaufen, darzulegen, was es noch für Vorteile hat, im Homeoffice zu arbeiten. In Wirklichkeit geht es nämlich gar nicht ums Homeoffice, sondern um alles andere, was Ihr

Leben ausmacht. Das ist der eigentliche Grund für dieses Buch: die Dinge, für die es sich zu kämpfen lohnt.

Wissen, was Sie wollen

Denken Sie an die Zeit zurück, als Sie noch nicht erwerbstätig waren. Vielleicht können Sie sich ja noch daran erinnern, dass Sie früher freie Zeit hatten, über die Sie nach Gutdünken verfügen konnten? Was haben Sie damals wirklich gern gemacht? Nicht, weil Sie Ihre Eltern dazu angehalten haben, weil Sie gern dazugehören wollten oder weil Sie wussten, es würde sich gut im Lebenslauf machen?

Das kann etwas ganz Banales gewesen sein: ziellos mit dem Fahrrad durch die Gegend zu fahren, sich in der Küche auszutoben, mit Lidschatten zu experimentieren, Fan-Fiction zu schreiben, mit Ihrem Großvater Karten zu spielen, im Bett zu liegen und Musik zu hören, alle Ihre Klamotten durchzuprobieren und die lustigsten Kombinationen zusammenzustellen, Secondhand-Läden abzuklappern, stundenlang *Sims* zu spielen, wie besessen Baseballkarten zu sortieren, spontan mit anderen Basketball zu spielen, Schwarzweißfotos von Ihren Füßen zu machen, lange Ausfahrten zu unternehmen, nähen zu lernen, Käfer zu fangen, Ski zu laufen, in einer Band zu spielen, Burgen zu bauen, mit anderen gut auszukommen, kleine Stücke zu inszenieren – ganz egal was, Hauptsache, Sie haben es gemacht, weil *Sie es wollten*. Nicht, weil Sie damit anderen auf den sozialen Medien imponieren würden oder weil es gut für Ihren Körper war oder weil Sie in der Kneipe davon erzählen konnten – einfach nur, weil Sie Lust dazu hatten.

Wissen Sie noch, was das war? Dann versuchen Sie, sich genauer daran zu erinnern. Hatten Sie dabei eine bestimmende Funktion?

Sollten damit bestimmte Ziele erreicht werden – oder nicht? Waren Sie nur allein damit beschäftigt oder mit anderen zusammen? War das für Sie Ihr ganz eigenes Ding, an dem Ihre Geschwister keinen Anteil hatten? Haben Sie dadurch regelmäßig Zeit mit Menschen verbracht, die Sie gern hatten? Mussten Sie dafür organisieren, kreativ werden, üben, sich nach Vorgaben richten oder mit anderen zusammenarbeiten? Wenn möglich, beschreiben Sie mündlich oder schriftlich, was Ihnen damals Freude bereitete – und warum. Überlegen Sie sich dann, ob es heute in Ihrem Leben überhaupt irgendetwas gibt, was Sie an diese Erfahrung erinnert.

Gut möglich, dass das Ihre Arbeit ist: Viele suchen sich ein Gebiet, auf dem sie gut sind und das ihnen Vergnügen bereitet, und machen es zum Beruf. Wer den verhängnisvollen Rat »Tu, was dir Freude macht« befolgt hat, weiß, wo das hinführt: Es ist eine Burn-out-Falle und eine höchst wirkungsvolle Methode, sich jede Freude und Begeisterung für eine Sache zu nehmen. *Tu, was dir Freude macht, dann arbeitest du den Rest deines Lebens jeden Tag.*

Bei vielen von uns haben solche Aktivitäten aus der Kindheit und Jugend – die wir vielleicht als Hobbys bezeichnen könnten – kaum merkliche Spuren im Leben hinterlassen. Meist beschränkten sich diese auf gelegentliche Erwähnungen im Gespräch oder rhetorische Platzhalter für frühere Zeiten. Es gibt so viele Gründe, solche Aktivitäten aufzugeben: weil uns die finanziellen oder sonstigen Mittel dafür fehlen, weil wir keine Zeit haben, weil wir schon so lange pausiert haben, dass wir aus der Übung sind, oder weil wir schlicht nicht die Möglichkeit haben, auch nur darüber nachzudenken, wieder damit anzufangen.

Das sind alles mehr oder weniger stichhaltige Ausreden, die wir vorbringen, weil wir überarbeitet sind. Es kommt uns so viel einfacher vor, etwas *nicht* zu tun, uns nichts vorzunehmen, nichts Neues auszuprobieren und nicht herauszufinden, wie man wieder

tun könnte, was früher so viel Spaß gemacht hat. Doch daraus
spricht unsere Erschöpfung. Nimmt unsere Arbeit jeden wachen
Moment in Anspruch, geht uns darüber auch der Wille verloren,
uns noch andere Dinge vorzunehmen, die uns eigentlich guttun.
In Wirklichkeit stellen wir solche Aktivitäten hintan, weil wir uns
selbst hintanstellen – und natürlich, weil wir unsere Arbeitskraft
oder unsere Attraktivität optimieren wollen.

Ein echtes Hobby dient nicht dazu, sich in besserem Licht zu
zeigen oder mehr zu scheinen als zu sein. Es macht einfach Spaß.
Mehr nicht.

Lassen Sie sich Zeit bei diesem Prozess. Wenn Sie versuchen, in
Ihren flexiblen postpandemischen Zeitplan Leitplanken einzuziehen, möchten Sie die dadurch gerettete Zeit vielleicht anfangs
noch gern dösend auf dem Sofa verbringen und mit einem Auge
den Sportkanal verfolgen. Das ist vollkommen normal und erwart-
bar: Sie befinden sich im Grunde in einer Phase der Erholung –
nicht nur von jahrelanger Überarbeitung, sondern auch vom auf-
gestauten, konsolidierten Stress der Pandemie. Doch nur weil Sie
neben Kinderbetreuung und Netflix aus den Augen verloren
haben, wer Sie sind und was Ihnen Freude macht, hat sich das
nicht in Luft aufgelöst. Noch einmal: Seien Sie nachsichtig und
achtsam mit sich. Sie verwöhnen sich nicht, Sie regenerieren sich.

Lüftet sich dann der Nebel des Burn-outs, müssen Sie aktiv
dagegen angehen, *produktiv* zu werden, und die freiwerdende
Energie stattdessen dafür verwenden, herauszufinden, was Ihnen
Vergnügen bereitet. Uns ist das vor der Pandemie ebenso ergangen und es hat uns in zwei Richtungen geführt. Wir haben angefangen, Ski zu laufen. Anne war in ihrer Jugend eine begeisterte
Skiläuferin gewesen, hatte aber aus vielen Gründen gezögert, wieder anzufangen: weil ihre Skier zu alt waren, weil niemand mitge-
hen wollte, weil sich jemand um die Hunde kümmern musste, weil

sie keine Skibrille hatte, weil sie das ein ganzes Wochenende kosten würde, an dem sie nicht arbeiten konnte, und weil sie vielleicht feststellen würde, dass sie es gar nicht mehr so gut konnte.

Was sie sich selbst einredete, um sich davon abzubringen, war so raffiniert, dass sie tatsächlich für jedes Argument, doch einfach loszugehen, sofort einen Einwand parat hatte. Doch wir machten es einfach trotzdem. Charlie nahm ein paar Unterrichtsstunden, die Ausrüstung liehen wir uns und weil wir ja in Montana leben, hatten wir viele Möglichkeiten. Und fanden es *herrlich*. Für Anne war das wie ein Ausflug in ihre Jugend – ein Neustart in Echtzeit.

Charlie seinerseits hätte eigentlich gerne wieder Gitarre gespielt, scheute sich aber, in ein neues Instrument zu investieren: Was, wenn auch dieses Hobby wieder nur ein Strohfeuer war? Schließlich kaufte er sich ein Modell der mittleren Preisklasse – gerade gut genug für eine besondere Erfahrung – und stümperte darauf herum. Anfangs fühlte er sich unwohl dabei. Auf uns lastet ein solcher Druck, stets überall Bestleistungen zu bringen, dass sich Mittelmäßigkeit irgendwie falsch anfühlt. Doch nach und nach erinnerte er sich an vieles, was er in jungen Jahren gelernt hatte. Er experimentierte mit neuen und alten Akkordfolgen, befasste sich mit der Theorie und spielte, bis sich auf seinen Fingerkuppen wieder die vertrauten Schwielen bildeten. Das zeigt: Lässt man Mittelmäßigkeit zu, erschließt man sich die fantastische Möglichkeit, jeden Tag ein bisschen besser zu werden. Vor allem aber dienen diese Verbesserungen einzig und allein der Freude, aus eigener Kraft etwas Neues zu lernen. Die Gitarre wurde quasi zur Rettungsleine, weil sie die Konzentration auf etwas lenkte, das ganz und gar nichts mit Arbeit zu tun hatte – und eigentlich auch sonst mit nichts.

Was auch immer das für *Sie* sein könnte – möglicherweise ja viele kleine Dinge? –, es kommt vor allem darauf an, dass es möglichst wenig an *Arbeit* erinnert. Das heißt, Sie müssen dem verbreiteten kapitalistischen Drang widerstehen, es in irgendeiner Form kommerziell zu nutzen, selbst wenn Sie von allen Seiten hören: »Du bist so gut – damit solltest du Geld verdienen!« Es bedeutet aber auch, dem Drang zu widerstehen, etwas richtig zu beherrschen oder so zu präsentieren, dass es im weiteren Sinne zu einer Leistung wird. Es spricht nichts dagegen, wenn Sie an sich arbeiten, um *besser zu werden,* oder wenn Sie etwas für andere tun. Etwas ganz anderes ist es aber, wenn Sie der Beste sein wollen oder sich selbst zerfleischen (oder Ihr Hobby aufgeben), weil Sie nicht gut genug sind.

Mitten in der Pandemie erzählte Anne eine Abonnentin ihres Newsletters, sie habe angefangen zu zeichnen. Sie hatte nie im Leben gezeichnet, war nicht besonders begabt und wollte auch nichts weiter daraus machen. Sie fand es einfach lustig, Szenen aus der untersten Schublade ihres Lebens – zum Beispiel Erlebnisse mit ihrem Hund – bildlich festzuhalten und zum Spaß an Freunde zu verschicken. Freude bereiteten ihr dabei nicht so sehr das eigentliche Endprodukt oder der Versuch, es zu vervollkommnen. Es war vielmehr der Übertragungsprozess, das radikale Vergnügen daran, etwas zu tun, das keinen Zweck oder Wert hatte, sondern einfach nur Spaß machte, weil es sie auf unbeschreibliche Weise anfasste und nicht mehr losließ.

In *Nichts tun: Die Kunst, sich der Aufmerksamkeitsökonomie zu entziehen* stellt sich Jenny Odell solche Aktivitäten als Möglichkeiten vor, wieder die Kontrolle über die eigene Aufmerksamkeit zu gewinnen. Man gibt ganz bewusst einem Wunsch nach, statt Zeit und Mühe in Dinge zu investieren, die anderen wichtig sind. Aus diesem Grund sollten Sie unbedingt die Finger von Hobbys lassen, die »cool« oder gerade angesagt sind, und nicht auf die innere Stimme hören, die Ihnen rät, sich etwas zu suchen, das Sie mit

Ihrem Partner oder Ihren Kindern teilen können. Natürlich kann Ihre Familie bei Interesse später gern mittun, aber erst einmal sollten Sie sich darauf fokussieren, herauszufinden, was *Ihnen* gefällt. Das bedeutet zunächst, solche Freizeitbeschäftigungen zu meiden, die größere Investitionen oder viel Zeit oder Geld erfordern, denn das baut übermäßigen Druck auf.

Wählen Sie auf der Suche nach diesem Gefühl den Weg des geringsten Widerstands, nehmen Sie sich Zeit und fordern Sie sich selbst das Versprechen ab, auch das nächste Mal wieder Zeit zu finden. Das wird Ihnen möglicherweise komisch vorkommen – als wollten Sie sich zum Egoismus erziehen oder sich selbst Zeiten vorgeben wie einem Kind. Lassen Sie sich davon nicht beirren. Wenn Sie alleine leben, spricht daraus lediglich Ihre Arbeitssucht. Doch sich Zeit für eigene Hobbys zu nehmen, ist nicht egoistisch. Und das ist auch möglich, wenn Sie einen Partner haben oder Elternpflichten, selbst wenn man dann ganz bewusst und gemeinschaftlich jedem etwas Freiraum zugestehen muss. Wer den Wunsch nach Aktivitäten unterdrückt, an denen die eigenen Kinder nicht teilhaben können, wird dadurch nicht zu einer besseren Mutter – nur zu einer abgespannteren und schlechter gelaunten.

Dasselbe gilt auch für andere Lebensbereiche. Wenn Sie ausgeschlafen sind, geht Ihnen alles besser von der Hand. Wenn Sie Ruhetage einlegen, steigert das Ihre sportlichen Leistungen. Die Erholung, die wir in Hobbys finden, macht uns zu besseren Partnern, Freunden, Zuhörern und Teamarbeitern, kurz, zu besseren Menschen. Hobbys bringen wesentliche Züge zum Vorschein, die wir durch unsere Produktivitätsbesessenheit und unsere ausufernden Verpflichtungen abgewürgt haben. Dabei kommt es gar nicht so sehr auf das Hobby an sich an, sondern vielmehr darauf, dass wir es haben, denn dadurch identifizieren wir uns nicht mehr so sehr mit dem »Menschen, der im Beruf so viel leistet«.

Wir sprechen so gern darüber, wie Kinder sind – so unvergleichlich in ihren Eigenheiten und ihrer Lebensfreude. Aus dieser Phase wachsen wir im Grund nie heraus, sondern wir schütten diese Eigenschaften lediglich mit Pflichten zu. Sie sind aber nach wie vor die Bausteine unseres Menschseins – des Faktors, der uns immer von Robotern unterscheiden wird. Wir müssen uns diese Neigung zu Vergnügungen und Launen, zum Unsäglichen und Nichtssagenden bewahren – die Gefühle, die sich nicht maschinell erzeugen und nicht auf höchste Produktivität trimmen lassen. Sie sind es wert, wiederentdeckt zu werden: nicht, weil sie uns Erholung verschaffen und so unsere Arbeitskraft steigern, sondern weil sie uns fest mit dem Menschen verbinden, der wir im Herzen immer schon waren.

Besinnen Sie sich darauf, wer Ihnen wichtig ist

Nachdem Sie sich nun auf sich selbst konzentriert haben, sollten Sie diesen Prozess umkehren. Denken Sie an die glücklichsten Momente in Ihrem Leben. Das muss gar kein spektakuläres Ereignis sein, sondern einfach eine Zeit, in der Sie sich besonders angekommen und besonders authentisch fühlten und mit sich und Ihrem Leben ganz im Reinen waren. Wer war damals an Ihrer Seite? Als Sie Anfang 20 waren und in den Tag hinein lebten? Als Ihr Kind geboren wurde oder als Sie sich Ihrem Partner besonders nah fühlten? Oder ein Wochenende mit Ihrem Vater verbrachten? Das ist oftmals ein zweischneidiger Prozess: Sie werden sich dabei sicher an Menschen erinnern, die heute nicht mehr Teil Ihres Lebens sind. Andere sind aber noch da, ob nah oder fern. Diese Menschen gehören Ihrem engsten Kreis an und bedeuten Ihnen am meisten. Die Beziehungen zu ihnen sind wertvoll und unersetzlich – und so viele von uns jammern seit Jahren, dass wir sie nicht entsprechend pflegen können.

Wir müssen endlich anfangen, diese Beziehungen nicht nur als unschätzbar wertvoll zu bezeichnen, sondern auch danach zu handeln. Das bedeutet, wir müssen ihnen Zeit und Aufmerksamkeit widmen, um sie aufrechtzuerhalten. Das heißt, Sie müssen ganz bewusst mehr Zeit nur darauf verwenden, die Beziehungsarbeit wieder ins Gleichgewicht zu bringen und das nötige Vertrauen aufzubauen, damit sich andere aufgefangen und umsorgt fühlen – und Sie sich umgekehrt ebenfalls.

Leben Sie in einer Partnerschaft, sollten Sie dort ansetzen. Wo ist diese Partnerschaft im Gleichgewicht, wo nicht? Aus unserer Umfrage unter über 700 Arbeitnehmenden wissen wir: Diejenigen, die fanden, dass die Hausarbeit nicht gerecht aufgeteilt war, klagten häufig, sie hätten zu viel zu tun, um auch nur ein Gespräch über eine ausgewogenere Aufteilung anzufangen. »Meine Partnerin identifiziert sich viel stärker mit ihrem Beruf als ich. Sie könnte nie aufhören zu arbeiten«, erzählte uns Rebecca, zweifache Mutter, die in North Carolina für eine Versicherungsgesellschaft arbeitet. »Also habe ich fast alle anderen Pflichten übernommen.« Wir hörten sehr, sehr viele Geschichten von Paaren, bei denen die Aufgaben vermeintlich gerecht verteilt waren, die Frauen die psychische Belastung aber dennoch weitgehend alleine trugen: die unsichtbare To-do-Liste mit all den Dingen, die getan werden mussten, damit der Haushalt lief, von der Verplanung von Essenresten bis zur Vereinbarung von Arztterminen für die Kinder.

Wenn Sie mehr Zeit hätten – oder Ihre Zeit zumindest *flexibler* einteilen könnten –, wie würden Sie dann die Muster und die Arbeitsteilung überdenken, die Sie und Ihren Partner oder Ihre Partnerin derzeit im Klammergriff halten? Mobiles Arbeiten ist kein Mittel gegen toxische Gender-Stereotype, doch viele unserer

Gesprächspartner gaben an, dass allein schon die Möglichkeit, von zu Hause aus zu arbeiten, ihnen selbst in der pandemiebedingten Ausnahmesituation so deutlich vor Augen führte wie nie zuvor, wie viel Arbeit eigentlich anfiel. Werden die vielen kleinen Handgriffe gesehen, fällt es leichter, sie gerechter zu verteilen.

Als Nächstes befassen Sie sich mit Ihrer ganzen Familie, ob biologisch oder gewählt. Vielleicht ist Ihnen der eine oder andere so nah, dass Sie das bedrückend finden. Wenn ja, wie sähe dann ein angemessener Abstand aus? Und umgekehrt: Wie sieht bewusst gemeinsam verbrachte Zeit aus? Was wäre nötig, damit Sie im Leben Ihrer Lieben präsent sein könnten? Wie können Sie diese Zeit so abgrenzen, dass sie sich auch gewollt anfühlt – nicht erzwungen?

Und schließlich sollten Sie sich Ihren Freunden zuwenden. Wenn Sie mehr Zeit hätten, welche Rolle würden Sie dann gerne in deren Leben spielen? Welche Beziehungen sind verkümmert? Welche mit der Zeit stärker geworden? Wie könnten Sie den Freundschaften Vorrang einräumen, die Ihnen viel bedeuten, und die Intimität wiederherstellen, die in unserem hektischen, verplanten Leben verloren ging?

Wer das liest, denkt vielleicht: Das hört sich ja doch gefährlich nach Ratgeberweisheit an. Stimmt genau! Finden wir auch! Doch fragen Sie sich ruhig objektiv, was wir eigentlich von Ihnen verlangen. Wir fordern doch nichts. Wir schreiben Ihnen weder etwas vor, noch verordnen wir etwas. Sie sollen keine teuren nootropen Nahrungsergänzungsmittel zu sich nehmen. Sie müssen eigentlich überhaupt nicht viel tun. Ganz ehrlich – je weniger Sie tun, desto besser.

Dieses grobe Konzept ist letztlich nur ein Aufruf zu einer Bestandsaufnahme: Überlegen Sie sich, was Ihnen lieb und teuer ist – an sich selbst und an anderen. Das ist kein Luxus und auch kein Egoismus. Es ist noch nicht einmal besonders radikal. Es *fühlt sich nur so an*. Das Ergebnis dieser Bestandsaufnahme kann jedoch durchaus radikale Veränderungen auslösen. So zumindest ist es uns ergangen. Der einfache Prozess der Bestandsaufnahme ging tief und war verstörend. In Annes Fall brachte er die Erkenntnis, dass sie so ziemlich jedes Problem im Leben dadurch bewältigte, dass sie *noch mehr* arbeitete. Daraufhin widmete sie sich zwei Jahren lang dem Thema Burn-out und seinen Ursachen. Bei Charlie führte er zu der ziemlich erschreckenden Feststellung, dass er sich sein Leben lang immer auf den nächsten Karriereschritt vorbereitet hatte – akademisch und beruflich. Er hatte gar kein richtiges Gespür mehr dafür, was ihm sonst noch wichtig war – außer immer weiter voranzukommen. Er wusste eigentlich gar nicht, was ihm Spaß machte – zum Teil, weil er auf so viele verschiedene Erfahrungen verzichtet hatte, um das vage Ziel des Erfolgs zu verfolgen.

Zu begreifen, dass man in mancher Hinsicht den Kontakt zu sich selbst verloren hat, kann unglaublich traurig sein. Manchmal vermittelt es aber auch Klarheit. Für uns hieß das nicht, dass wir unsere Neugier sublimierten oder der Arbeit abschworen. Es bedeutete schlicht, Wege zu finden, unsere Sorgen und Sinne auch wieder auf andere Bereiche zu richten als die Arbeit: auf Beziehungen, Hobbys, Anliegen oder einfach auf unsere vorbeiziehenden Gedanken. Dieses Gleichgewicht zu wahren und laufend an unserer Einstellung zur Arbeit zu arbeiten, ist ein ständiger Kampf. Es gibt keinen Schalter, den man umlegen kann – und auch kein perfektes Verhältnis zwischen Arbeit und Leben. Doch wenn wir die Kraft und Zielstrebigkeit, die wir zuvor der Arbeit vorbehielten, auch auf unser sonstiges Leben ausweiten, so kann das echtes Potenzial freisetzen.

Dadurch erden wir uns und geben uns Raum, uns anderer anzunehmen. Dadurch stärken wir unser soziales Umfeld und schaffen die Voraussetzungen, um mit der nächsten Pandemie oder globalen Katastrophe fertigzuwerden. Dadurch legen wir das Fundament für die Zukunft: für das Eintreten für Wandel, für einen bewussten Umgang mit unserer Zeit und Aufmerksamkeit, nicht nur mit unserem Geld und für den Einsatz unserer eindeutigen Privilegien und unserer Macht als Arbeitnehmende, um die Freiheiten eines wirklich flexiblen Arbeitens auch anderen zugänglich zu machen. Ist das ein optimistischer Blick auf die Zukunft? Natürlich. Doch nur wenn wir sie uns mit all dieser überschäumenden Zuversicht vorstellen, können wir sie auch verwirklichen.

In mancher Hinsicht hat uns dieses Buch überrascht. Es war nicht ganz das, was wir anfangs erwartet oder versprochen hatten. Der Kopf sagte uns, es würde sich um mobiles Arbeiten drehen: um seine Abläufe, bewährte Praktiken und unsere persönlichen Erfahrungen damit. Das floss auch in manche der Seiten ein, doch in deutlich weniger, als wir gedacht hatten. Denn im Zuge unserer monatelangen Recherchen und journalistischen Arbeit und unserer Gespräche mit Dutzenden Menschen über Wichtiges und Unwichtiges wurde klar, dass der mobile Teil der Arbeitsgleichung in Wirklichkeit sekundär ist. Tatsächlich redeten wir nämlich über seismische, destabilisierende Veränderungen der Stellung, die die Arbeit im eigentlichen und im übertragenen Sinne in unserem Leben einnimmt – Veränderungen, die wir fürchten, auf die wir uns freuen, die wir berauschend und schwer begreiflich zugleich finden.

Es ist keine leichte Aufgabe, die Zukunft aufzubauen, in der Sie leben möchten. Die Schwerkraft des Status quo kann sich mitunter unüberwindlich anfühlen. Wir hoffen aber, dieses Buch kann Ihnen vor Augen führen, was Sie bereits wissen: Es gibt eine Welt und Menschen außerhalb der langen Arbeitsstunden und der physischen Bürostrukturen, die unser Leben schon so lange einschränken. Sollten wir uns nicht gleichzeitig beflügelt, geschockt und *glücklich* fühlen, weil wir Gelegenheit haben, ganz neu zu erfahren, wer wir sind und wohin uns unser Leben führen kann?

Danksagung

Wir haben dieses Buch auf dem Höhepunkt der Pandemie geschrieben und konnten dabei auf die Hilfe, die Unterstützung und den Rat zahlloser Menschen zählen, von denen viele darin zitiert werden. Unser besonderer Dank gilt: unseren Agenten, Allison Hunter und Mel Flashman, unserem Redakteur Andrew Miller mit seinem messerscharfen Verstand und seiner empathischen Art, unserer akribischen Faktencheckerin Jennifer Monnier, dem gesamten Produktions- und Publicityteam bei Knopf, allen voran Maris Dyer, die stets den Zeitplan im Griff hat, Ben Smith, dem ehemaligen Chefredakteur von BuzzFeed News, der uns vertrauensvoll nach Montana gehen ließ, auch wenn er uns zunächst mit einem seltsamen Blick bedachte, als wir ihn darum baten, Beth, Joe, Jack und Little Charlie, die für unser leibliches Wohl und unsere Unterhaltung sorgten. Unseren Eltern, die uns auch aus der Ferne mit Liebe, Rückhalt und Begeisterung für dieses Projekt begleiteten und die uns vor allem eine tiefe Überzeugung vermittelten, berufliche Zufriedenheit und ein erfülltes Privatleben zu erwarten und anzustreben.

Ein Buch mit dem eigenen Partner zu schreiben, kann nerven-aufreibend sein, funktionierte in diesem Fall aber besser, als wir es erhoffen konnten. Deshalb möchten wir einander dafür danken, wie wir mitten im Lockdown unsere Reserven an Zuneigung und Geduld mobilisierten, wenn es um den Austausch von Manuskrip-ten und Kapiteln ging.

Dank schulden wir ferner unseren Hunden Peggy und Steve, die unseren Tagen einen Rhythmus gaben und uns die kleinen Fluchten und langen Spaziergänge erlaubten, die dieses Buch überhaupt möglich machten. Mit ihnen macht das Homeoffice erst richtig Spaß.

Über das Autorenteam

Charlie Warzel ist preisgekrönter Journalist mit den Fachgebieten Technologie, Medien und Politik. Zuvor schrieb er für die *New York Times*. Er verfasst den Newsletter *Galaxy Brain* und lebt in Missoula, Montana.

Anne Helen Petersen ist Journalistin und Autorin dreier vorausgegangener Bücher, darunter *Can't Even: How Millennials Became the Burnout Generation* und *Too Fat, Too Slutty, Too Loud: The Rise and Reign of the Unruly Woman*. Sie schreibt den Newsletter *Culture Study* und lebt in Missoula, Montana.

Quellenverzeichnis

Einleitung

1. May Wong, »Stanford Research Provides a Snapshot of a New Working-from-Home Economy«, *Stanford News*, 29. März 2021.
2. Matthew Haag, »Remote Work Is Here to Stay. Manhattan May Never Be the Same«, *New York Times*, 29. März 2021.

Kapitel 1: Flexibilität

1. Ken Armstrong, Justin Elliott und Ariana Tobin, »Meet the Customer Service Reps for Disney and Airbnb Who Never Have to Talk to You«, *ProPublica*, 2. Oktober 2020.
2. Ebenda.
3. Hilary Lewis und John O'Connor, Philip Johnson: *The Architect in His Own Words* (New York: Rizzoli, 1994), 106.
4. Louis Hyman, Temp: *How American Work, American Business, and the American Dream Became Temporary* (New York: Viking, 2018), 6.
5. Louis Uchitelle und N. R. Kleinfield, »On the Battlefields of Business, Millions of Casualties«, *New York Times*, 3. März 1996.

6. Ebenda.

7. David Weil, *The Fissured Workplace: Why Work Became So Bad for So Many and What Can Be Done to Improve It* (Cambridge, Mass.: Harvard University Press, 2017).

8. Uchitelle und Kleinfield, »On the Battlefields of Business«.

9. Nikil Saval, Cubed: *A Secret History of the Workplace* (New York: Doubleday, 2014), 236.

10. Siehe Karen Ho, Liquidated: *An Ethnography of Wall Street* (Durham, N.C.: Duke University Press, 2009); Hyman, Temp.

11. Melissa Gregg, *Counterproductive: Time Management in the Knowledge Economy* (Durham, N.C.: Duke University Press, 2018), 54.

12. *State of the Global Workplace* (New York: Gallup Press, 2019).

13. »Report: State of the American Workplace«, Gallup, 22. September 2014; State of the Global Workplace (New York: Gallup Press, 2017).

14. Edgar Cabanas Diaz und Eva Illouz, »Positive Psychology in Neoliberal Organizations«, aus *Beyond the Cubicle*, Hrsg. Allison J. Pugh (New York: Oxford University Press, 2017), 31.

15. Carrie M. Lane, »Unemployed Workers' Ambivalent Embrace of the Flexible Ideal«, aus Pugh, *Beyond the Cubicle*, 95.

16. Melissa Gregg, *Work's Intimacy* (Oxford: Wiley, 2013), 2.

17. »The Next Great Disruption Is Hybrid Work – Are We Ready?«, Microsoft Work Lab, www.microsoft.com.

18. Jessica Grose, »Is Remote Work Making Us Paranoid?«, *New York Times*, 13. Januar 2021.

19. »Four-Day Week Pays Off for UK Business«, Henley Business School, 3. Juli 2019, www.henley.ac.uk.

20. Joel Gascoigne, »We're Trying a 4-Day Workweek for the Month of May«, *Buffer Blog*, 30. Mai 2020.

21. Nicole Miller, »4-Day Work Weeks: Results from 2020 and Our Plan for 2021«, *Buffer Blog*, 18. Februar 2021.

22. »Do More with Less«, *Reuters*, 5. November 2019.

23. Jena McGregor, »Hot New Job Title in a Pandemic: ›Head of Remote Work‹«, *Washington Post*, 9. September 2020.

24. Roderick M. Kramer, »Trust and Distrust in Organizations: Emerging Perspectives, Enduring Questions«, *Annual Review of Psychology 50* (Februar 1999): 98-569.

25. Timothy Ferriss, *The 4-Hour Workweek* (New York: Crown, 2007), 91. Hier zitiert nach der deutschen Ausgabe: *Die 4-Stunden-Woche* (Berlin: Ullstein, 2016), 115.

26. Louis Morice, »Mais qui travaille vraiment 35 heures par semaine?«, *L'Obs*, 22. September 2016.

27. Luc Pansu, »Evaluation of ›Right to Disconnect‹ Legislation and Its Impact on Employee's Productivity«, *International Journal of Management and Applied Research 5*, Nr. 3 (2018): 99–119.

28. Drew Pearce, »The Working World: France Gave Workers the Right to Disconnect – But Is It Helping?«, *Dropbox* (Blog), 26. Februar 2019.

Kapitel 2: Kultur

1. Terrence E. Deal und Allan A. Kennedy, *Corporate Cultures: The Rites and Rituals of Corporate Life* (Reading, Mass.: Addison-Wesley, 1982), 5.

2. Sidney Pollard, »Factory Discipline in the Industrial Revolution«, *Economic History Review 16*, Nr. 2 (1963): 255.

3. Shoshana Zuboff, *In the Age of the Smart Machine: The Future of Work and Power* (New York: Basic Books, 1988), 31.

4. Pollard, »Factory Discipline in the Industrial Revolution«, 254.

5. Jill Lepore, »Not So Fast«, *New Yorker*, 12. Oktober 2009.

6. Zuboff, *In the Age of the Smart Machine*, 46.

7. Lepore, »Not So Fast«.

8. »Gilbreth Time and Motion Study in Bricklaying«, youtu.be/ lDg9REgkCQk?t=51.

9. Lepore, »Not So Fast«.

10. Thomas J. Peters und Robert H. Waterman, *In Search of Excellence. Lessons from America's Best-Run Companies* (New York: Harper & Raw, 1982), 6. Hier zitiert nach der deutschen Ausgabe: *Auf der Suche nach Spitzenleistungen* (Frankfurt: Redline Wirtschaft, 9. Auflage 2003), 28.

11. Robert D. Putnam, *The Upswing: How America Came Together a Century Ago and How We Can Do It Again*, mit Shaylyn Romney Garrett (New York: Simon & Schuster, 2020).

12. William H. Whyte, *The Organization Man* (New York: Simon & Schuster, 1956), 129.

13. Ebenda, 130.

14. Ebenda, 154.

15. Deal und Kennedy, *Corporate Cultures*, 4.

16. Amanda Bennett, *The Death of the Organization Man* (New York: Morrow, 1990), 101.

17. Ebenda, 48.

18. Ebenda, 172.

19. Ebenda, 23.

20. Deal und Kennedy, *Corporate Cultures*, 196

21. Terrence E. Deal und Allan A. Kennedy, *The New Corporate Cultures: Revitalizing the Workplace After Downsizing, Mergers, and Reengineering* (New York: Basic Books, 2008) 1.

22. Thomas J. Peters und Robert H. Waterman, *In Search of Excellence. Lessons from America's Best-Run Companies*, 207. Hier zitiert nach der deutschen Ausgabe: *Auf der Suche nach Spitzenleistungen*, 14.

23. Ebenda, 124.

24. Ebenda, 364.

25. Ebenda, 299.

26. Zitiert nach der deutschen Ausgabe: Thomas J. Peters und Robert H. Waterman, *Auf der Suche nach Spitzenleistungen* (Frankfurt: Redline Wirtschaft, 9. Auflage 2003), 282.

27. Zitiert nach der deutschen Ausgabe: Thomas J. Peters und Robert H. Waterman, *Auf der Suche nach Spitzenleistungen* (Frankfurt: Redline Wirtschaft, 9. Auflage 2003), 154.

28. Sara Robinson, »We Have to Go Back to a 40-Hour Work Week to Keep Our Sanity«, *Alternet*, 13. März 2012.

29. Ryan Cooper, »The Leisure Agenda«, People's Policy Project, www.peoplespolicyproject.org.

30. Anna North, »The Problem Is Work«, *Vox*, 15. März 2021.

31. Joan C. Williams und Heather Boushey, »The Three Faces of Work-Family Conflict«, *Center for American Progress*, 15. Januar 2010.

32. Caitlyn Collins, »Why U.S. Working Moms Are So Stressed – and What to Do About It«, *Harvard Business Review*, 26. März 2019.

33. »The Next Great Disruption Is Hybrid Work – Are We Ready?«, Microsoft Work Trend Index, 2021, www.microsoft.com.

34. »Work-Life Balance«, OECD Better Life Index, www.oecdbetterlifeindex.org.

35. *State of the Global Workplace* (New York: Gallup Press, 2017).

36. Jack Zenger und Joseph Folkman, »Why the Most Productive People Don't Always Make the Best Managers«, *Harvard Business Review*, 17. April 2018.

37. Ryan Fuller et al., »If You Multitask During Meetings, Your Team Will Too«, Microsoft Workplace Insights, 25. Januar 2018.

38. Society Pages, 28. Oktober 2020.

39. Sarah Coury et al., »Women in the Workplace«, McKinsey & Company, 30. September 2020.

40. »Social Unrest Has Fuelled a Boom for the Diversity Industry«, *Economist*, 28. November 2020.

41. Frank Dobbin, Alexandra Kalev und Erin Kelly, »Diversity Management in Corporate America«, *Contexts 6*, Nr. 4 (2007): 21–27; Frank Dobbin und Alexandra Kalev, »Why Diversity Programs Fail«, *Harvard Business Review 94*, Nr. 7 (2016).

42. Cassi Pittman Claytor, *Black Privilege: Modern Middle-Class Blacks with Credentials and Cash to Spend* (Stanford, Kalifornien: Stanford University Press, 2020).

43. Chika Ekemezie, »Professionalism is a Relic of White Supremacist Work Culture«, *Zora*, 1. November 2020.

44. Chika Ekemezie, »Why It's Hard for People of Colour to Be Themselves at Work«, *BBC*, 21. Januar 2021.

Kapitel 3: Bürotechnologie

1. Andrew Pollack, »Rising Trend of Computer Age: Employees Who Work at Home«, *New York Times*, 12. März 1981.

2. Carol Levin, »Don't Pollute, Telecommute«, *PC Magazine*, 22. Februar 1994.

3. Joel Dreyfuss, »Inside«, *PC Magazine*, August 1992, 4.

4. Benjamin Hunnicutt, *Free Time: The Forgotten American Dream* (Philadelphia: Temple University Press, 2013).

5. Shoshana Zuboff, *In the Age of the Smart Machine: The Future of Work and Power* (New York: Basic Books, 1988), 23.

6. Ebenda, 63.

7. Harley Shaiken, »The Automated Factory: The View from the Shop Floor«, *Technology Review* 88 (1985): 16.

8. William J. Broad, »U.S. Factories Reach into the Future«, *New York Times*, 13. März 1984.

9. Zuboff, *In the Age of the Smart Machine*, 118.

10. John F. Pile, *Open Office Planning: A Handbook for Interior Design and Architects* (New York: Whitney Library of Design, 1978), 9.

11. Ebenda, 21.

12. James S. Russell, »Form Follows Fad«, aus *On the Job: Design and the American Office*, Hrsg. Donald Albrecht und Chrysanthe B. Broikos (New York: Princeton Architectural Press, 2001), 60.

13. Clive Wilkinson, *The Theatre of Work* (Amsterdam: Frame, 2019), 44.

14. Nikil Saval, *Cubed: A Secret History of the Workplace* (New York: Doubleday, 2014), 205.

15. Michael Brill, Stephen T. Margulis und Ellen Konar, *Using Office Design to Increase Productivity* (Buffalo: Workplace Design and Productivity, 1984), 2:51.

16. Joel Makower, *Office Hazards: How Your Job Can Make You Sick* (Washington, D.C.: Tilden Press, 1981).

17. Zuboff, *In the Age of the Smart Machine*, 141.

18. Herbert Muschamp, »It's a Mad Mad Mad Ad World«, *New York Times Magazine*, 16. Oktober 1994.

19. Ebenda.

20. Warren Berger, »Lost in Space«, *Wired*, 1. Februar 1999.

21. William H. Whyte, *The Organization Man* (New York: Simon & Schuster, 1956), 63.

22. Wilkinson, *Theatre of Work*, 51.

23. Ebenda, 227.

24. Jennifer Elias, »Google Employees Are Complaining the Company Has Changed – This Chart Shows One Reason Why«, CNBC, 2. Januar 2020; Douglas Edwards, *I'm Feeling Lucky: The Confessions of Google Employee Number 59* (Boston: Houghton Mifflin Harcourt, 2011), 90–91.

25. Im letzten diesbezüglichen Bericht wurde die Zahl der Google-Mitarbeiter mit über 135.000 angegeben.

26. Jesse Hicks, »Ray Tomlinson, the Inventor of Email: ›I See Email Being Used, By and Large, Exactly the Way I Envisioned‹«, *Verge*, 2. Mai 2012.

27. Dawn-Michelle Baude, *The Executive Guide to E-mail Correspondence* (New York: Weiser, 2006).

28. Ebenda, 154.

29. Abigail J. Sellen und Richard Harper, *The Myth of the Paperless Office* (Cambridge, Massachusetts: MIT Press, 2002), 13.

30. Ebenda, 12.

31. Michael Chui et al., »The Social Economy: Unlocking Value and Productivity Through Social Technologies«, McKinsey & Company, 1. Juli 2012.

32. Ellis Hamburger, »Slack Is Killing Email«, *Verge*, 12. August 2014.

33. Rani Molla, »The Productivity Pit: How Slack Is Ruining Work«, *Vox*, 1. Mai 2019.

34. Ebenda.

35. Gloria Mark, Daniela Gudith und Ulrich Klocke, »The Cost of Interrupted Work: More Speed and Stress«, *CHI '08: Proceedings of the SIGCHI Conference on Human Factors in Computing Systems*, April 2008, 107–10.

36. Michael Mankins, »Is Technology Really Helping Us Get More Done?«, *Harvard Business Review*, 25. Februar 2016.

37. Berger, »Lost in Space«.

38. Sellen und Harper, *Myth of the Paperless Office*, 193.

39. Dror Poleg, »The Future of Offices When Workers Have a Choice«, *New York Times*, 4. Januar 2021.

40. Paul Ford, »The Secret, Essential Geography of the Office«, *Wired*, 8. Februar 2021.

41. John Herrman, »Are You Just LARPing Your Job?«, *Awl*, 20. April 2015.

42. »The New Great Disruption Is Hybrid Work – Are We Ready?«, Microsoft Workload, 22.März 2021.

43. Steve Lohr, »Remote but Inclusive for Years, and Now Showing Other Companies How«, *New York Times*, 18. Oktober 2020.

44. Crystal S. Carey (Associate Attorney, Morgan Lewis) an Barbara Elizabeth Duvall (Field Attorney, National Labor Relations Board, Region 5), 4. September 2018, cdn.vox-cdn.com/uploads/chorus_asset/file/16190209/amazon_terminations_documents.pdf.

45. »Outbound Email and Data Loss Prevention in Today's Enterprise, 2008«, Proofpoint, Inc., www.falkensecurenetworks.com.

46. Alex Rosenblat, Tamarah Kneese und Danah Boyd, »Workplace Surveillance«, Open Society Foundations' Future of Work Commissioned Research Papers 2014, 8. Oktober 2014.

47. Aarti Shahani, »Software That Sees Employees, Not Outsiders, as the Real Threat«, *NPR*, 16. Juni 2014.

48. Ben Waber, *People Analytics: How Social Sensing Technology Will Transform Business and What It Tells Us About the Future of Work*, (UpperSaddleRiver, N. J.: FT Press, 2003), 77–78.

49. Adam Satariano, »How My Boss Monitors Me While I Work from Home«, *New York Times*, 6. Mai 2020.

50. »How and Why to Transition Your Business to Hubstaff«, support.hubstaff.com.

51. »U.S. Employers Flexing for the Future«, Mercer. www.mercer.us.

52. »What COVID-19 Teaches Us About the Importance of Trust at Work«, Knowledge@Wharton, 4. Juni 2020.

53. Thorin Klosowski, »How Your Boss Can Use Your Remote-Work Tools to Spy on You«, *New York Times*, 10. Februar 2021.

Kapitel 4: Gesellschaft

1. Robert D. Putnam, *The Upswing: How America Came Together a Century Ago and How We Can Do It Again,* mit Shaylyn Romney Garrett (New York: Simon & Schuster, 2020), 116.

2. Ebenda, 114.

3. Ebenda, 46.

4. Noreena Hertz, *The Lonely Century: How To Restore Human Connection in a World Thats's Pulling Apart* (New York: Currency, 2021). Hier zitiert nach der deutschen Ausgabe: Noreena Hertz, *Das Zeitalter der Einsamkeit: Über die Kraft der Verbindung in einer zerfaserten Welt* (Hamburg: HarperCollins, 2021).

5. Derek Thompson, »Superstar Cities Are in Trouble«, *Atlantic,* 1. Februar 2021.

6. Ben Welle und Sergio Avelleda, »Safer, More Sustainable Transport in a Post-COVID-19 World«, *World Resources Institute,* 23. April 2020.

7. Anm. d. Verlags: Unter »Hub and Spoke« versteht man im Transportwesen eine sternförmige Anordnung von Transportwegen, die von einem Knotenpunkt in alle Richtungen verlaufen.

8. »The Ins and Outs of NYC Commuting«, *NYC Planning,* September 2019, www.nyc.gov.

9. Naida Jordan, »Conquering the Cols: Rehabilitation Through Adventure«, *France Today,* 22. September 2017.

10. »14th Street Busway Monitoring«, Sam Schwartz, www.samschwartz.com.

11. Farhad Manjoo, »I've Seen a Future Without Cars, and It's Amazing«, *New York Times,* 9. Juli 2020.

12. Matt Kadosh, »Westfield Redevelopment: Council Hears from Lord & Taylor Redeveloper«, *Tap into Westfield,* 18. November 2020.

13. Alex Kantrowitz, »Where Tech Workers Are Moving: New LinkedIn Date vs. the Narrative«, *OneZero*, 17. Dezember 2020.

14. Philip Stoker et al., »Planning and Development Challenges in Western Gateway Communities«, *Journal of the American Planning Association* 87, Nr. 1 (2021): 21–33.

15. Patrick Sisson, »Remote Workers Spur an Affordable Housing Crisis«, *Bloomberg City Lab*, 11. Februar 2021.

16. Anna K. Danziger Halperin, »Richard Nixon Bears Responsibility for the Pandemic's Child-Care Crisis«, *Washington Post*, 6. August 2020.

17. Anna North, »The Future of the Economy Hinges on Child Care«, *Vox*, 23. September 2020.

18. Tracy Clark-Flory, »This Is What Childcare Could Look Like«, *Jezebel*, 1. Januar 2021.

19. Kathleen McNerney, »Bill Would Create Universal Child Care in Mass.«, *WBUR*, 16. Februar 2021.

20. »Early Educator Pay & Economic Insecurity Across the States«, Center for the Study of Child Care Employment, cscce.berkeley.edu.

21. C. Wright Mills, *White Collar: The American Middle Classes* (New York: Oxford University Press, 1951).

22. Nikil Saval, *Cubed: A Secret History of the Workplace* (New York: Doubleday, 2014), 193.

23. JoAnn Yates, *Control Through Communication: The Rise of System in American Management* (Baltimore: Johns Hopkins University Press, 1989).

24. Mills, *White Collar*, 296.

25. Guy Standing, *The Precariat: The Dangerous New Class* (London: Bloomsbury, 2014). Hier zitiert nach der deutschen Ausgabe: *Prekariat: Die neue explosive Klasse* (Münster: Unrast Verlag, 2015).

26. Daisuke Wakabayashi, »Googles Shadow Work Force: Temps Who Outnumber Full-Time Employees«, *New York Times*, 28. Mai 2019.

27. Daisuke Wakabayashi, »Google Walkout: Employees Stage Protest over Handling of Sexual Harassment«, *New York Times*, 1. November 2018.

28. Priya Parker, *The Art of Gathering: How We Meet and Why It Matters* (New York: Riverhead, 2020), xiii.

Schlusswort an alle, die Personalverantwortung tragen

1. Scott Berkun, *The Year Without Pants: WordPress.com and the Future of Work* (San Francisco: Wiley, 2013). Hier zitiert nach der deutschen Ausgabe: *Mein Jahr ohne Hosen* (Weinheim: Wiley-VCH, 2014), 87.

2. Sarah Guo, »Where Are the Productivity Gains?«, personal blog, coda.io/@sarah/where-are-the-productivity-gains.

3. Cal Newport, *A World Without Email: Reimagining Work in an Age of Communication Overload* (New York: Portfolio/ Penguin, 2021). Hier zitiert nach der deutschen Ausgabe: *Eine Welt ohne E-Mail* (München: Redline, 2021) 14, 15–16.

4. Guo, »Where Are the Productivity Gains?«

5. Jo Craven McGinty, »With No Commute, Americans Simply Worked More During Coronavirus«, *Wall Street Journal*, 30. Oktober 2020.

6. Jade Scipioni, »Why Jeff Bezos Always Thinks Three Years Out and Only Makes a Few Decisions a Day«, *CNBC*, 31. Dezember 2020.

7. Dror Poleg, »Remote Bullying«, 26. Februar 2021, drorpoleg. com.

Ein Appell an die Beschäftigten

1. Jaime Teevan, Brent Hecht und Sonia Jaffe, Hrsg., *The New Future of Work: Research from Microsoft on the Impact of the Pandemic on Work Practices*, Microsoft, 2021, aka.ms/newfutureofwork.

Der erste kompakte Ratgeber für Arbeitgeber und Personaler zum Homeoffice

Homeoffice hat einige Vorteile: kein nerviger Stau, bessere Vereinbarkeit mit familiären Verpflichtungen, mehr Ruhe und konzentrierteres Arbeiten für Arbeitnehmer. Der Arbeitgeber wird attraktiver und erhält motiviertere Mitarbeiter. Trotzdem sind viele Unternehmer sehr skeptisch: Wie soll das technisch gehen? Wie lässt sich die Arbeit erfassen?

Homeoffice-Expertin und -Verfechterin Barbara Frett liefert mit ihrem Buch einen Praxisratgeber mit vielen Best-Practice-Ideen für Unternehmer – von der Arbeitszeiterfassung, gängigen Modellen und rechtlichen Problemfeldern bis zum nötigen Vertrauen.

224 Seiten
Softcover
17,99€ (D) / 18,50 (A)
ISBN 978-3-86881-792-8

Das praktische Leadership-Handbuch für die digitale Ära

Homeoffice, Onlinemeetings und New Work erobern die Arbeitswelt. Digitalisierte Prozesse verändern die Unternehmensstrukturen. Führungskräfte stehen vor ganz neuen Fragen: Wie organisiere ich mein verstreutes Team? Wie erreiche ich Mitarbeiter? Wie kann ich die Motivation aus der Ferne hochhalten? Wer im digitalen Zeitalter weiterhin effizient führen möchte, darf trotzdem nicht die menschliche Seite vernachlässigen.

Sebastian Pflügler zeigt, wie Führungskräfte dem »neuen Normal« in der Arbeitswelt gerecht werden können – von Tipps zu Kommunikation, Entscheidungen und Delegieren bis hin zu virtuellen Herausforderungen.

240 Seiten
Softcover
20,00€ (D) / 20,60 (A)
ISBN 978-3-86881-853-6

www.redline-verlag.de

REDLINE | VERLAG